工业和信息化普通高等教育"十二五"规划教材

21世纪高等教育计算机规划教材　　辽宁省普通高等学校精品教材

# Visual FoxPro 6.0
# 数据库技术与应用（第3版）

Database Technique and Application
of Visual FoxPro 6.0

■ 嵇敏 刘德山　主编

■ 李旭 赵文丽 魏晓聪　副主编

U0383126

人民邮电出版社

北京

**图书在版编目（CIP）数据**

Visual FoxPro 6.0数据库技术与应用 / 嵇敏，刘德山主编. -- 3版. -- 北京：人民邮电出版社，2014.6
　21世纪高等教育计算机规划教材
　ISBN 978-7-115-35158-6

　Ⅰ. ①V… Ⅱ. ①嵇… ②刘… Ⅲ. ①关系数据库系统—高等学校—教材 Ⅳ. ①TP311.138

中国版本图书馆CIP数据核字(2014)第076024号

## 内 容 提 要

本书以 Visual FoxPro 6.0 为软件平台，全面介绍了数据库系统的概念、使用、管理和开发。内容以两条主线贯穿全书，一是 Visual FoxPro 的知识体系结构；二是综合案例，体现案例教学的特点。本书内容涵盖了《全国计算机等级考试大纲》中 Visual FoxPro 程序设计部分。

全书主要内容包括数据库基础知识、数据库与表的建立和使用、查询和视图的应用、SQL 的应用、程序设计基础、面向对象程序设计、表单与控件的使用、菜单和报表的设计等，此外，还安排了 10 个上机实验。

本书配套教学资源丰富，提供完整的教学课件、程序素材和网络课程，方便学生学习和教师讲授。

本书可作为高等院校和高职高专院校的"数据库及应用课程"教材，还可作为全国计算机等级考试（二级 Visual FoxPro）的辅导书。

◆ 主　　编　嵇　敏　刘德山
　　副主编　李　旭　赵文丽　魏晓聪
　　责任编辑　邹文波
　　责任印制　彭志环　焦志炜

◆ 人民邮电出版社出版发行　　北京市丰台区成寿寺路 11 号
　　邮编　100164　电子邮件　315@ptpress.com.cn
　　网址　http://www.ptpress.com.cn
　　北京虎彩文化传播有限公司印刷

◆ 开本：787×1092　1/16
　　印张：16.25　　　　　　　　2014 年 6 月第 3 版
　　字数：423 千字　　　　　　2025 年 1 月北京第 21 次印刷

定价：35.00 元

读者服务热线：(010)81055256　印装质量热线：(010)81055316
反盗版热线：(010)81055315

# 第 3 版前言

数据库应用技术是非计算机专业课程体系中的重要方向之一。Visual FoxPro 程序设计课程是开设广泛的数据库类课程，它涉及数据库技术和程序设计两方面的内容。

作为关系数据库管理系统，Visual FoxPro 提供了一个集成化开发环境，使数据的组织和操作变得方便、简单，它不仅支持传统的结构化程序设计，还支持面向对象程序设计，适合开发小型数据库应用系统，适合非计算机专业学生学习。

编者根据非计算机专业数据库应用课程的教学目标要求，结合教学实际，编写了本书。本书定位在培养学生信息技术应用素质基础上，注重数据库基础知识和基本理论的融会贯通，强调数据库应用能力的培养。

本书第 1 版和第 2 版分别于 2006 年、2009 年出版，因其内容简洁、易教易学，被国内很多高校作为教材使用。根据近几年的教学实践，考虑全国计算机等级考试内容的需要，编者重新对教材内容、实践案例做了补充，编写了本书的第 3 版，使其更适用于不断变化的非计算机专业教学。

本书主要有以下特色。

1. 本书是基于案例的教材，编者在兼顾科学性与实用性的统一方面做了尝试，取得了很好的应用效果。在教材内容的组织上有两条主线，一是 Visual FoxPro 的知识体系结构，二是案例贯穿全书。

本书在第 1 章就引入案例，后续章节围绕该案例展开，最后一部分完成整个案例的实现，很好地体现了案例教学的特点。案例经过精心设计，整本书讲述一个综合应用的案例，每一章提出具体的任务和要求，是一个小的、具体的案例。这种设计为实现任务驱动的教学方法提供了保障。

2. 本书继续沿用第 2 版 "实用"、"适用" 的原则，数据库操作命令部分要求略低，适当降低了程序设计在教学中的难度。但考虑到全国计算机等级考试的需要，本书第 3 版增加了等级考试必要的内容，命令略复杂，但在书中加了*注释，供读者选择使用。参考附录 B 提供了完整的 Visual FoxPro 命令集。

3. 第 3 版加强了与相关课程及教学资源的整合。在编写过程中，编者努力处理好以下几方面关系。

● Visual FoxPro 程序设计基础与大学计算机基础的关系。《大学计算机基础》教材包括的程序设计基础部分，理论内容相对难懂，教学难度大。本书以简单的语言、形象的示例，深入浅出地介绍了程序、软件、软件开发方法、结构化程序设计、面向对象设计等概念，补充了前一门课程的内容，教学过程更得心应手。

● 课程与全国计算机等级考试的关系。程序设计课程教学与全国计算机等级考试的关系难以割舍，本书系统地讲授了相关等级考试需要的核心内容，保证学生参加等级考试的需要，又对部分使用频率低、知识相对落后的内容做了删减。

● 教材与辅助教材之间的关系。本书是基于案例教学的教材，实践部分占了较大的比重，所以没有再编写配套的实验教材，但考虑到实验教学的需要，本书专门安排了一章的实验内容，作为教学内容的补充和实践环节的完善。这样，使得本书体系紧密，内容紧凑。

4. 数据库程序设计类课程的授课学时因高校的人才培养目标略有区别，第 3 版教材考虑教学的基本要求（48 学时）和较高要求（64 学时），在教材中对较高要求部分做了说明，方便教学时使用。

本书配套教学资源丰富。编者在教材使用和完善过程中，一直进行教学资源的建设。本书提供完整的教学课件、程序素材和网络课程，方便学生学习和教师讲授。

如果需要本书提供的配套教学资源，请到人民邮电出版社的教学服务与资源网（www.ptpedu.com.cn）下载，或者与编者联系（liudeshan@dl.cn）。

本书适合作为非计算机专业数据库课程的教材和全国计算机等级考试教材。

本书由辽宁师范大学、大连工业大学、洛阳理工学院、大连外国语大学等几所高校的教师编写。嵇敏、刘德山担任主编，并负责全书的统稿和定稿工作，李旭、赵文丽、魏晓聪担任副主编，李丕贤、高伟、田华等完成了源程序代码整理工作。

由于编写时间仓促和水平有限，书中难免存在疏漏之处，敬请广大读者批评指正。

编　者

2014 年 4 月

# 目 录

# 第1章

# Visual FoxPro 基础

数据库技术是从 20 世纪 60 年代末开始发展起来的计算机软件技术。随着网络技术、多媒体技术的不断发展，数据库技术在各领域得到应用，广泛地渗透到人们的社会生活之中。Visual FoxPro 作为 20 世纪 90 年代兴起的高级数据库管理软件，是一种完善的编程及数据管理语言，在小型数据库系统开发中得到了广泛应用。

本章首先介绍数据库的基础知识及 Visual FoxPro 的基本概念，这是学习和掌握 Visual FoxPro 技术的前提，然后介绍一个 Visual FoxPro 应用系统实例，后续各章节的内容围绕这个实例展开。

## 1.1　数据库基础知识

数据库技术的核心是数据处理，数据处理的核心是数据库管理系统，它涉及信息、数据、数据库系统、数据模型等知识和概念。

### 1.1.1　数据处理

#### 1. 数据处理相关概念

在计算机数据处理技术中，数据与信息是两个基本概念。数据是指能被计算机存储和加工处理的对客观事物属性的记录，它以一组符号来表示，这组符号可以包括文字、数值、图形、图像、声音、动画等。数据被加工处理后形成的有意义的数据称为信息，计算机的数据处理实际上就是对各种类型的数据进行处理，形成有意义的信息的过程。

#### 2. 数据处理技术的发展

随着计算机硬件技术和软件技术的发展，计算机数据处理技术经历了人工管理、文件系统和数据库管理系统 3 个发展阶段。

人工管理阶段出现在计算机应用于数据管理的初期。由于当时没有相应的软件、硬件环境的支持，用户只能直接在裸机上操作。在应用程序中不仅要设计数据的逻辑结构，还要指明数据在存储器上的存储方法，即数据的物理结构。在这一管理阶段，应用程序与数据是一个整体，当数据变动时，程序随之改变，数据独立性差。另外，各程序之间的数据不能相互传递，缺少共享性，因而这种管理方式既不灵活，也不安全，编程效率较差。

文件系统阶段始于 20 世纪 50 年代后期，它把有关的数据组织成一种文件，这种数据文件可以脱离程序独立存在，由一个专门的文件管理系统实施统一管理，应用程序通过文件管理系统对数据文件中的数据进行加工处理。在文件系统阶段，应用程序与数据独立存储，程序与数据文件之间具有一定的独立性，因此比人工管理阶段前进了一步。但是，数据文件依赖于对应的程序，不能被多个程序所共享。由于数据文件之间不能建立任何联系，因而数据的通用性仍然较差，冗余量大。

20 世纪 60 年代末期，进入数据库管理系统阶段，由数据库管理系统对所有的数据实行统一规划管理，形成一个数据中心，构成一个数据"仓库"。数据库中的数据能够满足所有用户的不同要求，供不同用户共享。在这一管理阶段，应用程序不再只与一个孤立的数据文件相对应，可以选取整体数据集的某个子集作为逻辑文件与其对应，通过数据库管理系统实现逻辑文件与物理数据之间的映射。在数据库管理系统的系统环境下，应用程序对数据的管理和访问灵活方便，而且数据与应用程序之间完全独立，使程序的编制质量和效率都有所提高。由于数据文件间可以建立关联关系，数据的冗余大大减少，数据共享性显著增强。

在数据库管理系统阶段，涌现出许多种不同类型的数据库系统。

（1）分布式数据库系统。传统的数据库系统是集中式数据库，也就是说，整个数据库是存放在一台计算机或服务器上的，系统中的数据采取集中管理的方式，较容易实现。但随着数据库应用规模的不断扩大，集中式数据库有很多缺陷和不便。

分布式数据库系统是在集中式数据库基础上发展起来的，是一个物理上分布在计算机网络的不同结点，而逻辑上又属于同一系统的数据集合。网络上每个结点的数据库都有自治能力，能够完成局部应用。同时每个结点的数据库又属于整个系统，通过网络也可以完成全局应用。

（2）面向对象数据库系统。面向对象数据库系统是数据库技术与面向对象技术相结合的产物。它的基本设计思想是，一方面把面向对象语言向数据库系统方向扩展，使应用程序能够存取并处理对象；另一方面扩展数据库系统，使其具有面向对象的特征。

因此，面向对象数据库系统首先是一个数据库系统，具备数据库系统的基本功能，其次，它又是一个面向对象的系统，充分支持完整的面向对象的概念和机制。

Visual FoxPro 还不支持面向对象的数据类型，但是对程序设计语言进行了扩充，支持面向对象的程序设计思想。

## 1.1.2　数据库系统

数据库系统实际是基于数据库的计算机应用系统，主要包括数据库、数据库管理系统、相关软硬件环境和数据库用户。其中，数据库管理系统是数据库系统的核心。

### 1. 数据库

数据库（Data Base，DB）是指相互关联的数据的集合。数据库不仅包括描述事物的数据本身，还包括相关事物之间的联系。数据库应满足数据独立性、数据安全性、数据冗余度小、数据共享等特征。

### 2. 数据库管理系统

数据库管理系统（Data Base Management System，DBMS）是用来管理和维护数据库的系统软件。数据库管理系统是位于操作系统之上的一层系统软件，其主要功能如下。

（1）数据定义功能。DBMS 提供数据定义语言（DDL），用户通过它可以方便地对数据库中的相关内容进行定义，如对数据库、基本表、视图和索引进行定义。

（2）数据操纵功能。DBMS 向用户提供数据操纵语言（DML），实现对数据库的基本操作，如数据的查询、插入、删除和修改。

（3）数据库的运行管理。DBMS 的核心部分，它包括并发控制、存取控制，安全性检查、完整性约束条件的检查和执行，以及数据库的内部维护（如索引、数据字典的自动维护）等。所有数据库的操作都要在这些控制程序的统一管理下进行，以保证数据安全性、完整性和多个用户对数据库的并发操作。

（4）数据通信功能。包括与操作系统的联机处理、分时处理和远程作业传输的相应接口等，这一功能对分布式数据库系统尤为重要。

Visual FoxPro 是一个功能较强的 DBMS，但其欠缺数据控制功能。

### 3. 数据库应用系统

数据库应用系统（Data Base Application System，DBAS）是指系统开发人员在数据库管理系统环境下开发出来的，面向某一类应用的应用软件系统，如人事管理系统、成绩管理系统、图书管理系统等，这些都是以数据库为核心的计算机应用系统。

### 4. 数据库系统

数据库系统（Data Base System，DBS）通常是指带有数据库的计算机系统。数据库系统不仅包括数据本身，还包括相应的硬件、软件和各类人员。数据库系统一般由数据库、数据库管理系统（及其开发工具）、数据库应用系统、数据库管理员和用户组成。数据库系统的组成如图 1-1 所示。

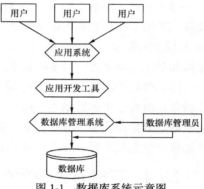

图 1-1　数据库系统示意图

## 1.1.3　数据模型的相关概念

客观世界的事物是相互联系的。在计算机中，客观世界的事物以数据的形式来表示。数据模型是反映客观事物及客观事物间联系的数据结构和形式。

### 1. 实体

从数据处理的角度看，现实世界中的客观事物称为实体，它可以指人，如一个教师、一个学生，也可以指事物，如一门课程、一本书。实体不仅可以指实际的物体，也可以指抽象的事件，如一次考试、一次比赛等。实体还可以指事物与事物之间的联系，如学生选课、图书借阅等。

一个实体具有不同的属性，属性描述了实体某一方面的特性。例如，学生实体可以描述为：学生（学号，姓名，性别，出生日期，专业，简历），学号、姓名等是实体的属性，每个属性可以取不同的值。

在一个实体中，属性值的变化范围称作属性值的域。例如，性别属性的域为（男，女），某一届学生的出生日期属性的域可规定为（01/01/90 ~ 12/31/92）。由此可见，属性是个变量，属性值是变量所取的值，而域是变量的变化范围。

属性值所组成的集合表示一个具体的实体，相应的这些属性的集合表征了一种实体的类型，称为实体型。例如，上面的学号、姓名、性别、出生日期、专业等表征学生实体的实体型。同类型的实体的集合称为实体集。

例如，对学生实体的描述：学生（学号，姓名，性别，出生日期，专业，简历），是一个实体型。在学生实体中的一个具体实体，可以描述为（10012，李宏伟，男，11/22/90，数学），类似的全部实体的集合就是实体集。

在 Visual FoxPro 中，用"表"来表示同一类实体，即实体集，用"记录"来表示一个具体实体，用"字段"来表示实体的属性。显然，字段的集合组成一个记录，记录的集合组成一个表。

相应的实体型代表了表的结构。

### 2. 实体间的联系

实体之间的对应关系称为实体间的联系，具体是指一个实体集中可能出现的每一个实体与另一实体集中多少个具体实体之间存在联系，它反映了现实世界事物之间的相互关联。实体之间有各种各样的联系，归纳起来有以下 3 种类型。

（1）一对一联系（1 : 1）。如果对于实体集 A 中的每一个实体，实体集 B 中有且只有一个实体与之联系，反之亦然，则称实体集 A 与实体集 B 具有一对一联系。例如，一所学校只有一个校长，一个校长只在一所学校任职，校长与学校之间存在一对一的联系。

（2）一对多联系（1 : n）。如果对于实体集 A 中的每一个实体，实体集 B 中有多个实体与之联系，反之，对于实体集 B 中的每一个实体，实体集 A 中至多只有一个实体与之联系，则称实体集 A 与实体集 B 有一对多的联系。例如，一所学校有许多学生，但一个学生只能就读于一所学校，学校和学生之间存在一对多的联系。

（3）多对多联系（m : n）。如果对于实体集 A 中的每一个实体，实体集 B 中有多个实体与之联系，而对于实体集 B 中的每一个实体，实体集 A 中也有多个实体与之联系，则称实体集 A 与实体集 B 之间有多对多的联系。例如，一个学生可以选修多门课程，一门课程也可以被多个学生选修，学生和课程之间存在多对多的联系。

## 1.1.4　三种常见的数据模型

数据库中不仅要存储数据本身，还要存储数据之间的联系，可以用不同的方法表示数据之间的联系，数据与数据之间联系的方法称为数据模型。传统的数据模型分为层次模型、网状模型和关系模型 3 种。

### 1. 层次模型

层次模型用树形结构来表示实体及它们之间的联系。层次模型的特征是：

（1）有且仅有一个结点没有父结点，这个结点即为根结点；

（2）其他结点有且仅有一个父结点。

事实上，许多实体间的联系本身就是自然的层次关系，如一个单位的行政机构、一个家庭的世代关系等。图 1-2 表示的是学校实体的层次模型。

支持层次模型的 DBMS 称为层次数据库管理系统，在这种系统中建立的数据库是层次数据库。层次数据库不能直接表示出多对多的关系。

### 2. 网状模型

用网状结构表示实体及其之间关系的模型称为网状模型。网状模型的特征是：

（1）允许结点有多于一个的父结点；

（2）可以有一个以上的结点没有父结点。

例如，某教师授课和学生选课的模型如图 1-3 所示。其中，一个学生可以选修多门课程，一门课程可以由多个学生选修，一个老师可以开设多门课程，一门课程可以由多名教师任教。

支持网状数据模型的 DBMS 称为网状数据库管理系统，在这种系统中建立的数据库是网状数据库。网状模型和层次模型在本质上是一样的。从逻辑上看，它们都是基本层次模型集合；从物理结构上看，它们的每一个结点都是一个存储记录，用链接指针来实现记录之间的联系。网状模型数据间的关系纵横交错，数据结构更加复杂。

图 1-2　层次模型　　　　　　　　　　　　图 1-3　网状模型

**3. 关系模型**

关系模型是最重要的数据模型之一，是用二维表结构来表示实体以及实体之间联系的数据模型。关系模型的数据结构是二维表，每个二维表又可称为关系。简单的关系模型如表 1-1 所示，给出的关系框架如下：

教师（教师编号，姓名，性别，所在学院）

表 1-1　　　　　　　　　　　　　　　教师关系

| 教 师 编 号 | 姓　　名 | 性　　别 | 所 在 学 院 |
| --- | --- | --- | --- |
| 001 | 张军 | 男 | 计算机学院 |
| 004 | 赵致远 | 男 | 体育学院 |
| 007 | 樊华 | 女 | 法学院 |

# 1.2　关系数据库

自 20 世纪 80 年代以来，计算机厂商推出的数据库管理系统的产品几乎都支持关系模型。关系数据库系统是支持关系数据模型的数据库系统，现在普遍使用的数据库管理系统都是关系数据库管理系统。Visual FoxPro 就是基于关系模型的，是一种关系数据库管理系统。

## 1.2.1　关系模型

**1. 关系模型的基本概念**

（1）关系。一个关系就是一张二维表，通常将一个没有重复行、重复列的二维表看成一个关系，每个关系都有一个关系名。在 Visual FoxPro 中，一个关系对应于一个表文件，其扩展名为 .dbf。

（2）元组。二维表的水平方向的行在关系中称为元组。在 Visual FoxPro 中，一个元组对应表中的一条记录。

（3）属性。二维表的垂直方向的列在关系中称为属性，每个属性都有一个属性名，属性值则是各个元组属性的取值。在 Visual FoxPro 中，一个属性对应表中一个字段，属性名对应字段名，属性值对应于各个记录的字段值。

（4）域。属性的取值范围称为域。域作为属性值的集合，其类型与范围由属性的性质及其所表示的意义具体确定。同一属性只能在相同域中取值。

（5）关键字。其值能唯一地标识一个元组的属性或属性的组合称为关键字。在 Visual FoxPro 中，关键字可表示为字段或字段的组合，学生表的学号字段可以作为标识一条记录的关键字，而性别字段就不能作为起唯一标识作用的关键字。在 Visual FoxPro 中，可以起到唯一标识一个元组作用的关键字称为候选关键字。通常，从候选关键字中选择一个作为主关键字。

（6）外部关键字。如果表中的一个字段不是本表的主关键字或候选关键字，而是另外一个表的主关键字或候选关键字，则该字段称为外部关键字。

关系模型中的概念如图 1-4 所示。

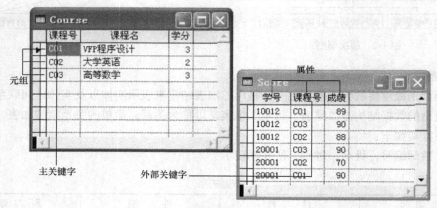

图 1-4　关系模型涉及的概念

### 2. 关系的特点

关系可以看作是二维表，但并不是所有的二维表都是关系，关系有如下特点：

（1）关系必须规范化，属性不可再分割；

（2）同一关系中，不允许出现相同的属性名；

（3）同一关系中，不允许出现完全相同的元组；

（4）关系中，元组的次序无关紧要；

（5）关系中，属性的次序无关紧要。

## 1.2.2　关系运算

关系是由元组组成的集合，可以通过关系运算来检索满足条件的数据。关系的基本运算分两类，一类是传统的集合运算（并、差、交等），另一类是专门的关系运算（选择、投影、连接）。

### 1. 传统的集合运算

进行并、差、交集合运算的两个关系必须具有相同的关系模式，即相同结构。为了进行集合运算，引入具有两个相同结构的关系 R 和 S，如表 1-2 和表 1-3 所示。

表 1-2　　　　　　　　　　　　关系 R

| 教师编号 | 姓　名 | 性　别 | 所在学院 |
| --- | --- | --- | --- |
| 001 | 张军 | 男 | 计算机学院 |
| 004 | 赵致远 | 男 | 体育学院 |
| 007 | 樊华 | 女 | 法学院 |

表 1-3　　　　　　　　　　　　关系 S

| 教师编号 | 姓　名 | 性　别 | 所在学院 |
| --- | --- | --- | --- |
| 001 | 张军 | 男 | 计算机学院 |
| 004 | 赵致远 | 男 | 体育学院 |
| 008 | 丛荣 | 男 | 信息管理学院 |

（1）并运算。两个相同结构关系的并是由属于 $R$ 或者属于 $S$ 的元组组成的集合，记作 $R \cup S$，结果如表 1-4 所示。

（2）差运算。两个相同结构关系的差是由属于 R 但不属于 S 的元组组成的集合，记作 $R-S$，结果如表 1-5 所示。

（3）交运算。两个相同结构关系的交是由属于 $R$ 且属于 $S$ 的元组组成的集合，记作 $R \cap S$，结果如表 1-6 所示。

表 1-4          $R \cup S$ 运算结果

| 教 师 编 号 | 姓 名 | 性 别 | 所 在 学 院 |
|---|---|---|---|
| 001 | 张军 | 男 | 计算机学院 |
| 004 | 赵致远 | 男 | 体育学院 |
| 007 | 樊华 | 女 | 法学院 |
| 008 | 丛荣 | 男 | 信息管理学院 |

表 1-5          $R\text{-}S$ 运算结果

| 教 师 编 号 | 姓 名 | 性 别 | 所 在 学 院 |
|---|---|---|---|
| 007 | 樊华 | 女 | 法学院 |

表 1-6          $R \cap S$ 运算结果

| 教 师 编 号 | 姓 名 | 性 别 | 所 在 学 院 |
|---|---|---|---|
| 001 | 张军 | 男 | 计算机学院 |
| 004 | 赵致远 | 男 | 体育学院 |

**2. 专门的关系运算**

在关系数据库中，专门的关系运算包括选择（SELECT）、投影（PROJECT）和连接（JOIN）3 种。

（1）选择。选择运算是从关系中查找符合指定条件元组的操作。以逻辑表达式指定选择条件，选择运算将选取使逻辑表达式为真的所有元组。选择运算的结果构成关系的一个子集，是关系中的部分元组，其关系模式不变。

在 Visual FoxPro 中，选择运算是从表中选取若干个记录的操作，可以通过命令中的 FOR 子句或设置记录过滤器实现选择运算。

（2）投影。投影运算是从关系中选取若干个属性的操作，它从关系中选取若干属性形成一个新的关系。

在 Visual FoxPro 中，投影运算是在表中选取若干个字段的操作，通过命令中的 FIELDS 子句或设置字段过滤器实现投影运算。

（3）连接。连接运算是将两个关系模式的若干属性拼接成一个新的关系模式的操作，对应的新关系中，包含满足连接条件的所有元组。

在 Visual FoxPro 中，连接运算通过 JOIN 命令和 SELECT-SQL 来实现。

# 1.3　Visual FoxPro 6.0 基础

Visual FoxPro 6.0（以下若不特别说明，都省略版本号）是一种 32 位关系数据库管理系统，它在 20 世纪 80 年代流行的 Xbase 系列软件基础上增加了新的功能特性，在微机系统中广泛应用，适用于开发各类小型数据库应用系统。

## 1.3.1　Visual FoxPro 6.0 的特性

作为一种数据管理软件，Visual FoxPro 提供强大的数据存储功能，数据存储在数据表中，并将数据表集中在数据库中管理，在数据库中定义各个数据表之间的关系。Visual FoxPro 提供的查询和视图对象可以方便地实现数据检索功能，表单对象提供的可视化界面可以查看和管理表中的数据，报表对象实现数据的分析和输出功能。Visual FoxPro 的主要特性表现在以下几方面。

### 1．良好的用户界面

Visual FoxPro 提供了一个由菜单驱动，辅以命令窗口的简捷友好、功能全面的用户界面。用户可以通过输入命令或使用菜单，实现对 Visual FoxPro 各种功能的操作，完成数据管理的任务。

Visual FoxPro 的输入/输出界面允许采用窗口方式，各种操作大多在不同类型的系统窗口中进行，而且有些窗口之间可以互相切换，大大方便了用户进行不同的操作。除系统窗口外，用户还可根据自己的要求设计输入/输出窗口。

Visual FoxPro 系统支持文本的剪切、复制、粘贴等功能，为程序或文本的编辑提供了方便灵活的手段。

### 2．强大的面向对象编程技术

Visual FoxPro 提供数百条命令和标准函数，有较强的计算机语言功能，适合用户编程。Visual FoxPro 不仅支持传统的结构化编程技术，还支持面向对象可视化编程技术。

通过 Visual FoxPro 的对象和事件模型，用户可以充分利用可视化的编程工具完成面向对象的程序设计，包括使用类，并给每一个类以属性、事件和方法的定义，快捷、方便地进行系统开发，大大加快了应用程序的开发速度。

### 3．简单的数据库操作

在 Visual FoxPro 中，数据库是表的集合，数据库中包括了表、表之间的永久联系、视图等对象，可以方便地进行数据筛选、数据连接等操作，多数的操作都可在数据库设计器或表设计器中进行，用户操作方便快捷。

### 4．众多的辅助性设计工具

Visual FoxPro 提供了向导（Wizard）、设计器（Designer）和生成器等（Builder）3 类可视化设计工具，能帮助用户以简单的操作，快速完成各种查询和设计任务。

### 5．兼容早期版本

Visual FoxPro 对早期的 FoxPro 程序向下兼容，可以直接运行 FoxPro 程序，也可以编辑 FoxPro 程序。

## 1.3.2　Visual FoxPro 6.0 的工作环境

### 1．Visual FoxPro 的安装和启动

（1）硬件环境。目前的 PC 系列微机完全满足 Visual FoxPro 的运行环境。

（2）软件环境。中文 WindowsXP 或 Windows 7 操作系统。

（3）安装。Visual FoxPro 可以从 CD-ROM 或网络上安装。从 CD-ROM 上安装的方法是：将 Visual FoxPro 系统光盘插入光盘驱动器，自动运行安装程序，然后选择系统提供的安装方式，利用安装向导按步骤选择相应的选项，完成安装过程。

（4）启动。从"开始"菜单中依次执行[开始]\[程序]\[Microsoft Visual FoxPro 6.0]即可启动。另外，也可通过桌面上的快捷方式来启动 Visual FoxPro。启动后的界面如图 1-5 所示。

（5）退出。可以选择以下任意一种方法退出 Visual FoxPro：

● 单击[文件]菜单中的[退出]命令；

● 在"命令窗口"中输入命令"QUIT"并按回车键；

● 单击屏幕右上角的关闭按钮⊠退出；

● 单击窗口左上角的控制菜单，选择[关闭]命令，或直接按快捷键 Alt+F4。

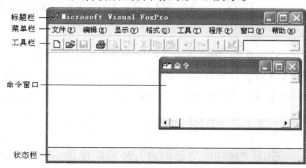

图 1-5　Visual FoxPro 的主界面

### 2. Visual FoxPro 的用户界面

Visual FoxPro 是一个典型的菜单驱动的窗口环境，主界面如图 1-5 所示，包括标题栏、菜单栏、工具栏、状态栏、命令窗口、工作区窗口等几部分。

（1）菜单栏。菜单是 Visual FoxPro 的主要工作方式之一。在菜单栏中依次包括文件、编辑、显示、格式、工具、程序、窗口和帮助 8 个菜单项，包括了各项操作功能和命令。

菜单栏中的选项会在不同的环境下有所变化。例如，浏览一个表时，"格式"菜单项将被"表"菜单项所替换，该菜单中包含了对表操作的相关命令；在打开一个报表时，菜单栏中自动添加"报表"菜单项，其中包括了对报表进行操作的命令。

（2）工具栏。工具栏位于菜单栏的下方，包含了 Visual FoxPro 常用的一些命令。Visual FoxPro 提供常用工具栏、布局工具栏、表单控件工具栏等 11 种常用工具栏，用户可以根据需要定制或修改现有的工具栏。

工具栏会随着打开某一类型的文件而自动打开，也可以通过"显示"菜单设置工具栏的显示或隐藏。显示或隐藏工具栏的方法是执行菜单命令[显示]\[工具栏]，弹出"工具栏"对话框，如图 1-6 所示。

在"工具栏"对话框中，选择工具栏名称前的复选框来显示工具栏，清除工具栏名称前的复选框来隐藏工具栏，然后单击"确定"按钮，即可实现显示或隐藏指定的工具栏。

（3）命令窗口。执行命令是 Visual FoxPro 一种主要的工作方式，命令的执行主要通过命令窗口来完成。在命令窗口中，可以输入命令对各类数据对象进行管理，也可以在命令窗口中建立程序并运行程序。大多数命令通过菜单方式也可以实现。

显示或隐藏命令窗口的方法如下：

● 单击命令窗口右上角的关闭按钮关闭它，通过菜单命令[窗口]\[命令窗口]显示；

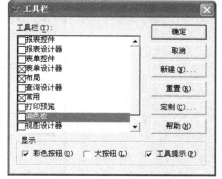

图 1-6　"工具栏"对话框

- 单击常用工具栏上的命令窗口按钮可实现显示和隐藏功能；
- 按快捷键 Ctrl+F4 隐藏命令窗口，按快捷键 Ctrl+F2 显示命令窗口。

在命令窗口中输入"QUIT"命令，退出 Visual FoxPro 系统，输入"CLEAR"命令清除 Visual FoxPro 主窗口的内容。

# 1.4  Visual FoxPro 6.0 工作环境的配置

Visual FoxPro 安装完成后，用户可以根据需要配置系统环境。环境配置主要包括主窗口标题、默认目录、日期和时间的显示格式、表单选项、临时文件等，这些配置决定了 Visual FoxPro 的行为和外观。可以使用选项对话框或 SET 命令进行设置，也可以通过配置文件进行设置。

## 1.4.1  使用"选项"对话框

使用"选项"对话框进行环境配置是一种常见的配置方法，执行菜单命令[工具]\[选项]，打开"选项"对话框，如图 1-7 所示。在"选项"对话框中，共有 12 个选项卡，分别对应不同的环境配置，表 1-7 所示为几个主要选项卡的功能。

| 表 1-7 | "选项"对话框中主要选项卡的功能 |
| --- | --- |
| 选 项 卡 | 功 能 |
| 显示 | 设置显示界面选项，如是否显示状态栏、时钟、命令结果或系统信息 |
| 常规 | 设置数据输入与编程选项，如警告声音的设置、文件替换时是否确认等 |
| 数据 | 设置文件打开方式，如显示时是否显示字段名，字符串比较的匹配方式等 |
| 文件位置 | 设置 Visual FoxPro 默认目录位置、帮助文件及辅助文件的存储位置 |
| 表单 | 设置表单设计器相关选项 |
| 项目 | 设置项目管理器选项，如是否提示使用向导，双击时运行或修改文件的设置等 |
| 区域 | 设置日期、时间、货币及数据的显示格式 |
| 调试 | 设置调试器显示及跟踪选项 |
| 语法着色 | 设置语法检查选项。设置 Visual FoxPro 不同的语法成分所用的字体及颜色 |

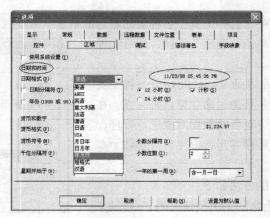

图 1-7  "选项"对话框

**例 1-1**　设置 Visual FoxPro 日期的显示为"年、月、日"格式，默认的工作目录为 d:\vfp。

（1）在 Visual FoxPro 中，执行菜单命令[工具]\[选项]，弹出"选项"对话框，单击"区域"选项卡，如图 1-7 所示。

（2）在"日期和时间"组框中，单击"日期格式"下拉列表，选择其中的"年月日"选项，完成日期格式设置。

（3）单击"文件位置"选项卡，如图 1-8 所示。

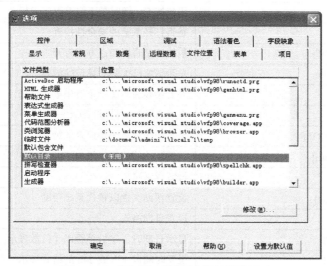

图 1-8　在"选项"对话框中设置默认目录

（4）在"文件位置"选项卡的"文件类型"列表框中，选中"默认目录"选项，单击"修改"按钮，弹出"更改文件位置"对话框，在文本框中输入默认目录的位置"d:\vfp"，并选中"使用默认目录"复选框，如图 1-9 所示。

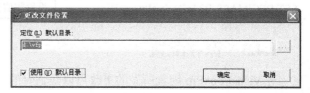

图 1-9　"更改文件位置"对话框

（5）单击"确定"按钮后，返回"选项"对话框，再次单击"确定"按钮，完成默认目录的设置，以后 Visual FoxPro 中新建的文件将自动保存到该文件夹中。

设置日期格式也可以通过在命令窗口中输入命令 SET DATE TO YMD 来完成。设置默认目录可以通过命令 SET DEFAULT TO d:\vfp 来实现。

## 1.4.2　使用 SET 命令

在 Visual FoxPro 中，可以使用 SET 命令设置临时的系统工作环境。SET 命令通常在程序中使用，也可以在命令窗口中执行。表 1-8 所示为一些常用的 SET 命令。

"选项"对话框中的大部分选项都可以通过使用 SET 命令或为系统内存变量赋值来实现。

**例 1-2**　若要在 Visual FoxPro 中按照年、月、日的顺序输入及显示日期值，可以在程序中或命令窗口中使用 SET 命令。SET 命令为

```
SET DATE TO YMD
```

表 1-8　　　　　　　　　　　　　常用的 SET 命令

| SET 命令 | 命 令 功 能 |
| --- | --- |
| SET STATUS BAR ON\|OFF | 是否显示状态栏 |
| SET TALK ON\|OFF | 是否显示命令执行的结果 |
| SET CLOCK ON\|OFF | 是否显示时钟 |
| SET BELL ON\|OFF | 是否发出警告声音 |
| SET ESCAPE ON\|OFF | 用户按 Esc 键时是否取消程序运行 |
| SET SAFETY ON\|OFF | 是否打开系统的安全性检查 |
| SET EXCLUSIVE ON\|OFF | 数据库是否以独占方式打开 |
| SET DELETED ON\|OFF | 是否忽略已加删除标记的记录 |
| SET EXACT ON\|OFF | 是否精确地对 2 个字符串进行比较 |
| SET LOCK ON\|OFF | 是否自动对文件进行加锁 |
| SET MULTILOCKS ON\|OFF | 是否一次可对多条记录加锁 |
| SET DEFAULT TO [cPath] | 设置默认的工作目录 |
| SET PATH TO [cPath] | 设置搜索路径 |
| SET HELP TO [FileName] | 设置帮助文件以替代系统帮助 |
| SET DATE TO | 设置日期格式 |
| SET CENTURY ON\|OFF | 显示日期时，年份是否以 4 位数显示 |
| SET HOURS TO [12\|24] | 设置时间以 12h 或 24h 的格式显示 |
| SET SECONDS ON\|OFF | 显示时间时，确定是否显示秒 |
| SET MARK TO [cDelimiter] | 设置日期分隔符 |
| SET DECIMALS TO [nDecimalPlaces] | 设置数值显示时的小数位数 |

### 1.4.3　保存配置

对 Visual FoxPro 配置所做的更改可以是临时的，也可以是永久的。临时配置保存在内存中，仅在 Visual FoxPro 本次运行期间有效，退出 Visual FoxPro 后将释放所做的修改。永久配置将保存在 Windows 注册表中，作为以后 Visual FoxPro 运行的默认配置。

（1）将设置保存为仅在当前工作期有效。在"选项"对话框中根据用户的需要选择各选项卡中的参数，单击"确定"按钮，所做的配置在本次运行期间起作用，退出 Visual FoxPro 后，所做的修改丢失。

（2）将设置保存为永久性有效。在"选项"对话框中更改设置，单击"设置为默认值"按钮，再单击"确定"按钮，关闭"选项"对话框。该方法可以将设置参数永久性地保存在 Windows 注册表中，作为以后 Visual FoxPro 启动的默认配置。

# 1.5　Visual FoxPro 6.0 的文件类型

在 Visual FoxPro 中使用的数据是以文件的形式存储在磁盘上的，为了便于管理，将文件分为不同的类型，用文件的扩展名来区分。这些文件的种类虽然繁多，但大体上可以分为 3 大类：数据库文件、文档文件和程序文件。

## 1.5.1　数据库文件

数据库文件是用来存储数据的文件，它将数据库中的数据分别存放在不同的文件中，主要有数据库容器文件、表文件、索引文件等。

### 1. 数据库容器文件

在 Visual FoxPro 中，数据库容器文件通常简称为数据库文件，扩展名为.DBC、.DCT、.DCX，其中.DBC 为数据库的主文件扩展名，.DCT 为数据库的备注文件扩展名，.DCX 为数据库的索引文件扩展名。

在数据库容器文件中，存储了该数据库所包含的表、视图、连接、存储过程等。需要注意的是，数据库容器文件并未真正存储表中的数据，表中的数据是另外存储在表文件中的，数据库容器文件中存储的是指向表文件的文件名和路径，因此，如果随意移动与数据库关联的表文件，将会导致数据库被破坏。

### 2. 表文件

表是关系数据库中用来存储数据的主体，表文件的扩展名为.DBF 和.FPT。其中.DBF 为表的主文件扩展名，用于存储固定长度的数据；.FPT 为表的备注文件扩展名，用于存储可变长度的数据。

### 3. 索引文件

索引的主要作用是加快检索数据的速度。在 Visual FoxPro 中主要有两种与表有关的索引：复合索引和单一索引。

复合索引文件的扩展名为.CDX。在一个复合索引文件中，可以为一个表建立多个索引标识，每个索引标识代表一种处理及显示记录的顺序。

单一索引文件的扩展名为.IDX，每个单一索引文件代表一种处理及显示记录的顺序。

## 1.5.2　文档文件

文档文件是 Visual FoxPro 用来存放用于创建某些对象的数据文件，其结构与数据库中的表文件完全相同，只是文件扩展名不一样。文档文件主要包括表单文件、报表文件、菜单文件以及项目文件等。

### 1. 表单文件

表单文件是用于数据输入与输出的图形界面，一个表单对应一个窗口，可以采用 Visual FoxPro 提供的表单设计器来创建。表单文件的扩展名为.SCX 和.SCT，其中.SCX 为表单的主文件，.SCT 为表单的备注文件。

### 2. 报表文件

报表文件为用户打印数据库数据提供了方便灵活的途径，可以采用 Visual FoxPro 提供的报表设计器来创建。报表文件的扩展名为.FRX 和.FRT。

### 3. 菜单文件

菜单文件用于保存用户使用 Visual FoxPro 的菜单设计器创建菜单程序时所产生的设计数据。菜单文件的扩展名为.MNX 和.MNT。

**4. 项目文件**

Visual FoxPro 提供的项目管理器对于软件开发人员来说是一个非常有用的工具，它是组织数据和对象的可视化操作工具。项目管理器所使用的数据存储在扩展名为.PJX 和.PJT 的文件中，其中，.PJX 为项目主文件，.PJT 为项目备注文件。

### 1.5.3　程序文件

程序是由命令构成的语句序列，是存储在磁盘上的一种文本文件，可以分为源程序文件、编译后的程序文件和应用程序文件 3 类。

**1. 源程序文件**

Visual FoxPro 中默认的源程序文件扩展名为.PRG，但为了与众多的程序文件相区别，又增加了以.MPR 和.QPR 为扩展名的源程序文件。.MPR 是菜单程序的扩展名，菜单程序可由菜单设计器生成。.QPR 是查询程序的扩展名，查询程序可由查询设计器生成。如果要使用以.MPR 和.QPR 为扩展名的程序文件，则在执行程序时必须加上扩展名，否则会出现找不到文件的错误。

**2. 编译后的程序文件**

Visual FoxPro 为了加快程序的执行速度，允许用户先对源程序进行编译，然后再执行编译后的程序文件。编译后的程序文件名与源文件名相同，但是扩展名不同，如表 1-9 所示。

表 1-9　　　　　　　　　　　　源程序文件与编译后的程序文件扩展名

| 源程序文件扩展名 | 编译后的程序文件扩展名 |
| --- | --- |
| .PRG | .FXP |
| .MPR | .MPX |
| .QPR | .QPX |

**3. 应用程序文件**

开发一个数据库管理系统可能涉及几十个甚至数百个数据文件、文档文件和程序文件。为了便于管理和发布如此多的程序文件，Visual FoxPro 提供了项目管理器。利用项目管理器可以将数据文件、文档文件和程序文件打包到一个应用程序文件中，生成扩展名为.APP 或.EXE 的应用程序文件。如果生成的是.APP 应用程序文件，则需要在 Visual FoxPro 环境下才能运行；如果生成的是.EXE 应用程序文件，则可以在 Windows 操作系统环境下直接运行。

# 1.6　Visual FoxPro 6.0 的工作方式

Visual FoxPro 6.0 是一个既面向数据库最终用户，又面向软件开发人员的数据库管理系统。在使用上为了满足数据库最终用户和软件开发人员的不同需要，Visual FoxPro 提供了 3 种工作方式：菜单方式、命令方式和程序方式。

## 1.6.1　菜单方式

在 Visual FoxPro 中，使用菜单或工具栏中的按钮来完成任务对于数据库最终用户来说是最常用的一种工作方式，这种操作方式不需要记忆命令的格式与功能，易学易用，深受初学用户的欢迎。

Visual FoxPro 提供的菜单栏和工具栏允许用户通过直观的操作完成指定的任务，而且还提供了大量的向导、设计器、生成器等界面操作工具，其设计器普遍配有工具栏，大多数设计器还提供快捷菜单，内含常用的菜单选项，供用户随时调用。

## 1.6.2　命令方式

Visual FoxPro 提供命令方式主要有两种目的，一是对数据库的操作使用命令比使用菜单或工具栏要快捷而灵活；二是熟悉命令操作是程序开发的基础。对于想从事数据库系统开发的人员来说，必须要熟练地掌握常用的命令。

Visual FoxPro 中的命令采用近似于自然语言的结构，在命令窗口中输入所需要执行的命令，即可在屏幕上显示执行的结果。例如，显示 student 表中 1991 年以前出生并且专业为"会计"的学生的记录，可在命令窗口中输入下面两行命令：

```
USE student
LIST FOR 出生日期<{^1991-01-01} AND 专业="会计"
```

Visual FoxPro 中的命令不区分大小写，即命令可以用大写字母也可以用小写字母书写。另外，对于较长的命令动词可以只输入命令的前 4 个字母。

## 1.6.3　程序方式

对于复杂而又经常重复的数据管理任务，使用程序方式既可以极大地提高工作效率，又可以避免出错。程序方式就是将完成数据管理任务所需要执行的一系列命令放到一个文件中保存起来，该文件被称作程序文件，需要时执行该程序文件即可。

程序主要由命令或语句组成，同时还包括对数据进行存储和描述的元素，如常量、变量、数组、表达式、运算符、函数等。

程序文件实际上是一个纯文本文件，因此，可以使用任何文本编辑器进行编辑。Visual FoxPro 提供了一个程序编辑器，用户可以使用 MODIFY COMMAND 命令打开程序编辑器，或者从"文件"菜单中选择"新建"命令，在弹出的"新建"对话框中选择"程序"单选项，然后单击"新建文件"按钮打开程序编辑器。

# 1.7　Visual FoxPro 6.0 的可视化设计工具

Visual FoxPro 提供了多种可视化设计工具，使用它的各种向导（Wizard）、设计器（Designer）和生成器（Builder）可以更简便、快速、灵活地进行应用程序开发。

## 1.7.1　Visual FoxPro 向导

用户通过 Visual FoxPro 向导，不用编程就可以创建良好的应用程序界面，并完成许多对数据库的操作。

### 1.　向导的种类

Visual FoxPro 向导名称及功能如表 1-10 所示。

### 2.　向导的启动与操作

向导的操作由一系列对话框组成，在用户完成每一步对话框提出的问题后，向导将创建相应的文件或执行相应的任务。

执行菜单命令[工具]\[向导]，出现"向导"子菜单，如图 1-10 所示。在"向导"子菜单中选择某一个向导，然后按照弹出对话框的提示操作。

表 1-10　　　　　　　　　　　　Visual FoxPro 部分常见向导

| 向导名称 | 向导功能 |
|---|---|
| 表向导 | 引导用户在 Visual FoxPro 表结构的基础上创建新表 |
| 报表向导 | 引导用户利用数据表来快速创建报表 |
| 一对多报表向导 | 引导用户在相关的表中快速创建报表 |
| 标签向导 | 引导用户快速创建标签 |
| 表单向导 | 引导用户快速创建表单 |
| 一对多表单向导 | 引导用户在相关的表中快速创建表单 |
| 查询向导 | 引导用户快速创建查询 |
| 本地视图向导 | 引导用户快速利用本地数据创建视图 |
| 图表向导 | 引导用户快速创建图表 |
| 应用程序向导 | 引导用户快速创建 Visual FoxPro 应用程序 |

启动向导后，要依次回答每一对话框提出的问题，回答完当前对话框的问题后，单击"下一步"按钮转到下一个步骤，如果操作中有错误，可选择"上一步"按钮查看或修改前一对话框内容。最后单击"完成"按钮，退出向导。

启动向导还可以采用以下几种方法：

（1）执行菜单命令[文件]\[新建]后，在"新建"对话框中可以启动向导；

（2）在项目管理器中可以启动向导；

（3）单击 Visual FoxPro 的工具栏上的"向导"图标也可以直接启动向导。

图 1-10　向导的启动

## 1.7.2　Visual FoxPro 设计器

Visual FoxPro 提供的设计器，为用户提供了一个友好的操作界面。利用各种设计器使得创建表、数据库、表单、查询以及报表等操作变得轻而易举。

### 1. 设计器的种类

Visual FoxPro 提供的各类设计器的名称及功能如表 1-11 所示。

表 1-11　　　　　　　　　　　　设计器的名称及功能

| 设计器的名称 | 设计器的功能 |
|---|---|
| 表设计器 | 创建表，设置表索引、数据库表的有效性规则等 |
| 数据库设计器 | 建立数据库、创建表间联系及参照完整性设置 |
| 查询设计器 | 创建基于本地表的查询 |
| 视图设计器 | 创建本地视图和远程视图 |

续表

| 设计器的名称 | 设计器的功能 |
|---|---|
| 表单设计器 | 创建表单 |
| 报表设计器 | 创建报表以便显示和打印数据 |
| 标签设计器 | 创建标签布局以便打印标签 |
| 菜单设计器 | 创建下拉菜单或快捷菜单 |
| 数据环境设计器 | 创建表单或报表的数据环境 |
| 连接设计器 | 为远程视图创建连接 |

**2. 设计器的启动**

执行菜单命令[文件]\[新建]，在"新建"对话框中选择要创建文件的类型，然后单击"新建文件"按钮，系统将打开相应的设计器。利用命令也可以启动各类设计器。

### 1.7.3　Visual FoxPro 生成器

Visual FoxPro 提供的生成器，可以简化创建和修改用户界面程序的设计过程，提高软件开发的质量。每个生成器都由一系列选项卡组成，允许用户访问并设置所选对象的属性。用户可以将生成器生成的用户界面直接转换成程序代码，把用户从逐条编写程序、反复调试程序的工作中解放出来。

Visual FoxPro 提供的部分生成器名称及功能如表 1-12 所示。不同的生成器启动方法并不相同，具体方法在后续各章节中介绍。

表 1-12　　　　　　　　　　　　　　Visual FoxPro 部分生成器

| 生成器名称 | 生成器功能 |
|---|---|
| 组合框生成器 | 用于建立组合框，设置组合框控件属性 |
| 列表框生成器 | 用于建立列表框，设置列表框控件属性 |
| 文本框生成器 | 用于建立文本框，设置文本框控件属性 |
| 编辑框生成器 | 用于建立编辑框，设置编辑框控件属性 |
| 命令组生成器 | 用于建立命令按钮组并设置其属性 |
| 选项组生成器 | 用于建立选项按钮组并设置其属性 |
| 表单生成器 | 用于建立表单，向表单添加字段并设置表单样式 |
| 表达式生成器 | 创建并编辑表达式 |
| 参照完整性生成器 | 用于建立参照完整性规则 |

# 1.8　Visual FoxPro 项目实例——"学生管理系统"简介

Visual FoxPro 是功能强大的数据库管理系统，为充分了解 Visual FoxPro 的功能，本节介绍一个数据库应用系统项目实例——学生管理系统，该系统中的各模块将在后续各章节中介绍。

### 1.8.1　功能要求

学生管理系统项目的开发目的是实现学生成绩信息的计算机管理，主要功能包括数据存储、检索和输出 3 部分，系统的基本要求是：

- 良好的用户界面设计；
- 稳定的数据存储和维护功能；
- 数据查询功能；
- 合理的输入/输出设计。

### 1.8.2　系统结构

#### 1. 应用系统的主要界面

系统的界面主要包括系统登录界面、数据维护界面、信息查询界面、数据统计界面等，可视化界面设计在第 7 章中介绍，涉及的程序设计部分在第 6 章中介绍。

（1）系统登录界面。在该界面进行用户身份验证，合法的用户可进入数据库应用系统，界面如图 1-11 所示。

（2）数据维护界面。数据维护界面实际上是一个基于数据表的表单，实现数据显示、输入和删除的功能，如图 1-12 所示。

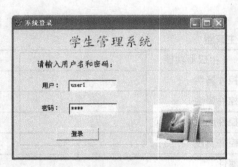

图 1-11　系统登录界面

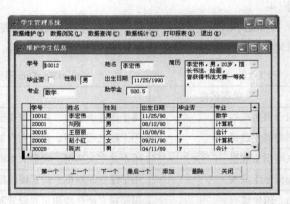

图 1-12　学生信息维护界面

（3）信息查询界面。在该界面可根据条件进行信息检索，如图 1-13 所示。

（4）数据统计界面。该界面用于读取数据库中的数据，统计学生选课及成绩信息，如图 1-14 所示。

图 1-13　学生信息查询界面

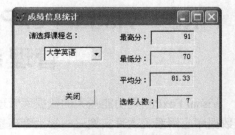

图 1-14　学生成绩信息统计界面

**2．系统菜单**

利用菜单控制输入、查询和统计等模块的操作，系统全部的应用模块均通过菜单调用。

学生管理系统的主菜单实际上是一个添加到顶层表单中的菜单，如图 1-15 所示，菜单的设计与实现将在第 8 章介绍。

**3．报表功能的实现**

报表是数据输出的常用形式，Visual FoxPro 提供的报表不仅可以输出数据，还可以方便地进行数据统计计算、优化报表布局等。图 1-16 所示为一个具有分组功能的报表。报表相关知识在第 9 章报表设计中介绍。

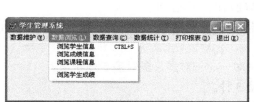

图 1-15　系统主菜单　　　　　　图 1-16　按性别分组的学生信息报表

**4．数据库及相关数据表**

数据库应用系统管理的对象是数据库及表，学生管理系统数据存储在"成绩管理"数据库中，它包括 student.dbf、course.dbf、score.dbf 等，相关表的记录如附录 A 所示，数据表的建立将在第 2 章介绍。

## 1.8.3　开发的基本过程

**1．系统分析**

系统分析包括可行性分析和需求分析两个方面。

这一阶段主要对系统开发进行可行性论证，分析应用系统的开发目的及要达到的目标要求。在分析阶段，信息收集是决定系统开发的可行性的重要环节，通过所需信息的收集，确定应用系统的总体目标、总体开发思路。

学生管理系统的功能主要是：可以录入、查询、修改与成绩管理相关的数据信息，在数据输入及维护的基础上进行有关的信息数据统计计算，最后以报表形式输出。

在系统分析的基础上进行数据库设计、表单设计、报表设计、菜单设计等。

**2．系统设计**

系统设计包括数据设计和功能设计两个方面。

数据设计主要是指建立数据模型，完成数据库。根据系统分析结果，将应用系统数据分解、归纳，并规范化为若干个数据表，同时还要确定每个表中的字段属性，以及数据表的索引、关联等。

功能设计指系统的具体实现，包括程序设计，表单、菜单及报表等可视化设计，输入/输出设计。具体包括：

（1）设计并建立各种表单（数据输入/输出、统计查询、数据维护等表单），并为每个表单上的控件编写事件处理程序；

（2）建立系统菜单，将系统的各功能连接在一起；

（3）建立报表，实现数据输出。

**3．系统实施及测试**

该阶段完成主程序设计及安装调试。利用项目文件，将设计完成的各文件组装在一个项目文件中统一管理，并在项目中设置主程序，设置系统运行环境并进行系统的整体调试。

应用系统投入运行后，进行系统维护工作。

# 小　　结

本章介绍了数据库的基本概念和 Visual FoxPro 基础知识，内容如下。

- 数据处理的概念，数据库、数据库系统、数据库管理系统的概念和区别，以及数据管理所经历的各个阶段和特点。
- 实体是现实世界中的客观事物，实体间存在一对一、一对多、多对多 3 种联系。
- 数据模型分为层次模型、网状模型和关系模型 3 种。
- 关系、元组（即记录）和属性（即字段）的基本概念。
- 关系代数中传统的集合运算（并、差、交）和专门的关系运算（选择、投影、连接）。

Visual FoxPro 是关系数据库管理系统。在 Visual FoxPro 中，关系也被称为表，一个表被存储为一个文件，表文件的扩展名是.dbf。数据库是表及相关数据对象的集合，扩展名是.dbc。

- Visual FoxPro 基础知识，包括系统的安装与启动、Visual FoxPro 的用户界面。
- Visual FoxPro 工具栏的使用和系统环境配置。
- Visual FoxPro 的文件类型和工作方式。
- 介绍了一个数据库应用系统实例——学生管理系统，后续各章节将围绕该实例展开。
- 数据库是数据库系统处理的对象，是数据库系统的核心。下一章介绍数据库及相关操作。

# 思考与练习

**一、问答题**

1．试说明数据与信息的区别与联系。

2．什么是数据库？数据库中包括哪些数据对象？

3．简要概述数据库、数据库管理系统和数据库系统各自的含义。

4．文件系统用于数据管理存在哪些明显的缺陷？

5．传统的数据模型包括哪几种？它们分别是如何表示实体之间的联系的？

6．实体之间的联系类型有哪几种？分别举例说明。

7．传统的关系运算和专门的关系运算各是什么？

8. 启动 Visual FoxPro 的向导有哪几种方法？

二、选择题

1. Visual FoxPro 是（　　　）。
    A. 关系数据库管理系统 　　　　　　　　B. 层次数据库管理系统
    C. 网络数据库管理系统 　　　　　　　　D. 文件管理系统

2. Visual FoxPro DBMS 是（　　　）。
    A. 操作系统的一部分 　　　　　　　　　B. 操作系统支持下的系统软件
    C. 一种编译程序 　　　　　　　　　　　D. 一种操作系统

3. 下列各项中属于数据库系统的最明显特点的是（　　　）。
    A. 存储量大 　　　　　　　　　　　　　B. 处理速度快
    C. 数据共享 　　　　　　　　　　　　　D. 使用方便

4. 数据库（DB）、数据库系统（DBS）、数据库管理系统（DBMS）三者之间的关系是（　　　）。
    A. DBS 包括 DB 和 DBMS 　　　　　　　B. DBMS 包括 DB 和 DBS
    C. DB 包括 DBS 和 DBMS 　　　　　　　D. DBS 就是 DB，也是 DBMS

5. 在基本关系中，下列说法正确的是（　　　）。
    A. 行列顺序有关 　　　　　　　　　　　B. 属性名允许重名
    C. 任意两个元组不允许重复 　　　　　　D. 一列数据不要求是相同数据类型

6. 专门的关系运算不包括下列中的（　　　）。
    A. 连接运算 　　　　B. 选择运算 　　　　C. 投影运算 　　　　D. 交运算

7. Visual FoxPro 数据库管理系统基于的数据模型是（　　　）。
    A. 层次型 　　　　　B. 关系型 　　　　　C. 网状型 　　　　　D. 混合型

8. 公司中有若干个部门和若干职员，每个职员只能属于一个部门，一个部门可以有多名职员，部门与职员的联系类型是（　　　）。
    A. $m:n$ 　　　　　B. $1:m$ 　　　　　C. $m:1$ 　　　　　D. $1:1$

9. 设有关系 $R_1$ 和 $R_2$，经过关系运算得到结果 $S$，则 $S$ 是（　　　）。
    A. 元组 　　　　　　B. 关系模式 　　　　C. 数据库 　　　　　D. 关系

10. 对关系执行"投影"运算后，元组的个数与原关系中元组的个数（　　　）。
    A. 相同 　　　　　　　　　　　　　　　B. 小于原关系
    C. 大于原关系 　　　　　　　　　　　　D. 不大于原关系

11. 启动 Visual FoxPro 后屏幕上会出现两个窗口，一个是 Visual FoxPro 的主窗口，另一个是（　　　）。
    A. 命令窗口 　　　　　　　　　　　　　B. 文本窗口
    C. 帮助窗口 　　　　　　　　　　　　　D. 对话框窗口

12. 控制命令窗口显示和隐藏的菜单项在（　　　）菜单中。
    A. 编辑 　　　　　　B. 工具 　　　　　　C. 窗口 　　　　　　D. 项目

13. 从关系模型中指定若干个属性组成新的关系的运算称为（　　　）。
    A. 连接 　　　　　　B. 投影 　　　　　　C. 选择 　　　　　　D. 排序

14. 对于"关系"的描述，正确的是（　　　）。
    A. 同一个关系中允许有完全相同的元组
    B. 同一个关系中元组必须按关键字升序存放

C. 在一个关系中必须将关键字作为该关系的第一个属性

D. 同一个关系中不能出现相同的属性名

15. 对于现实世界中事物的特征，在实体-联系模型中使用（　　）。

    A. 属性描述　　　　　　　　　　　　　　B. 关键字描述

    C. 二维表格描述　　　　　　　　　　　　D. 实体描述

16. 对关系 $S$ 和关系 $R$ 进行集合运算，结果中既包含 $S$ 中元组也包含 $R$ 中元组，这种集合运算称为（　　）。

    A. 并运算　　　　　　B. 交运算　　　　　　C. 差运算　　　　　　D. 积运算

### 三、填空题

1. 用二维表来表示实体及实体之间联系的数据模型称为_____。

2. 在关系中，域是指属性的_____。

3. 在关系数据库的基本操作中，从表中取出满足条件元组的操作称为_____。

4. 传统的数据库三大数据模型是_____、_____和_____。

5. 在关系模型中，二维表的列称为_____，二维表的行称为_____。

6. 在关系数据库的基本操作中，通过某种条件把两个关系中的元组连接到一起形成新的二维表，这种操作称为_____。

7. 安装完 Visual FoxPro 之后，系统自动用一些默认值来设置环境，要定制自己的系统环境，应选择_____菜单下的_____菜单项进行操作。

8. 把帮助文件 Foxhelp.chm 复制到硬盘的某个目录下，为了在单击工具栏上的"帮助"按钮时能够打开该帮助文件，需要在"选项"对话框的_____选项卡中进行设置。

9. 为了设置日期和时间的显示格式，应当在"选项"对话框的_____选项卡中进行设置。

10. 在关系模型中，"关系中不允许出现相同元组"的约束是通过_____实现的。

# 第2章
# 数据库与表操作

设计数据库管理系统，首要的工作是确定所管理的对象，依据所管理的对象设计数据库文件。数据库文件是构成数据库应用系统的重要组成部分。本章完成学生管理系统中数据库的建立，并在此基础上完成表的建立、记录的添加和其他相关的数据库和表的操作。

## 2.1　数据库的建立

### 2.1.1　数据库的概念

数据库是数据的集合。在 Visual FoxPro 中，通过数据库将表、视图、联系等各类数据对象统一管理。在建立 Visual FoxPro 的数据库时，相应的数据库文件名称的扩展名为.dbc，同时还会自动建立一个扩展名为.dct 的数据库备注文件和扩展名为.dcx 的数据库索引文件。当数据库建立完成后，可以在用户文件夹下看到扩展名为.dbc、.dct、.dcx 的 3 个文件，但这 3 个文件是供 Visual FoxPro 数据库管理系统使用的，用户一般不直接使用这些文件。

### 2.1.2　建立数据库

创建数据库，可以通过"数据库设计器"或在命令窗口中执行命令完成。

例 2-1　建立"成绩管理"数据库。

（1）执行菜单命令[文件]\[新建]，在"新建"对话框中选择"数据库"选项，单击"新建文件"按钮，如图 2-1 所示。

（2）在弹出的对话框中输入数据库文件名"成绩管理"，单击"保存"按钮，弹出"数据库设计器"窗口，如图 2-2 所示。数据库文件建立完成。

注意

① 为了清晰地看到建立数据库生成的 3 个文件，应首先设置默认目录。

② 建立完的数据库是一个空的数据库，它不包括任何数据，为了输入数据，还需要建立表、视图等其他数据对象。

建立数据库也可采用如下命令格式：

```
CREATE DATABASE [<数据库文件名>]
```

如果未指定数据库文件名，Visual FoxPro 将弹出"创建"对话框供用户输入文件名。保存后数据库文件被建立并打开。使用该命令建立数据库后打开的仅仅是数据库，并不打开数据库设计器。如果想要打开"数据库设计器"，应继续在命令窗口中输入 MODIFY DATABASE 命令。

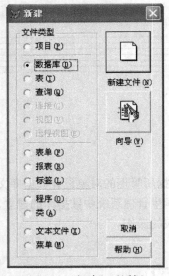

图 2-1  "新建"对话框

图 2-2  "成绩管理"数据库

# 2.2  数据库的操作

## 2.2.1  打开数据库

对数据库进行操作之前，应当先打开数据库。

**例 2-2**  打开"成绩管理"数据库。

（1）在 Visual FoxPro 主窗口中，执行菜单命令[文件]\[打开]，弹出"打开"对话框，如图 2-3 所示。

（2）在"文件类型"下拉列表中，选择文件类型为"数据库"，然后选择要打开的数据库名，单击"确定"按钮进入"数据库设计器"窗口，参见图 2-2。

打开数据库可以使用命令操作方式，命令格式为

```
OPEN DATABASE[<数据库文件名>|?]
[NOUPDATE] [EXCLUSIVE|SHARED]
```

各参数的含义如下。

● <数据库文件名>指定要打开的数据库名，如果用户省略数据库文件名或用"？"代替数据库名，系统会显示"打开"对话框。

● NOUPDATE 指定以只读方式打开数据库。

● EXCLUSIVE 指定以独占方式打开数据库，SHARED 指定以共享方式打开数据库。

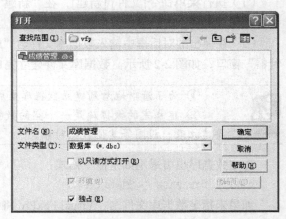

图 2-3  "打开"对话框

数据库打开后，同名的.dct 数据库备注文件与.dcx 索引文件也一起被打开。

数据库打开后，在"常用"工具栏中可以看见当前正在使用的数据库名，同时当数据库设计器为当前窗口时，Visual FoxPro 菜单上出现"数据库"菜单项。

Visual FoxPro 允许在同一时刻打开多个数据库，但在同一时刻只有一个当前数据库。当打开多个数据库时，系统将最后打开的数据库作为当前数据库。如果要指定一个已经打开的数据库为当前数据库，可以使用命令：

```
SET DATABASE TO [数据库文件名]
```

### 2.2.2　修改数据库

用 OPEN DATABASE 命令仅仅是打开数据库，如果要在数据库中进行数据对象的建立、修改、删除等操作，需要修改数据库。修改数据库实际上是打开数据库设计器，命令格式为

```
MODIFY DATABASE [<数据库文件名>|?][NOWAIT] [NOEDIT]
```

各参数的含义如下。

● [<数据库文件名>|?] 含义同上。

● NOWAIT 参数只在程序中使用（在交互使用的命令窗口中无效），作用是在数据库设计器打开后程序继续执行，即继续执行 MODIFY DATABASE NOWAIT 之后的语句；如果不使用该参数，在打开数据库设计器后，应用程序会暂停，直到数据库设计器关闭后，应用程序才会继续执行。

● NOEDIT 参数的作用是打开数据库设计器，而禁止对数据库中的对象进行修改。

① 打开数据库设计器之前并不要求先用 OPEN DATABASE 打开数据库，打开数据库设计器会自动打开数据库。

② 用菜单方式打开数据库，相当于执行了 OPEN DATABASE 和 MODIFY DATABASE 两条命令。

### 2.2.3　删除数据库

数据库可以被删除，命令格式为

```
DELETE  DATABASE [<数据库文件名>|?][DELETETABLES] [RECYCLE]
```

Visual FoxPro 的数据库文件并不真正含有数据库表或其他数据库对象，只是在数据库文件中记录了相关的信息，数据库表或其他数据库对象是独立存放在磁盘上的。在一般情况下，删除数据库文件并不删除数据库中的表等对象。

要在删除数据库文件的同时从磁盘上删除该数据库所包含的表，可以在命令中选择 DELETETABLES 选项。

选择 RECYCLE 选项则将删除的数据库文件、表文件等放入 Windows 的回收站中，必要时还可以还原它们。

另一种常见的删除数据库的方法是在项目管理器中进行，在本书的第 10 章中介绍。

### 2.2.4　关闭数据库

数据库文件操作完成后，应当将其关闭，以确保数据的安全性。关闭数据库命令的格式是：

```
CLOSE DATABASE
```

此操作仅仅关闭当前数据库和当前数据表，可以用 CLOSE ALL 命令关闭所有对象，如数据

库、表、索引等。

# 2.3 数据库表的建立

## 2.3.1 表的基本概念

Visual FoxPro 中的数据库是一个逻辑上的概念和手段，真正的数据实际上存储在表中。表是满足关系模型的一组相关数据的集合，在 Visual FoxPro 中，所有的操作都是在表的基础上进行的。建立表时，首先要设计表的结构，然后完成记录数据输入操作。

## 2.3.2 建立表的结构

在 Visual FoxPro 中，一个关系对应一个数据表。定义表的结构，就是根据关系来确定表的字段个数、字段名、字段类型、宽度、小数位数等。下面先介绍建立表结构的一个实例，再介绍建立表结构的相关概念。

### 1. 建立表结构的实例

例 2–3　建立 student 表结构，其结构定义如表 2-1 所示。

表 2-1　　　　　　　　　　　　　　　　　student 表结构

| 字段名 | 字段类型 | 字段宽度 | 小数位数 | 字段名 | 字段类型 | 字段宽度 | 小数位数 |
|---|---|---|---|---|---|---|---|
| 学号 | 字符型 | 5 | | 专业 | 字符型 | 10 | |
| 姓名 | 字符型 | 10 | | 助学金 | 数值型 | 6 | 1 |
| 性别 | 字符型 | 2 | | 简历 | 备注型 | 4 | |
| 出生日期 | 日期型 | 8 | | 照片 | 通用型 | 4 | |
| 毕业否 | 逻辑型 | 1 | | | | | |

（1）打开数据库"成绩管理"，参考例 2-2。

（2）在 Visual FoxPro 主菜单下，执行菜单命令[文件]\[新建]\[表]，单击"新建"按钮，弹出"创建"对话框，如图 2-4 所示，输入文件名 student 后，单击"保存"按钮，弹出"表设计器"对话框。

（3）在"表设计器"对话框中，输入表 2-1 中所示的字段名、字段类型、宽度和小数位数，如图 2-5 所示。

（4）当输入完成后，单击"确定"按钮，系统弹出提示对话框，如图 2-6 所示。在该对话框中，如果选择"是"，立即向表中输入数据；如果选择"否"，结束表结构的建立。

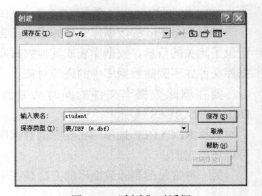

图 2-4　"创建"对话框

### 2. 字段名

字段名即关系的属性名或表的列名，它必须以汉字或字母开头，由汉字、字母、数字或下画线组成。自由表中的字段名最多为 10 个字符，数据库表中的字段名最多为 128 个字符。

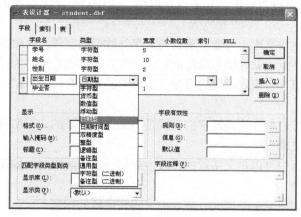

图 2-5　"表设计器"对话框

图 2-6　提示对话框

### 3. 字段类型和宽度

字段类型表示该字段中存放数据的类型，字段宽度表示该字段允许存放的最大字节数或数值位数。

字段的数据类型包括以下几种。

- 字符型：可以是字母、数字等各种字符文本，如学生姓名。
- 数值型：整数或小数，如助学金金额。
- 货币型：货币单位，如图书的定价。
- 浮点型：功能上类似于"数值型"，其长度在表中最长可达 20 位。
- 双精度型：一般用于要求精度很高的数值数据。
- 整型：不含小数位数的数值类型。
- 日期型：指定具体日期的数据类型，如出生日期。
- 日期时间型：指定具体日期时间的数据类型，由年、月、日、时、分、秒构成，如学生上课的时间。
- 逻辑型：值为"真"（.T.）或"假"（.F.）的数据类型，如表示学生考试是否通过。
- 备注型：不定长的字符型文本，如用于存放个人简历等。备注型字段在表中占用 4 个字节，所保存的数据信息存储在以.fpt 为扩展名的备注文件中。
- 通用型：用于存储类似图片等对象的类型，如学生的照片。通用型字段在表中占用 4 个字节，所保存的数据信息存储在以.fpt 为扩展名的备注文件中。
- 二进制字符型：功能与"字符型"相同，但它是以二进制格式存储的，当代码页更改时字符值不变，因而有特殊的用途，如用于保存表中的用户密码。由于该类型的数据是以二进制形式存储的，因此，它不受国家或地区不同语言或字符的限制。
- 二进制备注型：功能与"备注型"相同，但它是以二进制格式存储的。

在建立表结构时，应根据所存储数据的具体情况规定字符型、数值型和浮点型这 3 种字段的宽度，若有小数部分，则小数点也占一位。其他类型字段的宽度均由系统统一规定，它们是货币型、日期型、日期时间型、双精度型，其字段宽度均为 8 个字节，逻辑型字段宽度为 1 字节，整型、备注型和通用型宽度为 4 个字节。

**4. 表设计器中的一些选项**

（1）空值。在建立表结构时，可以设置字段为空值。在表设计器中，选中对应字段后面的"NULL"选项，即可设置该字段允许为空值。

空值是关系数据库中的一个重要概念，在数据库中可能会遇到尚未存储数据的字段，这时的空值与空字符串、数值 0 等具有不同的含义，空值就是缺值或还没有确定值，不能把它理解为任何意义的数据。例如，表示成绩的一个字段值，空值表示没有成绩，原因可能是没有参加考试，而数值 0 表示的是成绩为 0 分。

一个字段是否允许为空值与实际应用有关，如作为关键字的字段是不允许为空值的，而那些在插入记录时允许暂缺的字段值往往允许为空值。

（2）字段有效性规则。在字段有效性组框中可以定义字段的有效性规则、违反规则时的提示信息和字段的默认值。这属于域完整性的范畴。

（3）显示组框。在显示组框下可以定义字段显示的格式、输入的掩码和字段的标题。

格式实质上是一个输出掩码，它决定了字段在表单浏览窗口等界面中的显示风格。

输入掩码是字段的一种属性，用以限制或控制用户输入的格式。例如，规定课程号由字母 C 和 1 到 2 位数字组成，则掩码可以定义为 C99。

标题用于字段显示时的内容，如果不指定标题，则显示字段名，一般当字段名是英文或缩写时使用。

（4）字段注释。可以为每个字段添加注释，以方便其他人理解表中每个字段的含义。

**5. 用命令建立表**

建立表结构的另外一种方法是在命令窗口中输入命令：

```
CREATE <表名>
```

当表名省略时，将弹出"创建"对话框，提示用户输入表名，以后的操作方法与菜单操作相同。

注意

在使用 CREATE 命令建立表时，如果是在数据库关闭状态下，这时建立的表叫自由表，表设计器界面比在数据库中建立表的表设计器界面简单，不能进行字段有效性规则和显示属性等设置。

## 2.3.3　向表中输入数据

可以在创建表时向表中输入数据，也可以在表结构创建完成后，利用追加方式向表中输入数据，这两种输入数据的方法操作过程实际上是相同的。下面完成 student 表数据的输入，数据的内容参见附录 A。

**例 2-4**　以追加方式向 student 表中输入数据。

（1）在 Visual FoxPro 主窗口下，执行菜单命令[文件]\[打开]，在弹出的"打开"对话框中选择文件类型为"表"，选择文件名 student 后，单击"确定"按钮，打开 student 表。

（2）执行菜单命令[显示]\[浏览]，进入"浏览"窗口。继续执行菜单命令[显示]\[追加方式]，在此窗口内向表输入如图 2-7 所示的数据。

（3）输入数据时，日期型字段输入时的默认格式是"月日年"，也可以修改 Visual FoxPro 的配置，将日期设置为"年月日"格式。逻辑型字段只能输入.T.或.F.。如果某字段允许接受"空值"，可以使用组合键 Ctrl+0 向字段中输入"NULL"。

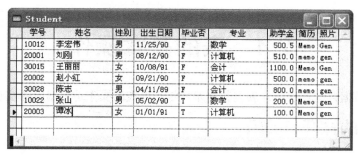

图 2-7　向表中输入数据

（4）向备注型字段输入数据时，应双击"memo"标识，进入备注型字段编辑窗口，在此窗口内输入数据，如图 2-8 所示。输入完成后，单击"关闭"按钮，此时"memo"标识变成"Memo"，表明此字段中已经含有数据。如果在编辑过程中想放弃输入的内容，可以按 Esc 键，撤销刚才的操作。

（5）向通用型字段输入数据时，应双击"gen"标识，进入通用型字段编辑窗口，执行菜单命令[编辑]\[插入对象]，弹出"插入对象"对话框，如图 2-9 所示。在此窗口内选择"新建"或"由文件创建"选项，进行文件的创建，完成后，单击"关闭"按钮，此时"gen"标识变成"Gen"，表明此字段中已经含有数据。

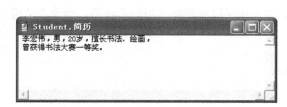

图 2-8　备注型字段编辑窗口

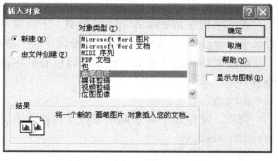

图 2-9　"插入对象"对话框

（6）输入完成后，关闭数据浏览窗口。

向表中输入数据，也可以通过在命令窗口中输入命令 APPEND 或 INSERT 来实现。在数据输入过程中也可以修改数据。APPEND 命令的功能是在表的尾部增加记录，命令格式为

`APPEND [BLANK]`

如果想在表的任意位置插入新记录，应使用命令 INSERT，命令格式为

`INSERT [BLANK] [BEFORE]`

若选择 BLANK 选项，表示添加一个空记录。若选择 BEFORE 选项，表示在当前记录的前面插入一条新纪录。

当在表上建立了主索引或候选索引时，不能用 INSERT 命令增加新记录，必须使用 SQL 中的 INSERT 命令插入数据。

# 2.4　表的基本操作

数据库中的数据存储在表中，表是数据库的核心，表的操作是数据库的核心操作。

## 2.4.1　表的打开与关闭

### 1.　表的打开

对表进行操作前，首先要打开表。打开表的操作过程可以通过菜单来完成，也可以通过命令来完成，打开一个新表之后，原来打开的表自动关闭。打开表的命令是：

```
USE <表名> [NOUPDATE][EXCLUSIVE|SHARED]
```

其中 NOUPDATE 指定以只读方式打开表。EXCLUSIVE 指定以独占方式打开表，SHARED 指定以共享方式打开表。

### 2.　表的关闭

对表操作完成后，应及时关闭表，以保证更新后的内容能写入相应的表中。在命令窗口中，使用不带文件名的 USE 命令，可以关闭表。CLOSE ALL 命令关闭包括表在内的所有文件。

## 2.4.2　修改表结构

表的结构包括字段名、字段类型、字段宽度和小数位数，修改表结构可以在打开表之后，执行菜单命令[显示]\[表设计器]，在表设计器中修改表的结构，可参见图 2-5。

修改表结构的主要操作包括修改已有的字段，增加新字段和删除不用的字段等。修改表结构的命令是：

```
MODIFY STRUCTURE
```

例如，使用如下命令调用表设计器修改表结构：

```
USE student
MODIFY STRUCTURE
```

## 2.4.3　表中内容的浏览和显示

### 1.　浏览表的内容

浏览表的内容可以分为"浏览"和"编辑"两种方式，对应的命令是 BROWSE 和 EDIT。利用"显示"菜单也可以方便地实现表的浏览和编辑操作，在浏览或编辑方式下，可以很方便地修改表的内容。

**例 2-5**　浏览和编辑 student 表。

（1）打开 studnet 表。

（2）执行菜单命令[显示]\[浏览]，进入表的浏览状态，如图 2-10 所示。

（3）执行菜单命令[显示]\[编辑]，进入表的编辑状态，如图 2-11 所示。

### 2.　显示表的内容

可以将表的全部或部分记录显示在 Visual FoxPro 的主窗口中。显示当前表中记录的命令是 LIST 或 DISPLAY。

| 学号 | 姓名 | 性别 | 出生日期 | 毕业否 | 专业 | 助学金 | 简历 | 照片 |
|---|---|---|---|---|---|---|---|---|
| 10012 | 李宏伟 | 男 | 11/25/90 | F | 数学 | 500.5 | Memo | Gen |
| 20001 | 刘刚 | 男 | 08/12/90 | F | 计算机 | 510.0 | memo | gen |
| 30015 | 王丽丽 | 女 | 10/08/91 | F | 会计 | 1100.0 | Memo | Gen |
| 20002 | 赵小红 | 女 | 09/21/90 | F | 计算机 | 500.0 | memo | gen |
| 30028 | 陈志 | 男 | 04/11/89 | F | 会计 | 800.0 | memo | gen |
| 10022 | 张山 | 男 | 05/02/90 | T | 数学 | 200.0 | Memo | gen |
| 20003 | 谭冰 | 女 | 01/01/91 | T | 计算机 | 100.0 | Memo | gen |

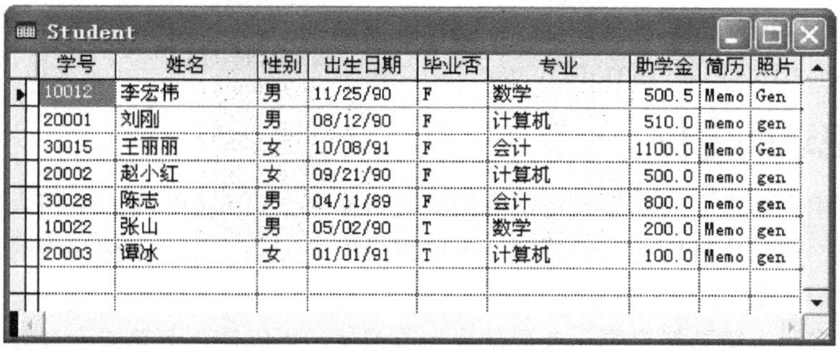

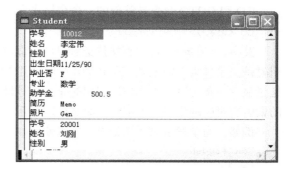

图 2-10　浏览 student 表窗口

图 2-11　编辑 student 表窗口

命令格式为

LIST|DISPLAY [[FIELDS]<字段名表>][范围][FOR <条件>]

各参数的含义如下。

- LIST 命令的默认范围是显示全部记录，DISPLAY 默认范围是显示一条记录，即当前记录。
- FIELDS<字段名表> 指定要显示的字段。如果省略 FIELDS 选项，则显示表中所有字段的值，但不显示备注型和通用型字段的内容。
- 若选定 FOR 子句，则显示满足条件的所有记录。
- 范围子句指定对哪些记录进行操作，包括 ALL、REST、NEXT *n*、RECORD *n* 等 4 个选项。其中，ALL 指定全部记录，REST 指定从当前记录开始的其余全部记录，NEXT *n* 指定从当前记录开始的 *n* 条记录，RECORD *n* 指定记录号为 *n* 的记录。
- 如果有 FOR 子句，缺省的范围为 ALL。

**例 2-6**　对 student 表，在命令窗口中输入命令，完成如下操作。

（1）显示前 3 条记录。

```
USE student
LIST NEXT 3
```

操作过程和结果如图 2-12 所示。

| 记录号 | 学号 | 姓名 | 性别 | 出生日期 | 毕业否 | 专业 | 助学金 | 简历 | 照片 |
|---|---|---|---|---|---|---|---|---|---|
| 1 | 10012 | 李宏伟 | 男 | 11/25/90 | .F. | 数学 | 500.5 | Memo | Gen |
| 2 | 20001 | 刘刚 | 男 | 08/12/90 | .F. | 计算机 | 510.0 | memo | gen |
| 3 | 30015 | 王丽丽 | 女 | 10/08/91 | .F. | 会计 | 1100.0 | Memo | Gen |



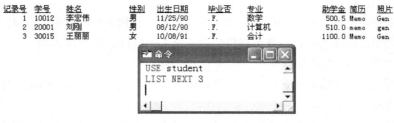

图 2-12　显示记录的命令及结果

（2）显示性别为“男”的学生姓名和出生日期。

```
USE student
DISPLAY FOR 性别="男" FIELDS 姓名,出生日期
```

（3）显示 1991 年以前出生并且专业为"会计"的学生记录。

```
LIST FOR 出生日期<{^1991-01-01} AND 专业="会计"
```

## 2.4.4 记录的定位

在数据库应用中经常需要对某条特定的记录进行操作，Visual FoxPro 中引入当前记录的概念来指明这条记录，记录指针所指的记录即为当前被操作的记录，该记录称为当前记录。当表打开时，当前记录为第 1 条记录。

记录的定位实际上就是指定哪一条记录为当前记录，可以使用菜单或命令方式完成。

### 1. 用 GO 命令绝对定位

GO 和 GOTO 命令是等价的，命令格式为

```
GO <记录号>|TOP|BOTTOM
```

其中，<记录号>选项直接按记录号的物理位置定位；TOP 选项是指第一条记录，当不使用索引时是记录号为 1 的记录，使用索引时是索引项排在最前面的索引所对应的记录；BOTTOM 选项是指最后一条记录，当不使用索引时是记录号最大的那条记录，使用索引时是索引项排在最后面的索引所对应的记录（索引将在第 2.6 节介绍）。

例如，为了显示第 3 条记录，可以使用如下命令：

```
USE student
GO 3
DISPLAY  &&不带参数的 DISPLAY 命令只显示 1 条记录
```

### 2. 用 SKIP 命令相对定位

当记录指针相对当前位置移动时，可以用 SKIP 命令向前或向后移动若干条记录位置。SKIP 命令的格式为

```
SKIP [<记录数>]
```

其中，<记录数>可以是正或负的整数，默认值是 1。如果是正数，则记录指针向后移动；如果是负数，则记录指针向前移动。SKIP 按逻辑顺序定位，即如果使用索引时，是按索引项的顺序定位的。

例如，为了使 student 表的记录指针指向第 5 条记录，可以使用命令：

```
USE student
SKIP 4
DISPLAY
```

### 3. 查询定位记录

除了可以按绝对位置（使用 GO 命令）和相对位置（使用 SKIP 命令）定位记录指针外，还可以用查询条件定位记录的指针。查询定位的命令是 LOCATE，命令格式为

```
LOCATE [范围] FOR <条件表达式>
```

该命令执行后将记录指针定位在满足条件的第 1 条记录上，如果没有满足条件的记录则指针指向文件结束位置。

如果要使指针指向下一条满足条件的记录，可以使用 CONTINUE 命令。同样，如果没有记录再满足条件，则指针指向文件结束位置。

**例 2-7** 将 student 表中第 1 位专业为"计算机"的同学定位为当前记录。

（1）打开 student 表。

（2）执行菜单命令[显示]\[浏览]，打开"浏览"窗口。

（3）执行菜单命令[表]\[转到记录]\[定位]，弹出"定位记录"对话框，如图 2-13 所示。

（4）在"定位记录"对话框中，在"作用范围"下拉列表中选择"ALL"，单击"表达式生成器"按钮，弹出"表达式生成器"对话框，如图 2-14 所示。

（5）在"表达式生成器"对话框中，输入定位条件[专业=ʹ计算机ʹ]，单击"确定"按钮后，返回"定位记录"

图 2-13　"定位记录"对话框

窗口，再单击"定位"按钮。此时，满足条件的第 1 条记录为当前记录，结果如图 2-15 所示。

相应的命令将在命令窗口自动生成。

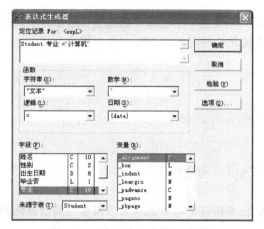

图 2-14　"表达式生成器"对话框

图 2-15　查找满足条件的记录结果

实现例 2-7 的命令代码是：
```
USE student
LOCATE FOR 专业="计算机"
BROWSE
```

　注意　记录定位通过菜单或命令都可以完成，但在程序设计中，当前记录的定位很重要，应当清晰了解通过命令方式定位记录。

## 2.4.5　记录的删除

表中无用的记录可以删除，Visual FoxPro 中记录的删除分为逻辑删除和物理删除两种。

### 1. 逻辑删除

逻辑删除记录就是给记录加删除标记，并不真正删除记录。如果记录需要被彻底删除，需要在逻辑删除的基础上进行物理删除。

**例 2-8**　逻辑删除 student 表中性别为"男"的记录。

（1）打开 student 表。

（2）执行菜单命令[显示]\[浏览]，弹出"浏览"窗口。

（3）执行菜单命令[表]\[删除记录]，弹出"删除"对话框，在对话框中输入相应内容，如图 2-16 所示。

（4）单击"确定"按钮后，弹出如图 2-17 所示的删除标记。

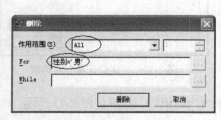

图 2-16 "删除"对话框

图 2-17 删除记录标记

逻辑删除表中的记录，也可以通过单击图 2-17 所示浏览窗口中记录左侧的空白处给记录加上"删除标记"，但此方法只适合删除少量记录。逻辑删除的命令是 DELETE，命令格式为

DELETE [范围] [FOR <条件表达式>]

实现例 2-8 的命令代码是：

USE student
DELETE FOR 性别="男"
BROWSE

### 2. 记录的恢复

被逻辑删除的记录可以恢复，恢复的命令是 RECALL，命令格式为

RECALL [范围] [FOR <条件表达式>]

该命令的使用方式和 DELETE 相同。当 RECALL 不带任何命令选项时，恢复当前被删除的记录。

### 3. 物理删除

物理删除就是把逻辑删除的记录彻底从磁盘上删除，释放磁盘空间。彻底删除记录必须先逻辑删除，然后再做物理删除。物理删除的命令是 PACK，被删除的记录将不能恢复。物理删除也可以通过菜单命令[表]\[彻底删除]来完成。

ZAP 命令是一次性物理删除表中全部记录（不管是否有删除标记）的命令，该命令执行后，只保留了表的结构。

## 2.4.6 表中数据的替换

在浏览和编辑表时可以修改表中的数据，可以通过命令 CHANGE、EDIT、BROWSE 等来修改数据。如果表中有大量数据需要有规律地修改时，可以使用"表"菜单中的"替换字段"命令。

例 2-9 将 student 表中女同学的助学金增加 10 元。

（1）打开 student 表。

（2）执行菜单命令[显示]\[浏览]，弹出"浏览"窗口。

（3）执行菜单命令[表]\[替换字段]，弹出"替换字段"对话框，在对话框中输入相应内容，如图 2-18 所示。

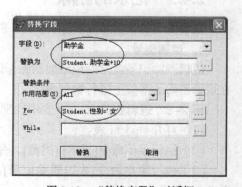

图 2-18 "替换字段"对话框

（4）单击"替换"按钮。

批量数据替换操作也可通过 REPLACE 命令完成，命令格式为

```
REPLACE [范围] <字段名1> WITH <表达式1>[, <字段名2> WITH <表达式2>, …] [FOR<条件表达式>]
```

该命令的功能是在指定范围内满足条件的记录中，用表达式的值替换对应的字段值。实现例 2-9 的命令代码为

```
USE student
REPLACE ALL 助学金 WITH 助学金+10 FOR 性别="女"
```

需要说明的是，REPLACE 命令不包含[范围]子句时，默认的范围是当前记录，若要对全部记录进行替换，需要指明范围 ALL。

## 2.4.7　表的复制*

表的复制是指在已经建立的表的基础上，根据需要产生原表的副本以及各种新的表结构或者文件。

### 1. 复制表的结构

仅将当前表的结构复制到指定的表中，不复制表中的任何记录，命令格式为

```
COPY STRUCTURE  TO <文件名> [FIELDS <字段名表>]
```

其中，<文件名>是复制产生的新表名。FIELDS <字段名表>选项，指定新表文件的结构只包含给出的字段。如果省略 FIELDS 选项，则表示复制的空表文件的结构和当前表相同。

### 2. 复制表文件

将当前表中满足条件的记录和指定字段复制到一个表或其他类型的文件中，命令格式为

```
COPY TO <文件名> [FIELDS <字段名表>] [<范围>] [FOR <条件>] [WHILE <条件>] [[TYPE]SDF
|DELIMITED|XLS] [WITH <定界符>|BLANK]
```

各参数的含义如下。

- <文件名>是复制产生的新文件名。
- FIELDS<字段名表>将指定字段的数据复制到新文件中。缺省等价于当前表的全部字段。
- <范围>和 FOR <条件>、WHILE <条件>决定对哪些记录进行复制。如果省略这些选项，则等价于当前表的所有记录。
- SDF | DELIMITED 表示将当前表复制成默认扩展名为.txt 的文本文件。其中 SDF 为标准格式，记录定长，不用分隔符和定界符，每个记录均从头部开始存放，均以回车符结束。DELIMITED 为通用格式，记录不定长，每个记录均以回车符结束。WITH <定界符> 选项把字符型数据用指定的定界符括起来，否则字符型数据默认用双引号括起来。WITH BLANK 选项使字符之间用一个空格分隔，否则默认用一个逗号分隔。XLS 表示将当前表复制得到一个 Excel 文件。

**例 2-10**　将 student 表中助学金不少于 500 元学生的记录复制生成新表 st.dbf，要求 st.dbf 表中的记录显示学生的学号、姓名、性别和助学金字段。

```
USE student
COPY TO st FIELDS 学号,姓名,性别,助学金 FOR 助学金>=500
USE st   &&打开并浏览新表中的记录
LIST
```

### 3. 复制任何类型的文件

```
COPY FILE <文件名1> TO <文件名2>
```

其中文件 1 为原文件，文件 2 为产生的副本文件。

# 2.5 自 由 表

在 Visual FoxPro 中，根据表是否属于数据库，把表分为数据库表和自由表两类。属于某一数据库的表称为数据库表，不属于任何数据库而独立存在的表称为自由表。前面介绍的 student 表属于"成绩管理"数据库，所以属于数据库表。

在 Visual FoxPro 中数据库表和自由表的绝大多数操作相同，数据库表和自由表可以相互转换。当一个自由表添加到某一数据库时，自由表就成为数据库表。相反，若将数据库表从某一数据库中移出，该数据库表就成为自由表。

在数据库关闭状态下建立的表属于自由表，数据库表相对于自由表，有如下特点：

- 数据库表可以使用长表名，在表中可以使用长字段名；
- 可以为数据库表中的字段指定标题和添加注释；
- 可以为数据库表的字段指定默认值和输入掩码；
- 数据库表的字段有默认的控件类；
- 可以为数据库表规定字段级规则和记录级规则；
- 数据库表支持主关键字、参照完整性和表之间的关联；
- 支持 INSERT、UPDATE 和 DELETE 事件的触发器。

在 Visual FoxPro 中保留了自由表的概念，完全是为了兼容 FoxPro 早期的软件版本。建议在 Visual FoxPro 中尽量使用数据库表。

### 1. 建立自由表

建立自由表的过程和建立数据库表的过程基本相同，需要注意的是，建立自由表时，数据库应当是关闭的。

**例 2–11**　建立自由表 girl.dbf。

表结构描述为：girl（学号 C（5），姓名 C（8），出生日期 D，助学金 N（6，1），简历 M）。

（1）在 Visual FoxPro 的命令窗口中，输入命令：CLOSE ALL。

若数据库未打开，此步骤可以省略。

（2）在 Visual FoxPro 主菜单下，执行菜单命令[文件]\[新建]\[表]，单击"新建"按钮，弹出"创建"对话框，输入文件名 girl 后，单击"保存"按钮，弹出"表设计器"对话框。

（3）在"表设计器"对话框中输入字段名、字段类型、宽度和小数位数，如图 2-19 所示。可以看出，在自由表的表设计器中，不能设置显示格式和字段有效性规则等。

（4）当输入完成后，单击"确定"按钮，系统弹出提示对话框。在该对话框中，选择"否"，结束表结构的建立。

### 2. 向数据库中添加自由表

可以通过命令或菜单方式将自由表添加到数据库中。

**例 2–12**　将自由表 girl 添加到"成绩管理"数据库中。

（1）打开数据库"成绩管理"，进入"数据库设计器"窗口。

（2）在"数据库设计器"窗口中，单击鼠标右键，在弹出的快捷菜单中选择"添加表"命令，如图 2-20 所示。

（3）在弹出的"打开"对话框中，选择要添加的表名 girl，单击"确定"按钮后完成该数据表添加操作。

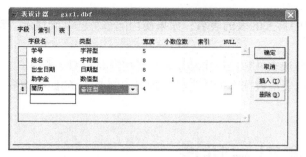

图 2-19 自由表的"表设计器"对话框　　　　图 2-20 向数据库添加表

可以通过 ADD 命令向数据库添加表，命令格式为

`ADD TABLE <表名>`

**例 2-13** 例 2-12 的命令是：

`ADD TABLE girl`

 　　　　一个表只能属于一个数据库，当一个自由表添加到某个数据库后，就不再是自由表了，所以不能把已经属于某个数据库的表添加到当前数据库。

### 3. 从数据库中移出表

可以通过菜单或命令方式从数据库中移出表，移出的表成为自由表。

**例 2-14** 从"成绩管理"数据库移出 girl 表。

（1）在"数据库设计器"窗口中选中 girl 表，单击鼠标右键，在弹出的快捷菜单中选择"删除"命令，如图 2-21 所示。

（2）Visual FoxPro 弹出提示对话框，如图 2-22 所示。单击"移去"按钮，完成移去操作。

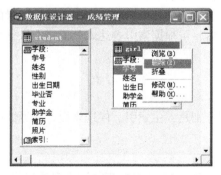

图 2-21 从数据库中移去表　　　　图 2-22 Visual FoxPro 提示对话框

 　　① 以上操作是从数据库中移出表，使被移出的表成为自由表，所以应该选择"移去"；如果选择"删除"，则不仅从数据库中将表移出，并且还从磁盘上删除该表。

② 一旦某个表从数据库中移出，那么与之联系的所有主索引、默认值及有关的规则都将丢失，而且，将某个表移出的操作会影响到当前数据库中与该表有联系的其他表。

③ 如果移出的表在数据库中使用了长表名，那么表一旦移出了数据库，长表名将不可再使用。

此外，还可以用 REMOVE TABLE 命令将一个表从数据库中移出，命令格式为

```
REMOVE TABLE <表名>|? [DELETE][RECYCLE]
```

● 参数<表名>给出了要从当前数据库中移去的表的表名，如果使用问号"？"则显示"移去"对话框，需要从中选择需要移去的表。

● 如果使用选项 DELETE，则除了把所选表从数据库中移出外，还将其从磁盘上删除。

● 如果使用选项 RECYCLE，则把所选表从数据库中移去后，放到 Windows 的回收站中，而并不立即从磁盘上删除。

# 2.6　索引与排序

索引是进行快速显示、快速查询数据的重要手段，是创建表间联系的基础。表创建完成后，通过索引对数据进行显示、查询和排序是数据库操作的重要内容之一。

## 2.6.1　索引的概念

索引是按照索引表达式的值使表中的记录有序排列的一种技术，其在 Visual FoxPro 系统中是借助索引文件实现的。

当用户为了加快数据的检索、显示、查询和打印速度，需要对文件中的记录顺序重新组织时，索引技术是实现这些目的最为可行的办法。索引实际上是一种排序，但是它不改变表中数据的物理顺序，而是另外建立一个记录号列表。它与图书的索引目录含义相同，图书中的索引指明了章、节、目的页码，而表的索引指明由某一字段值的大小决定的记录排列的顺序。

表一旦建立索引后，就产生了一个相应的索引文件。根据建立索引类型的不同，可产生扩展名为.idx 的单索引或扩展名为.cdx 的复合索引两类索引文件。一旦表和相关的索引文件被打开，对表进行操作时，则记录的顺序按索引表达式值的逻辑顺序显示和操作。

在 Visual FoxPro 系统中，可以为一个表建立多个索引，每一个索引确定了一种表记录的逻辑顺序。同一个数据库中的多个表以同名字段建立索引后，可根据索引表达式的值建立数据库中多个表间的关联关系。

## 2.6.2　索引的类型

Visual FoxPro 提供了 4 种不同的索引类型，它们分别是：主索引、候选索引、普通索引和唯一索引。

### 1．主索引

在数据库中的表才可以建立主索引，主索引是指定字段或表达式中不允许出现重复值的索引，这样的索引可以起到主关键字的作用，其索引表达式的值能够唯一标识每个记录处理的顺序。

建立主索引的字段可以看作是主关键字，一个表只能有一个主关键字，所以一个表只能创建一个主索引。如果某个表有多个字段具有"不允许出现重复值"的性质，那么也只能建立一个主索引，然后再定义一些候选索引。

### 2．候选索引

候选索引和主索引具有相同的特性，一个表可以建立多个候选索引。候选索引像主索引一样要求字段值的唯一性。在数据库表和自由表中均可为每个表建立多个候选索引。

### 3. 普通索引

普通索引也可以决定记录的处理顺序，它不仅允许字段中出现重复值，并且索引项中也允许出现重复值。在一个表中可以建立多个普通索引。

### 4. 唯一索引

唯一索引的建立是为了保持同早期 FoxPro 版本的兼容性，它的"唯一性"是指索引项的唯一，而不是字段值的唯一。它以指定字段的首次出现值为基础，选定一组记录，并对记录进行排序。在一个表中可以建立多个唯一索引。

## 2.6.3　建立索引

利用表设计器或通过命令都可以为表创建索引。

### 1. 利用表设计器创建索引

**例 2-15**　利用表设计器为 student 表按"学号"字段建立主索引，按"出生日期"字段建立普通索引，索引名和索引表达式相同。

（1）打开"成绩管理"数据库，选中 student 表，执行菜单命令[显示]\[表设计器]。

（2）在"表设计器"对话框的字段选项卡中，单击"学号"和"出生日期"字段的索引标识，设置索引标记，如图 2-23 所示。

（3）切换到索引选项卡，可以根据需要设置或输入索引类型、索引名、索引表达式，如图 2-24 所示。

（4）单击"确定"按钮，完成建立索引操作。

### 2. 利用命令创建索引

使用命令方式建立索引可以有助于理解 Visual FoxPro 的索引和索引文件的含义，利用命令方式可以创建普通索引、候选索引和唯一索引。建立索引的命令是 INDEX，命令格式为

```
INDEX ON <索引表达式>
TO <IDX 索引文件名>| TAG <索引名> OF [<CDX 复合索引文件名>]
[FOR <条件表达式>] [COMPACT][ASCENDING|DESCENDING]
[UNIQUE|CANDIDATE][ADDITIVE]
```

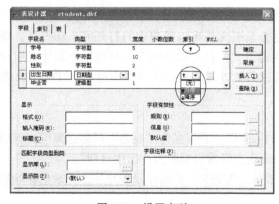

图 2-23　设置索引

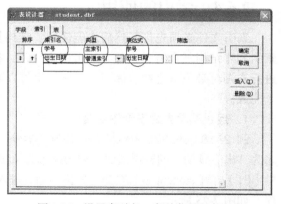

图 2-24　设置索引名、索引类型和表达式

其中参数或短语的含义如下。

- <索引表达式>可以是字段名，或包含字段名的表达式。
- <IDX 索引文件名>，建立扩展名为.idx 的单索引文件，主要用于早期版本的 FoxPro 中。

- TAG <索引名> [OF <CDX 复合索引文件名>] 中的<索引名>给出索引标识，多个索引可以创建在一个索引文件中，默认的索引文件名与表同名（其扩展名为.cdx），该类索引文件称为结构复合索引。可以用<CDX 复合索引文件名>指定其他索引文件名，这类索引文件为非结构复合索引文件。
  - FOR<条件表达式>，给出索引过滤条件，即只索引满足条件的记录。
  - COMPACT 用于建立一个压缩的索引文件，复合索引总是压缩的。
  - ASCENDING 或 DESCENDING，说明建立升序或降序索引，默认是升序的。
  - UNIQUE，说明建立唯一索引。
  - CANDIDATE，说明建立候选索引。
  - ADDITIVE，使用该选项，建立新索引时并不关闭原来打开的索引。

**例 2-16** 用命令方式为 student 表建立一个候选索引，索引名是"姓名"，索引表达式是"姓名"。

```
USE student
INDEX ON 姓名 TAG 姓名 CANDIDATE
```

上述命令为 student 表建立一个与表同名的复合索引文件 student.cdx。

**例 2-17** 为 student 表按"性别"加"学号"建立一个普通索引，索引名是"性别学号"。

```
USE student
INDEX ON 性别+学号 TAG 性别学号
```

---

① 从索引的组织方式来讲共有 3 类索引：单独的 IDX 索引是一种非结构索引，与表不同名的非结构复合索引和与表同名的结构复合索引。

② 结构复合索引是使用最多的一类索引，在表设计器中建立的都是结构复合索引，它具有在打开表时自动打开，在添加、更改或删除记录时自动维护索引的作用。

③ 从功能上讲，索引可以提高查询速度，但维护索引需要付出代价，当对表进行插入、删除或修改操作时，会自动维护索引，也就是说会降低插入、删除和修改等操作的速度。

---

## 2.6.4 索引的使用

索引文件必须先打开然后才能使用。结构复合索引文件可以随着表的打开而自动打开，单索引和非结构复合索引文件必须由用户打开。在索引文件打开的情况下，使用某个具体索引项进行查询时必须指定索引标识，这种指定可以通过菜单方式完成，也可以通过 SET ORDER 命令完成。

### 1. 通过菜单方式设置指定索引

**例 2-18** student 表包括索引名为"学号"的主索引，索引名为"姓名"的候选索引，索引名为"出生日期"的普通索引。利用菜单为 student 表指定索引顺序为"出生日期"。

（1）打开 student 表，在建立完索引后，进入表的浏览窗口，此时记录的顺序为记录的原始顺序，如图 2-25 所示。

（2）在 Visual FoxPro 系统主窗口中，执行菜单命令[表]\[属性]，弹出"工作区属性"对话框，如图 2-26 所示。

图 2-25　按原始记录顺序显示的表

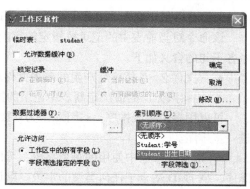

图 2-26　"工作区属性"对话框

（3）在"工作区属性"对话框中，单击"索引顺序"下拉列表，选择索引顺序为"出生日期"，单击"确定"按钮，则表中的数据按"出生日期"值升序显示，如图 2-27 所示，操作完成。

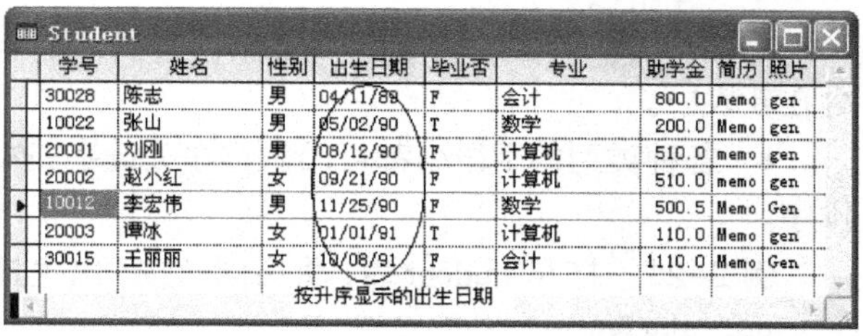

**2. 通过命令方式设置指定索引**

在索引文件打开的情况下，用 SET ORDER 命令设置指定索引的格式为

图 2-27　按"出生日期"升序显示的表

```
SET ORDER TO <索引名>|<索引序号>[ASCENDING| DESCENDING]
```

其中，索引名即索引的标识，索引序号即打开索引文件时各索引标识的先后顺序号。不管索引是按升序还是按降序建立的，在使用时都可以用 ASCENDING 或 DESCENDING 来指定升序或降序。

**例 2-19**　利用命令实现例 2-18。

```
USE student
SET ORDER TO 出生日期
BROWSE
```

**3. 使用索引快速定位**

SEEK 是利用索引快速定位的命令，命令格式为

```
SEEK <表达式> [ORDER <索引名>|<索引序号>] [ASCENDING| DESCENDING]
```

其中表达式的值是索引项或索引关键字的值，可以用索引名或索引序号指定按哪个索引定位，还可以使用 ASCENDING 或 DESCENDING 说明按升序或降序定位。

**例 2-20**　在 student 表中查找 1990 年 9 月 21 日出生的学生的记录。

```
USE student
SEEK {^1990-09-21} ORDER 出生日期
DISPLAY
```

## 2.6.5　表的排序

排序是根据不同的字段对当前表的记录做出不同的排列，产生一个新的表。新表与原表内容一样，只是它们的记录排列顺序不同而已。排序的命令是 SORT，命令格式为

```
SORT TO <文件名> ON <字段1>[/A|/D][/C][, …]
```

[FIELDS <字段名表>][范围][FOR <条件表达式>]

该命令对当前表中的记录按指定的字段排序，并将排序后的记录输出到一个新的表中。命令中各子句的含义如下。

- <文件名>是排序后产生的新表文件名，其扩展名默认为.dbf。
- 由<字段 1>的值决定新表中记录的排列顺序，不能按备注型或通用型字段排序。

可以用多个字段排序。<字段 1>为首要排序字段，<字段 1>的值相等的记录按后面的字段值进一步排序。

- 对于在排序中使用的每个字段，可以指定升序或降序的排列顺序。/A 表示升序，/D 表示降序，/A 或/D 适合于任何类型的字段，默认时按升序排列。

默认情况下，字符型字段中的字母大小写在排序时是不同的。如果在字符型字段名后加上/C，则排序时忽略大小写。

- 由 FIELDS 指定新表中包含的字段名。如果省略 FIELDS 子句，当前表中的所有字段都包含在新表中。
- 各种类型的字段名都可用做排序关键字。执行命令时，根据各种类型数据的比较规则实现排序。

**例 2-21**  打开 student 表，将男同学按"出生日期"降序排序，将排序结果存入 boy.dbf 表中。

```
USE student
SORT ON 出生日期/D TO boy FOR 性别="男"
USE boy
LIST
```

### 2.6.6  表的统计与计算*

**1. 统计记录个数**

利用 COUNT 命令统计当前表中在指定范围内满足条件的记录个数，命令格式为

```
COUNT [<范围>] [FOR <条件>] [WHILE <条件>] [TO <内存变量>]
```

其中，省略<范围>选项默认值为 ALL。TO <内存变量>选项将统计记录个数的结果存入指定的内存变量中。

**例 2-22**  分别统计 student 表中男、女学生的人数。

```
USE student
COUNT FOR 性别="男" TO x
COUNT FOR 性别="女" TO y
? x,y
```

**2. 求数值表达式之和与平均值**

在当前表文件中计算给定范围内满足条件的指定表达式之和或平均值，命令格式为

```
SUM|AVERAGE [<数值表达式表>][<范围>][FOR <条件>][WHILE <条件>][TO <内存变量>|ARRAY <数组>]
```

其中，SUM 命令求指定表达式之和，AVERAGE 命令求指定表达式的平均值。如果省略数值表达式表选项，则对全部数值型字段求和。计算结果存入指定的内存变量或数组元素中。

**例 2-23**  分别统计 student 表中全体学生的助学金总数和平均年龄。

```
USE student
SUM 助学金 TO x
AVERAGE YEAR(DATE())-YEAR(出生日期) TO y
? x,y
```

### 3. 统计函数的计算

在当前表文件中对指定表达式进行统计函数计算，能够实现多种功能，可以代替计数、求和、求平均值命令，命令格式为

```
CALCULATE <表达式表> [<范围>][FOR <条件>][WHILE <条件>][TO <内存变量>|ARRAY <数组>]
```

其中，表达式表选项至少应包含一种统计函数，Visual FoxPro 提供 8 种统计函数：

- CNT( )：统计表中指定范围内满足条件的记录个数。
- SUM(<数值表达式>)：求数值表达式之和。
- AVG(<数值表达式>)：求数值表达式的平均值。
- MAX(<表达式>)：求数值、日期或者字符型表达式的最大值。
- MIN(<表达式>)：求数值、日期或者字符型表达式的最小值。
- STD(<数值表达式>)：求数值表达式的标准偏差。
- VAR(<数值表达式>)：求数值表达式的均方差。
- NPV(<数值表达式 1>, <数值表达式 2> [,<数值表达式 3>])：求数值表达式的净现值。

**例 2-24**　求 student 表中最年轻学生的出生日期。

```
USE student
CALCULATE MAX(出生日期) TO x
? x
```

### 4. 分类求和

对当前表文件中指定范围内满足条件的记录，按关键字段名进行分类求和，并把统计结果存入指定的新建表中，命令格式为

```
TOTAL ON <关键字段名表达式> TO <文件名> [FIELDS <数值型字段名表>]
[<范围>] [FOR <条件>] [WHILE <条件>]
```

其中，TO <文件名>选项，指定存放统计结果的新表名；FIELDS <数值型字段名表>选项，指定要汇总的字段，如果省略该选项，则表示对表中所有数值型字段汇总。

**例 2-25**　对 student 表按性别对助学金进行汇总。

```
USE student
INDEX ON 性别 TAG 性别
TOTAL ON 性别 TO st FIELDS 助学金
USE st
LIST 性别,助学金
```

# 2.7　数据的完整性

在数据库中，数据完整性是指保证数据正确的特性，数据完整性一般包括实体完整性、域完整性、参照完整性等，Visual FoxPro 提供了实现这些完整性的方法和手段。

## 2.7.1　实体完整性与主关键字

实体完整性是保证表中记录唯一的特性，即在一个表中不允许有重复的记录。在 Visual FoxPro 中利用主关键字或候选关键字来保证表中的记录唯一，即保证实体完整性。

如果一个字段的值或几个字段的值能够唯一标识表中的一条记录，则这样的字段称为候选关

键字。在一个表上可能会有几个具有这种特性的字段或字段的组合，可以从中选择一个作为主关键字。

在 Visual FoxPro 中将主关键字称为主索引，将候选关键字称为候选索引，主索引和候选索引具有相同的作用。

### 2.7.2　域完整性与约束规则

域完整性是根据应用环境的要求和系统的实际需要，对某一具体应用所涉及的数据提出的约束性条件。数据类型的定义属于域完整性的范畴，例如，对数值型字段，通过指定不同的宽度说明数值的不同范围，从而可以限定字段的取值类型和取值范围。除此之外，还可以用一些域约束规则来进一步保证域完整性。

域约束规则也称作字段有效性规则，在插入或修改字段值时被激活，主要用于数据输入正确性的检验。

只有数据库表可以建立字段有效性规则，自由表不能建立字段有效性规则。

建立字段有效性规则比较简单、直接的方法仍然是在表设计器中进行，在表设计器的字段选项卡中包含有一组定义字段有效性规则的项目，它们是"规则"、"信息"和"默认值"。其中，"规则"是逻辑表达式，"信息"是字符串表达式，"默认值"的类型依据字段的类型确定。建立字段有效性规则的步骤如下。

（1）首先单击选择要定义字段有效性规则的字段。

（2）然后分别输入和编辑"规则"、"信息"和"默认值"等项目。

**例 2-26**　为"成绩管理"数据库中 student 表设置字段有效性规则，规则为助学金大于 0 并且小于 2 000，提示信息是"助学金应介于 0 至 2000 之间"，默认值是 500。

（1）打开"成绩管理"数据库，进入数据库设计器窗口，选中 student 表。

（2）执行菜单命令[显示]\[表设计器]，弹出"表设计器"对话框，单击选择"助学金"字段，在字段有效性组框中依次输入规则、信息和默认值。其中，规则表示为：助学金>=0 AND 助学金<=2000；信息表示为："助学金应介于 0～2000 之间"；默认值是 500。如图 2-28 所示。

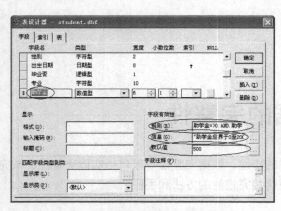

图 2-28　设置字段有效性规则

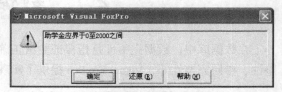

图 2-29　违反有效性规则时出现的提示对话框

（3）单击"确定"按钮，完成"助学金"字段的有效规则设置。

（4）在 student 表中追加或编辑记录时，若有"助学金"字段违反有效性规则的，弹出如图 2-29 所示的提示，这时需要用户重新输入或修改数据。

**注意**　在设置字段有效性规则过程中，"规则"既可以直接输入，也可以通过"表达式生成器"生成。"信息"输入时一定要加半角的引号。本例中，"助学金"字段为数值型，所以"默认值"不需要加引号。

## 2.7.3　参照完整性与表之间的联系

参照完整性与表之间的联系有关，在建立参照完整性之前应先建立表之间的联系。

### 1. 建立表之间的联系

表之间的联系是基于索引建立的一种永久关系，有时也称为关系，这种联系被作为数据库的一部分保存在数据库中。当在"查询设计器"或"视图设计器"中使用表时，这种永久联系将作为表之间默认的连接条件保持数据库表之间的联系。

表之间的联系在数据库设计器中显示为表索引之间的连接线。

在数据库的两个表间建立联系时，要求两个表的索引中至少有一个是主索引或候选索引。一般地，父表建立主索引，而子表中的索引类型决定了要建立的永久联系类型。如果子表中的索引类型是主索引或候选索引，则建立起来的就是一对一联系。如果子表中的索引类型是普通索引，则建立起来的就是一对多联系。

在"成绩管理"数据库中建立的表之间的联系如图 2-30 所示，score 表和 course 表的结构和记录见附录 A。student 表和 score 表之间建立的是一对多联系，连接字段是学号；course 表和 score 表之间建立的也是一对多联系，连接字段是课程号。

如果需要编辑修改或删除已建立的联系，可以单击关系连线，此时连线变粗，用鼠标右键单击连线，从弹出的快捷菜单中选择"编辑关系"或"删除关系"命令，这时可以编辑或删除永久联系。

**例 2-27**　在"成绩管理"数据库中，通过"学号"字段设置 student 表和 score 表间的永久联系；通过"课程号"字段设置 course 表和 score 表间的永久联系。

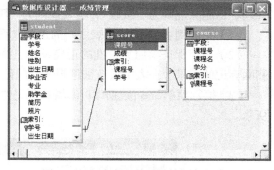
图 2-30　包含永久关系的数据库设计器

（1）打开"成绩管理"数据库，进入"数据库设计器"窗口。设置 student 表中"学号"字段为主索引，设置 score 表中"学号"字段为普通索引，设置 score 表中"课程号"字段为普通索引，设置 course 表中"课程号"字段为主索引。

（2）用鼠标左键选中父表 student 的主索引标识"学号"，保持并按住鼠标左键，拖曳至子表 score 的索引标识"学号"处，松开鼠标左键，两个表之间产生一条连线，student 表和 score 表的"一对多"永久联系建立完成。

（3）用类似的方法建立 course 表和 score 表间的一对多联系。

### 2. 设置参照完整性约束

在数据库中的表之间建立永久联系后，可以设置参照完整性。参照完整性的大概含义是：对于具有永久联系的数据库表，当对一个表插入、删除或修改数据时，自动参照引用相互关联的另一个表中的数据，以检查对表的数据操作是否正确。

Visual FoxPro 提供一个参照完整性生成器，根据用户要求生成参照完整性规则以保证数据的完整性。

在建立参照完整性约束之前必须首先清理数据库，所谓清理数据库是物理删除数据库各个表中所有带有删除标记的记录。具体方法是打开数据库设计器后，执行"数据库"菜单项中的"清理数据库"命令。

"参照完整性生成器"对话框如图 2-31 所示。参照完整性规则包括更新规则、删除规则和插入规则。

（1）更新规则规定了当更新父表中的连接字段（主关键字）值时，如何处理相关的子表中的记录。

级联：用新的关键字值更新子表中的所有相关记录。

限制：若子表中有相关记录则禁止更新。

忽略：允许更新，不管子表中的相关记录。

（2）删除规则规定了当删除父表中的记录时，如何处理子表中的记录。

级联：删除子表中的所有相关记录。

限制：若子表中有相关记录，则禁止删除。

忽略：允许删除，不管子表中的相关记录。

（3）插入规则规定了当子表中插入记录时，是否进行参照完整性检查。

限制：若父表中没有匹配的关键字值，则禁止插入。

忽略：允许插入。

例 2-28　对"成绩管理"数据库中的 student 表和 score 表设置参照完整性规则：更新规则为"级联"，删除规则为"级联"，插入规则为"限制"。

（1）完成例 2-27 的建立表之间的永久联系操作。

（2）为了保证参照完整性的正确设置，执行菜单命令[数据库]\[清理数据库]，删除所有标有删除标记的记录。在表中没有被逻辑删除的记录时此步骤可以省略。

（3）执行菜单命令[数据库]\[编辑参照完整性]，弹出"参照完整性生成器"对话框，如图 2-31 所示。

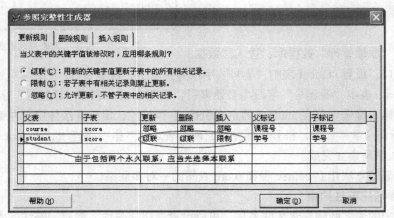

图 2-31　"参照完整性生成器"对话框

（4）在"更新规则"选项卡中，选择"级联"单选按钮；在"删除规则"选项卡中，选择"级联"单选按钮；在"插入规则"选项卡中，选择"限制"单选按钮。

（5）单击"确定"按钮，连续两次弹出系统提示对话框，如图 2-32 所示，确认后即完成参照完整性设置。

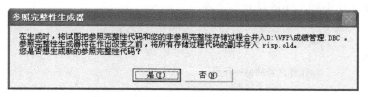

图 2-32　参照完整性设置确认对话框

# 2.8　多工作区操作

在设置数据参照完整性约束时，需要建立表之间的永久关联或联系，它们是基于索引建立的一种永久联系，这种联系作为对象存储在数据库中。

永久联系表示了数据库中各表之间的连接条件，它与参照完整性相关，只有在对表进行插入、删除或更新数据时触发，但永久联系不能控制相互关联的不同表之间记录指针的关系。在开发 Visual FoxPro 应用程序时，为了控制表之间记录指针的相互关联，需要使用临时联系，临时联系涉及同时打开多个表，即多工作区的相关概念。

## 2.8.1　多工作区的概念

在 Visual FoxPro 中对表进行操作之前，需要先打开表，打开表可以通过菜单或命令来完成。例如，打开 student 表的命令是：

```
USE student
```

当执行另外一条命令：

```
USE score
```

打开另外一个表 score 时，原来打开的 student 表自动关闭了。也就是说，当打开一个新表时，原来打开的表自动关闭了。这样，默认的情况下，在某一时刻只能打开一个表。

为了同时打开多个表，并对多个表进行操作，Visual FoxPro 引入了工作区的概念。工作区是用来保存表及相关信息的一片内存空间，每个工作区可以打开一个表文件。Visual FoxPro 提供了32 767 个工作区。选择不同的工作区后，可以使用 USE 命令打开不同的表，即不同的表可以在多个工作区同时打开，也可以同时操作多个表。

选择工作区的命令是：

```
SELECT <工作区号>|<工作区别名>
```

工作区号的取值范围是 1～32767 之间的正整数。

工作区的别名可以是系统定义的别名：1～10 号工作区的别名分别为字母 A～J，也可以将表名作为工作区的别名。用户也可以用命令重新定义别名，使用 ALIAS 命令实现，如命令：

```
USE student ALIAS  xs
```

在打开 student 表的同时定义工作区的别名 xs，该别名可以在多工作区操作时使用。

默认情况下，Visual FoxPro 工作在 1 号工作区，即所有表的操作都在 1 号工作区进行。而多工作区操作即是指在多个工作区同时打开多个表，对多个表同时操作，在这些工作区的表之间进行数据访问。

工作区的区号还可以取值为 0，含义是选择当前尚未被使用的最小工作区号。

**例 2-29** 分别在不同工作区打开多个表。

```
CLOSE ALL
SELECT 1              &&在 1 号工作区打开 student 表
USE student
SELE E                &&工作区号的另一种表示
USE score
SELE 0                &&选择的工作区号是未被使用的最小区号 2
USE course
SELE score            &&当表已经打开后，用这种方式选择当前工作区更常见
BROWSE
```

这里，"&&"是命令行注释语句，用于解释前面命令的功能。

本例中，在 1、5、2 工作区打开 student、score、course 3 个表，为了方便在 3 个表之间进行数据互访，需要在表之间建立临时联系。

### 2.8.2　表之间的关联

表之间的关联即表之间的临时联系，建立临时联系的命令为

```
SET RELATION TO <表达式> INTO <工作区号>|<别名>
```

该命令的功能是建立父表与子表的临时联系。其中，使用<表达式>指定建立临时联系的索引关键字，用工作区号或别名说明临时联系是当前工作区的表（父表）到哪个表（子表）的关联，被关联的表（即子表）要求必须按关联关键字建立索引，并将其设置为当前索引标识。

不带参数的 SET RELATION TO 命令取消两个表间的关联。

**例 2-30** 利用"学号"字段建立 student 表和 score 表的临时关联。

```
CLOSE ALL
OPEN DATABASE 成绩管理
SELE 2
USE score ORDER 学号          &&打开 score 表同时设置索引标识
SELE 1
USE student ORDER 学号        &&打开 student 表同时设置学号索引标识为当前索引
SET RELA TO 学号 INTO score   &&父表 student 和子表 score 关联
LIST 学号,score.课程号,score.成绩
```

上述命令运行的结果如图 2-33 所示，这里，利用了前面 score 表按"学号"做的普通索引和 student 表按"学号"做的主索引。

这样当 student 表记录指针移动时，score 表记录指针自动移动到相应记录上。如果 student 表记录指针指向学号为"30015"的记录时，那么 score 表的记录指针自动指向学号为"30015"的第 1 条记录。

| 记录号 | 学号 | Score->课程号 | Score->成绩 |
|---|---|---|---|
| 1 | 10012 | C01 | 89 |
| 6 | 10022 | C01 | 88 |
| 2 | 20001 | C03 | 90 |
| 4 | 20002 | C01 | 61 |
| 7 | 20003 | C02 | 78 |
| 3 | 30015 | C01 | 88 |
| 5 | 30028 | C01 | 64 |

图 2-33　建立临时性关联后显示的结果

① 在学习关联的过程中，建立关联之前最好执行 CLOSE ALL 命令，关闭所有对象。

② 建立关联时不要忘记打开索引。

③ 在当前工作区访问其他工作区的字段的格式是：表名.字段名或表名->字段名，例如：score.课程号或 score->成绩。

# 小 结

本章比较完整地介绍了 Visual FoxPro 数据库的概念,以及如何建立和使用 Visual FoxPro 数据库,内容如下。

- 数据库的概念和建立方法,数据库的相关操作,包括打开、关闭、修改和删除数据库。
- 表的概念,建立表结构和向表中输入数据。
- 表的基本操作,包括打开和关闭表,修改表结构和表数据,表中记录的定位、删除和替换。
- 自由表的概念,向数据库中添加表和从数据库中移出表的方法。
- 索引包括主索引、候选索引、唯一索引和普通索引 4 种类型。
- 数据完整性包括实体完整性、域完整性和参照完整性。
- 表之间永久联系是一种对象,存在于数据库中。
- 可以在多个工作区同时打开多个数据表,建立表之间临时联系使用 SET RELATION TO 命令。

本章为进一步学习 Visual FoxPro 中的其他数据对象打下了基础,也为学习和使用其他数据库、特别是大型数据库(如 Oracle、SQL Server 等)打下了良好的基础。

在本章中,我们完成了学生管理系统中数据库的建立和操作,下一章,将在此基础上进一步学习数据检索操作,包括 Visual FoxPro 的两个数据对象:查询和视图。

# 思考与练习

**一、问答题**

1. 什么是自由表? 自由表和数据库表有什么区别?

2. 在 Visual FoxPro 中可以建立哪些索引? 各种索引的特点是什么?

3. 什么是数据完整性? Visual FoxPro 如何支持各种数据完整性?

4. 什么是永久关系? 如何设置表间的永久关系?

5. 说明参照完整性的各种规则及作用。

6. 表之间的临时性关联有什么特点? 建立表之间临时性关联的命令是什么?

**二、选择题**

1. 在 Visual FoxPro 中,表结构中的逻辑型、通用型、日期型字段的宽度由系统自动给出,它们分别为(    )。

    A. 1、4、8        B. 4、4、10        C. 1、10、8        D. 2、8、8

2. 在 Visual FoxPro 中,student 表中包含有通用型字段,表中通用型字段中的数据均存储到另一个文件中,该文件名为(    )。

    A. STUDENT.DOC                B. STUDENT.MEM

    C. STUDENT.DBT                D. STUDENT.FPT

3. 在 Visual FoxPro 中,创建一个名为 SDB.DBC 的数据库文件,使用的命令是(    )。

    A. CREATE                B. CREATE SDB

C. CREATE TABLE SDB　　　　　　　　D. CREATE DATABASE SDB

4. 在 Visual FoxPro 中，存储图像的字段类型应该是（　　）。

　　A. 备注型　　　　　　B. 通用型　　　　　　C. 字符型　　　　　　D. 双精度型

5. 在表设计器的"字段"选项卡中可以创建的索引是（　　）。

　　A. 唯一索引　　　　　B. 候选索引　　　　　C. 主索引　　　　　　D. 普通索引

6. 扩展名为.dbf 的文件是（　　）。

　　A. 表文件　　　　　　B. 表单文件　　　　　C. 数据库文件　　　　D. 项目文件

7. 为数据库表设置字段的有效性规则，是为了能保证数据的（　　）。

　　A. 实体完整性　　　　B. 表完整性　　　　　C. 参照完整性　　　　D. 域完整性

8. 有关参照完整性的删除规则，正确的描述是（　　）。

　　A. 如果删除规则选择的是"限制"，则当用户删除父表中的记录时，系统将自动删
　　　　除子表中的所有相关记录

　　B. 如果删除规则选择的是"级联"，则当用户删除父表中的记录时，系统将禁止删
　　　　除子表所有相关的记录

　　C. 如果删除规则选择的是"忽略"，则当用户删除父表中的记录时，系统不负责做
　　　　任何工作

　　D. 上面 3 种说法都不对

9. 在 Visual FoxPro 中字段的数据类型不可以指定为（　　）。

　　A. 日期型　　　　　　B. 时间型　　　　　　C. 通用型　　　　　　D. 备注型

10. 以下关于主索引和候选索引的叙述正确的是（　　）。

　　A. 主索引和候选索引都能保证表记录的唯一性

　　B. 主索引和候选索引都可以建立在数据库表或自由表上

　　C. 主索引可以保证表记录的唯一性，而候选索引不能

　　D. 主索引和候选索引是相同的概念

11. 数据库表的字段可以设置默认值，默认值是（　　）。

　　A. 逻辑表达式　　　　　　　　　　　　B. 字符表达式

　　C. 数值表达式　　　　　　　　　　　　D. 前三种都可能

12. 数据库表的字段可以定义规则，规则是（　　）。

　　A. 逻辑表达式　　　　　　　　　　　　B. 字符表达式

　　C. 数值表达式　　　　　　　　　　　　D. 前 3 种说法都不对

13. 如果指定参照完整性的删除规则为"级联"，则当删除父表中的记录时（　　）。

　　A. 系统自动备份父表中被删除记录到一个新表中

　　B. 若子表中有相关记录，则禁止删除父表中的记录

　　C. 会自动删除子表中所有相关记录

　　D. 禁止删除子表中的相关记录

14. 为了设置两个表之间的数据参照完整性，要求这两个表是（　　）。

　　A. 同一个数据库中的两个表　　　　　　B. 两个自由表

　　C. 一个自由表和一个数据库表　　　　　D. 没有限制

15. 通过指定字段的数据类型和宽度来限制该字段的取值范围，这属于数据完整性中的（　　）。

　　A. 参照完整性　　　　　　　　　　　　B. 实体完整性

C.　域完整性　　　　　　　　　　　　D.　字段完整性

16.　用命令"INDEX on 姓名 TAG index_name"建立索引，其索引类型是（　　　）。

　　A.　主索引　　　　　B.　候选索引　　　　　C.　普通索引　　　　　D.　惟一索引

17.　执行命令"INDEX on 姓名 TAG index_name"建立索引后，下列叙述错误的是（　　　）。

　　A.　此命令建立的索引是当前有效索引

　　B.　此命令所建立的索引将保存在.idx 文件中

　　C.　表中记录按索引表达式升序排序

　　D.　此命令的索引表达式是"姓名"，索引名是"index_name"

18.　以下关于空值（NULL）叙述正确的是（　　　）。

　　A.　空值等同于空字符串　　　　　　　　B.　空值表示字段或变量还没有确定值

　　C.　Visual FoxPro 不支持空值　　　　　　D.　空值等同于数值 0

19.　两表之间"临时性"联系称为关联，在两个表之间的关联已经建立的情况下，有关"关联"的正确叙述是（　　　）。

　　A.　建立关联的两个表一定在同一个数据库中

　　B.　两表之间"临时性"联系是建立在两表之间"永久性"联系基础之上的

　　C.　当父表记录指针移动时，子表记录指针按一定的规则跟随移动

　　D.　当关闭父表时，子表自动被关闭

20.　在 Visual FoxPro 中，调用表设计器建立表 STUDENT.DBF 的命令是（　　　）。

　　A.　MODIFY STRUCTURE STUDENT　　　B.　MODIFY COMMAND STUDENT

　　C.　CREATE STUDENT　　　　　　　　　D.　CREATE TABLE STUDENT

21.　在 Visual FoxPro 中，关于自由表叙述正确的是（　　　）。

　　A.　自由表和数据库表是完全相同的

　　B.　自由表不能建立字段级规则和约束

　　C.　自由表不能建立候选索引

　　D.　自由表不可以加入到数据库中

22.　在 Visual FoxPro 中，建立数据库表时，将年龄字段值限制在 12～40 岁的这种约束属于（　　　）。

　　A.　实体完整性约束　　　　　　　　　　B.　域完整性约束

　　C.　参照完整性约束　　　　　　　　　　D.　视图完整性约束

**三、填空题**

1.　在 Visual FoxPro 中，建立索引的作用之一是提高_____速度。

2.　在 Visual FoxPro 中通过建立主索引或候选索引来实现_____完整性约束。

3.　在 Visual FoxPro 中，参照完整性规则包括更新规则、删除规则和_____规则。

4.　在 Visual FoxPro 中选择一个没有使用的、编号最小的工作区的命令是_____。

5.　数据库表变为自由表的命令是_____TABLE。

6.　当删除父表中的记录时，若子表中的所有相关记录也能自动删除，则相应的参照完整性的删除规则为_____。

7.　一次性删除表中的全部记录，只保留表的结构，实现该功能的命令是_____。

8.　在 Visual FoxPro 中数据库文件的扩展名是_____，数据库表文件的扩展名是_____。

9. 打开数据库设计器的命令是＿＿＿＿＿DATABASE。

10. 某个数据库表有3个备注型字段和1个通用型字段，该表有＿＿＿＿＿个备注文件。

**四、操作题**

1. 按照下列要求建立数据库与数据表：

（1）使用菜单（或命令）方法创建"成绩管理.dbc"数据库；

（2）创建数据库表 student，结构和记录如附录 A 所示；

（3）创建自由表 course 和 score，结构和记录如附录 A 所示；

（4）将自由表 course 和 score 添加到数据库中。

2. 按照下列要求建立索引：

（1）为 student 表中的"学号"建立主索引，"性别"加"出生日期"建立一个普通索引；

（2）为 course 表中的"课程号"建立主索引；

（3）为 score 表中的"学号"、"课程号"分别建立普通索引。

3. 按照下列要求为表中的字段定义有效性规则：

（1）为 student 表中的"性别"字段定义有效性规则：性别等于"男"或"女"，默认值为"女"，违背规则时的提示信息是：性别只能是男或女；

（2）为 score 中的"成绩"字段定义有效性规则：成绩大于等于 0 并且成绩小于等于 100，违背规则时的提示信息是：成绩必须在 0～100 之间。

4. 设置表间的参照完整性。设置 course 表和 score 表参照完整性规则：更新规则为"级联"，删除规则为"限制"，插入规则为"限制"。

5. 在"数据工作期"窗口，为 course 表和 score 表建立一对多的联系，结果如图 2-34 所示。

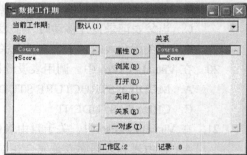

图 2-34　"数据工作期"窗口

# 第3章
# 查询与视图

数据检索是数据处理中最常见的操作之一，查询和视图是用于检索数据的两个对象。查询和视图为数据库中信息的显示、更新和编辑提供了简单有效的方法。本章介绍在学生管理系统中使用查询和视图两个对象进行数据检索的操作。

# 3.1 查　　询

Visual FoxPro 中的查询是一种数据库对象，是存储在磁盘上的扩展名为.qpr 的文件。查询是 Visual FoxPro 进行数据检索的一种方法和手段，用于检索数据表中满足条件的数据。查询的主体实际上是 SQL-SELECT 语句，可以书写 SQL 语句创建查询，也可以通过"查询设计器"来创建查询。

SQL 是结构化查询语言的缩写，是关系数据库的标准语言，它通过命令支持数据定义、数据操纵和数据查询功能，详见第 4 章内容。

## 3.1.1 一个基于单表查询的实例

例 3-1　利用"查询设计器"建立查询，查询 student 表中专业是"会计"的所有学生的学号、姓名和出生日期，查询结果按"出生日期"升序排序，将查询文件保存为 query1.qpr。

（1）执行菜单命令[文件]\[新建]，弹出"新建"对话框，如图 3-1 所示。

（2）在"新建"对话框中选择"查询"单选钮，单击"新建文件"按钮，弹出"打开"对话框，如图 3-2 所示。

（3）在"打开"对话框中选择表 student.dbf，单击"确定"按钮后弹出"添加表或视图"对话框，如图 3-3 所示，可以继续添加其他表供查询使用。本例中创建的是基于一个表的查询，不需要添加其他表，关闭"添加表或视图"对话框后，进入"查询设计器"窗口。

（4）在"查询设计器"窗口的"字段"选项卡中，依次将"可用字段"列表框中的学号、姓名、出生日期字段添加到"选定字段"列表框中，如图 3-4 所示。

图 3-1　"新建"对话框

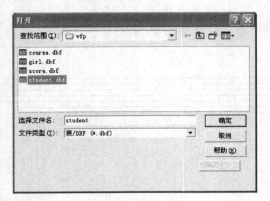 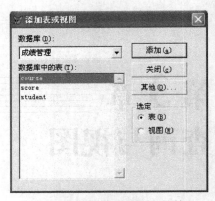

图 3-2　"打开"对话框　　　　　　　　图 3-3　"添加表或视图"对话框

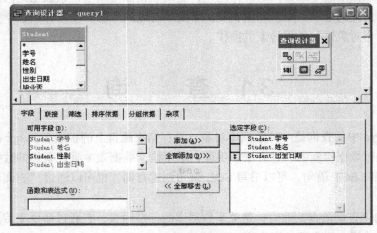

图 3-4　"查询设计器"窗口

（5）单表查询不需要联接条件，所以"联接"选项卡不需要设置。

（6）进入"筛选"选项卡，单击"字段名"下方的下拉列表框，选择"student.专业"，在条件下拉列表框中选择"="，"实例"框中输入"会计"，如图 3-5 所示。

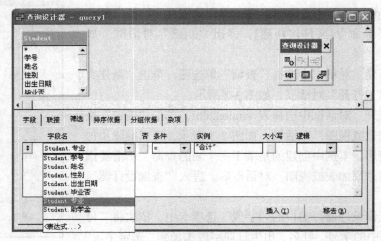

图 3-5　"筛选"选项卡

（7）进入"排序依据"选项卡，向"排序条件"列表框中添加字段"出生日期"，设置为"升序"，如图 3-6 所示。

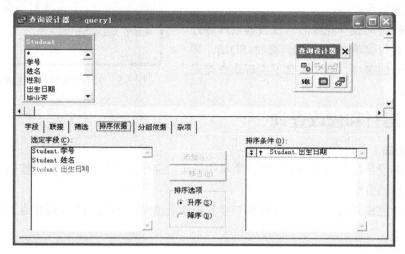

图 3-6　"排序依据"选项卡

（8）单击工具栏上的"运行"按钮，运行查询，该"查询"窗口中检索出了 student 表中的相关内容，如图 3-7 所示。单击"保存"按钮，将查询保存为文件 query1.qpr 即可。

图 3-7　例 3-1 运行结果

## 3.1.2　查询设计器

### 1. 启动查询设计器

建立查询的一个比较简单的方法是使用查询设计器。除了用菜单方式启动查询设计器建立查询之外，用命令 CREATE QUERY 也可以打开查询设计器建立查询，"查询设计器"窗口参见图 3-4。

在对查询设计器操作之前，应首先设置查询的数据来源，这个设置在"添加表或视图"对话框中完成，参见图 3-3。查询的数据来源可以是数据库表、自由表或视图，当查询的数据来自于多个表时，这些表之间必须是有联系的。查询设计器会根据数据库中的联系自动提取联接条件，如果表之间没有联系，查询设计器会打开指定联系条件的对话框，由用户根据需要设置联接条件。

### 2. 查询设计器的选项卡

查询设计器有 6 个选项卡，其功能与 SQL-SELECT 语句功能是对应的。

● 字段。在"字段"选项卡设置查询结果中要包含的字段，对应于 SELECT 命令。

● 联接。设计基于多个表的查询时，可以在"联接"选项卡中设置表间的联接条件。对应于 JOIN ON 子句。

● 筛选。在"筛选"选项卡中设置查询条件。对应于 WHERE 子句。

● 排序依据。在"排序依据"选项卡中指定排序的字段和排序方式。对应于 ORDER BY 子句。

● 分组依据。在"分组依据"选项卡中设置分组条件。对应于 GROUP BY 子句和 HAVING

子句。

● 杂项。在"杂项"选项卡中设置有无重复
记录以及记录的显示范围。

当例 3-1 的查询设计完成后，在查询设计器打
开的情况下，执行菜单命令[查询]\[查看 SQL]，弹
出如图 3-8 所示的窗口，其中包含了实现该查询完
整的 SQL 语句。

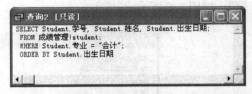

图 3-8　利用查询设计器生成的 SQL 语句

### 3.1.3　运行和修改查询

#### 1．运行查询

在使用查询设计器建立查询时，通过菜单中的运行命令或工具栏上的运行按钮 ▮ 来运行查询
是一种方便可行的方法。

当查询设计完成并保存后，在命令窗口中执行运行查询文件的命令也可以运行查询。命令格
式为

DO <查询文件名>

需要注意的是，命令中查询文件名必须给出全名，即扩展名.qpr 不能省略。

#### 2．修改查询

执行菜单命令[文件]\[打开]，在"打开"对话框中指定文件类型为"查询"，选择相应的查询
文件，可以打开该查询文件的查询设计器。

在命令窗口中执行命令：

MODIFY QUERY <查询文件名>

也可以打开查询设计器，并在相应的选项卡中修改查询。

### 3.1.4　查询去向

查询运行时，默认的将查询的结果显示在"浏览"窗口中，除此之外，还可以将查询的结果
输入到表、临时表、屏幕、图形等，具体的查询去向如表 3-1 所示。

表 3-1　　　　　　　　　　　　　　　　查询去向

| 查询去向 | 含　义 | 查询去向 | 含　义 |
|---|---|---|---|
| 浏览 | 查询结果输出到浏览窗口 | 屏幕 | 查询结果输出到当前活动窗口中 |
| 临时表 | 查询结果保存到一个临时的只读表中 | 报表 | 查询结果输出到一个报表文件中 |
| 表 | 查询结果保存到一个指定的表中 | 标签 | 查询结果输出到一个标签文件中 |
| 图形 | 查询结果输出到图形文件中 | | |

**例 3-2**　修改例 3-1 的查询文件 query1.qpr，将查询的结果输出到表 newtable 中。

（1）打开查询文件 query1.qpr，弹出如图 3-4 所示的"查询设计器"窗口。

（2）执行菜单命令[查询]\[查询去向]，显示"查询去向"对话框，如图 3-9 所示。单击"表"
按钮，输入表名"newtable"，单击"确定"按钮。

（3）单击工具栏上的"运行"按钮，将产生文件 newtable.dbf，执行菜单命令[显示]\[浏览]将
显示该表内容。

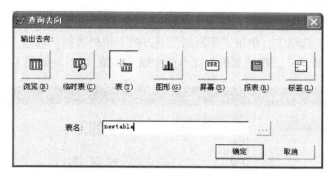

图 3-9　"查询去向"对话框

　在建立查询时，若将查询结果输出到表中，该查询必须被运行，否则该表不会产生。运行查询可以在设置完"查询去向"后，单击工具栏上的 ! 按钮，也可以通过 DO 命令运行。

## 3.1.5　创建一个基于多表的查询

查询的数据源可以来自多个表或视图，这些表之间必须是有联系的，下面是一个基于多表查询的示例。

**例 3-3**　根据"成绩管理"数据库中 student 表和 score 表建立一个查询 query2.qpr，查询成绩高于 85 分的所有学生的学号、姓名、出生日期、课程号和成绩，查询结果按学号升序和成绩降序排序。

（1）打开数据库"成绩管理"。

（2）执行菜单命令[文件]\[新建]，弹出"新建"对话框，参见图 3-1。

（3）在"新建"对话框中选择"查询"单选钮，单击"新建文件"按钮，弹出"添加表或视图"对话框，参见图 3-3。

（4）在"添加表或视图"对话框中，依次添加 student 表和 score 表，单击"关闭"按钮，进入"查询设计器"窗口，如图 3-10 所示。在"字段"选项卡的"可用字段"列表框中，依次将学号、姓名、出生日期、课程号、成绩字段添加到"选定字段"列表框中。

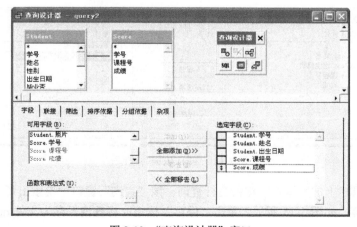

图 3-10　"查询设计器"窗口

（5）"联接"条件在添加表时自动产生，这里不需要用户修改。

（6）进入"筛选"选项卡，单击"字段名"下方的下拉列表框，选择"score.成绩"字段，在条件下拉列表框中选择"＞"，在"实例"文本框中输入数值"85"，如图 3-11 所示。

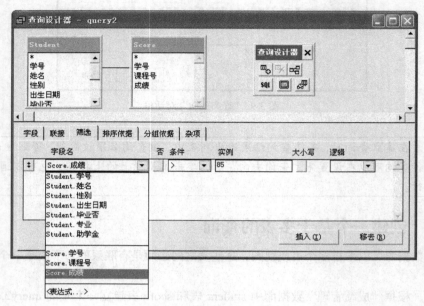

图 3-11　"筛选"选项卡

（7）进入"排序依据"选项卡，向"排序条件"列表框中添加字段"学号"、"成绩"，分别设置为升序和降序，如图 3-12 所示。

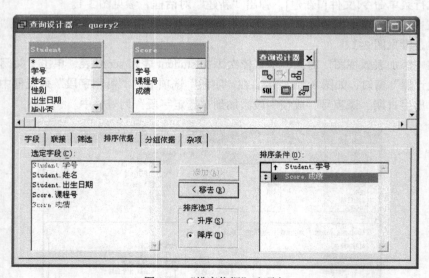

图 3-12　"排序依据"选项卡

（8）单击工具栏上的"运行"按钮运行查询，该"查询"窗口中检索出了 student 和 score 两个相关表中的内容，如图 3-13 所示。单击"保存"按钮，将查询保存为文件 query2.qpr 即可。

图 3-13　查询结果

① 建立查询时，如果不事先打开数据库，将在"添加表或视图"对话框之前出现一个"打开"对话框，供用户选择表，参见例 3-1。

② 建立查询将产生一个扩展名为.qpr 的文件，它是一个文本文件，这个文件也可以通过书写 SQL 命令来建立。

③ 通过查询设计器只能创建一些比较规则的查询，而复杂的查询需要书写 SQL 命令来完成，利用查询设计器无法完成。

# 3.2　视　　图

视图是在数据库表基础上建立的一个虚拟表，兼有表和查询的特点。为了区别虚拟表（即视图），往往将数据表称为基本表。视图本身并不真正地包含数据，只是根据检索要求对表中数据的一种显示方式，当数据库关闭后，视图中就不再含有数据，因此，可以把视图看作是使用数据库的"窗口"，通过这个窗口，可以查询和操作数据库中的数据。利用视图，不仅可以查询数据，还可以更新数据。

视图分为本地视图和远程视图。建立远程视图之前，需要首先建立与远程数据库的连接。使用 Visual FoxPro 当前数据库中表建立的视图是本地视图，本节主要讨论本地视图。

## 3.2.1　创建视图

创建视图的过程和创建查询的过程类似，创建视图主要在视图设计器中完成。

**例 3-4**　利用"成绩管理"数据库中的 student 表和 score 表建立一个视图 view1，视图中包括每个学生的平均成绩，该视图按顺序包括学号、姓名、出生日期和平均成绩 4 个字段，其中平均成绩为表达式"AVG（成绩）"，按平均成绩降序排序。

（1）打开数据库"成绩管理"，弹出"数据库设计器"窗口，如图 3-14 所示。

（2）执行菜单命令[文件]\[新建]\[视图]，

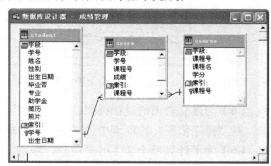

图 3-14　"数据库设计器"窗口

弹出"新建"对话框和"添加表或视图"对话框，（参见图 3-1 和图 3-3）依次添加 student 表和 score 表，进入"视图设计器"窗口，如图 3-15 所示。

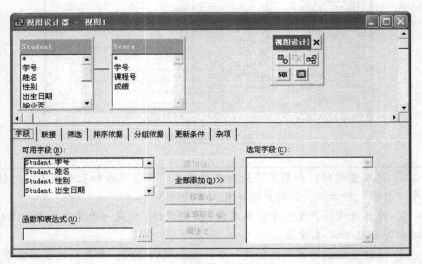

图 3-15　"视图设计器"窗口

（3）按要求，在"视图设计器"的"字段"选项卡中依次添加学号、姓名和出生日期 3 个字段，为了计算"平均成绩"，需要在"函数和表达式"文本框中输入表达式"AVG（score.成绩）AS 平均成绩"，单击"添加"按钮，完成 4 个字段的添加，如图 3-16 所示。

表达式"AVG（score.成绩）AS 平均成绩"也可以通过"表达式生成器"来实现。

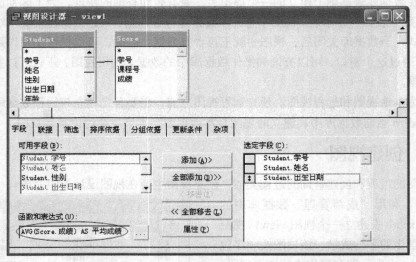

图 3-16　在"字段"选项卡中添加字段和表达式

（4）与建立查询的过程类似，在"联接"选项卡下联接条件自动产生，本例题无筛选条件要求，在"排序依据"选项卡中设置按"平均成绩"降序排序。

（5）为了计算每个学生的平均分，需要设定按"学号"分组。在"分组依据"选项卡中，添加分组字段"学号"，如图 3-17 所示。

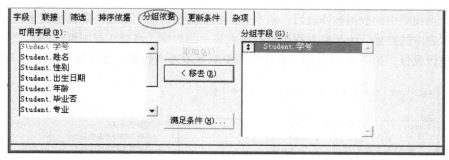

图 3-17　设置分组依据

（6）运行视图，结果如图 3-18 所示。单击"保存"按钮，将视图保存为文件 view1 即可。该视图存在于"成绩管理"数据库中。

| 学号 | 姓名 | 出生日期 | 平均成绩 |
|---|---|---|---|
| 10022 | 张山 | 05/02/90 | 89.50 |
| 10012 | 李宏伟 | 11/25/90 | 89.00 |
| 30015 | 王丽丽 | 10/08/91 | 88.00 |
| 20001 | 刘刚 | 08/12/90 | 83.33 |
| 20003 | 谭冰 | 01/01/91 | 78.00 |
| 30028 | 陈志 | 04/11/89 | 75.00 |
| 20002 | 赵小红 | 09/21/90 | 73.33 |

图 3-18　视图运行结果

建立的本地视图存放在数据库中。执行菜单命令[文件]\[打开]，在"打开"对话框中无法看到本地视图文件。

## 3.2.2　视图设计器

除了用菜单方式启动视图设计器建立视图之外，用命令 CREATE VIEW 也可以打开视图设计器建立视图，视图设计器参见图 3-15。

建立视图的过程和建立查询的过程几乎一样，视图设计器与查询设计器的使用方式也基本相同，主要区别如下。

● 查询设计器的结果是将查询以.qpr 为扩展名的文件保存在磁盘中；而视图设计完后，在磁盘上找不到类似的文件，视图的结果保存在数据库中。

● 视图是可以用于更新的，所以它有更新属性需要设置，为此在视图设计器中多了一个"更新条件"选项卡。

● 视图设计器没有"查询去向"的问题。

视图设计器的其他选项卡的功能与查询设计器各选项卡的功能相同。

## 3.2.3　利用视图更新数据

视图和查询的一个重要区别是利用视图可以更新基本表中的数据。视图是从基本表中派生出来的，是一个虚拟表，所以当基本表数据变化后，重新打开视图时，视图中的数据是自动更新的。

那么，当视图中的数据被修改后，基本表的数据是否自动更新呢？默认情况下，视图不能自动更新基本表中的数据。为了通过视图更新基本表中的数据，需要在视图设计器的"更新条件"选项卡中进行设置，如图 3-19 所示。利用视图更新基本表的数据主要涉及以下几个问题。

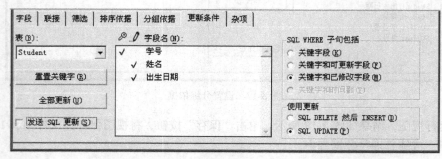

图 3-19　视图设计器的"更新条件"选项卡

### 1. 指定可更新的表

如果视图是基于多个表创建的，默认可以更新"全部表"的相关字段，如果要指定只能更新某个表的数据，则可以通过"表"下拉列表框选择表。

### 2. 指定可更新的字段

在"字段名"列表框中列出了与更新有关的字段，在字段名左侧有两列标志，"钥匙"图标表示关键字，"铅笔"图标表示可更新，通过单击相应列可以改变状态，默认为可以更新所有非关键字字段。虽然关键字可以设置为可更新，但建议不要改变关键字的状态，不要试图通过视图来更新基本表中的关键字字段值。

### 3. 选中"发送 SQL 更新"复选框

为了使视图能实现更新基本表的数据，必须选中左下角的"发送 SQL 更新"复选框。

除此之外，如果在一个多用户环境中工作，还需要进行更新合法性的检查和更新方式的设置。

**例 3-5**　修改视图 view1，设置其"姓名"字段不可以更新，而"出生日期"字段是可更新的。设置完成后，利用视图更新基本表中的数据。

（1）打开"成绩管理"数据库，在"数据库设计器"窗口中会看到视图 view1。右键单击视图"view1"，在弹出的快捷菜单中选择"修改"命令，如图 3-20 所示。

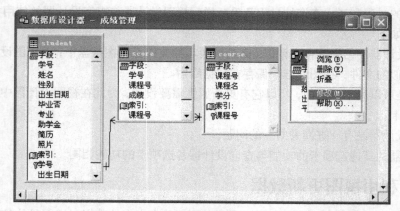

图 3-20　在"数据库设计器"中修改视图

（2）在弹出的"视图设计器"窗口中选择"更新条件"选项卡，如图 3-21 所示。取消"姓名"前的可修改标记，保留"出生日期"前的可修改标记。

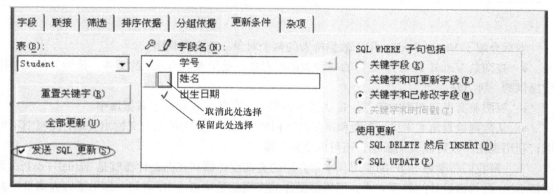

图 3-21 设置更新字段

（3）选中"发送 SQL 更新"复选框。

（4）保存并关闭视图 view1。双击"数据库设计器"中的 view1，在浏览窗口中修改一个记录的出生日期值，关闭 view1。再打开 student 表，可以观察到出生日期字段值被修改。

## 3.2.4 视图的其他操作

视图建立之后，可以像基本表一样操作视图，常用的操作包括打开视图、修改视图、删除视图等。

### 1. 打开视图

通过菜单方式打开视图将同时打开"视图设计器"，用命令方式也可以打开视图，命令格式为

```
USE <视图名>
```

只有先打开数据库，才能进行打开视图操作，此操作不打开"视图设计器"。

### 2. 修改视图

打开视图设计器修改视图的命令格式为

```
MODIFY VIEW <视图名>
```

### 3. 删除视图

删除视图的命令格式为

```
DELETE VIEW <视图名>
```

**例 3-6** 利用命令方式，将视图 view1 的内容显示在 Visual FoxPro 的主窗口中。

```
CLOSE ALL
OPEN DATABASE 成绩管理
USE view1
LIST
```

一般来说，视图一经建立就基本可以像基本表一样使用，适用于基本表的命令基本都可以用于视图，例如，在视图上也可以建立索引（此索引是临时索引，视图一旦关闭，索引自动删除），多工作区操作时也可以建立联系等。但视图不可以用 MODIFY STRUCTURE 命令修改结构，因为视图毕竟不是独立存在的基本表，它是由基本表派生出来的，只能修改视图的定义。

# 小　结

本章介绍了 Visual FoxPro 用于数据检索的两个对象：查询和视图。

● 查询是 Visual FoxPro 支持的一种数据库对象，是扩展名为.qpr 的文件，是为方便数据检索提供的一种方法。

● 视图兼有表和查询的特点，是从基本表派生出来的，它存在于数据库中。

● 从数据检索角度来讲，查询和视图具有相同的作用。查询可以定义输出去向，而视图不可以；利用视图不仅可以查询数据，还可以更新数据。

下一章我们将学习 SQL 的应用。本章介绍的查询设计器和视图设计器就是 Visual FoxPro 为支持 SQL 语句而设计的界面方式，而界面操作的实质就是构造 SQL 语句，如果留意查询设计器和视图设计器界面，就会发现在查询设计器和视图设计器工具栏及查询菜单中，都有"查看 SQL"的按钮和命令，但通过设计器构造 SQL 语句是只读的不可修改，而且设计器设计出的 SQL 语句不是 SQL 的全部，有些复杂的 SQL 语句，设计器是不能构造出来的，因此，下一章将抛开界面工具，直接学习 SQL 语句，一方面可以学习使用 SQL 语句实现数据库操作的强大功能；另一方面也可以理解体会 Visual FoxPro 查询设计器和视图设计器的工作原理。

# 思考与练习

## 一、问答题

1. 简述视图的概念和作用。
2. 简述查询的概念和作用。
3. 查询和视图有什么区别？

## 二、选择题

1. 有关查询设计器，正确的叙述是（　　）。
   A. "联接"选项卡与 SQL 语句的 GROUP BY 短语对应
   B. "筛选"选项卡与 SQL 语句的 HAVING 短语对应
   C. "排序依据"选项卡与 SQL 语句的 ORDER BY 短语对应
   D. "分组依据"选项卡与 SQL 语句的 JOIN ON 短语对应

2. 在 Visual FoxPro 系统中，使用查询设计器生成的查询文件中保存的是（　　）。
   A. 查询的命令　　　　　　　　　B. 与查询有关的基表
   C. 查询的结果　　　　　　　　　D. 查询的条件

3. 以下关于查询叙述正确的是（　　）。
   A. 不能根据自由表建立查询　　　B. 只能根据自由表建立查询
   C. 只能根据数据库表建立查询　　D. 可以根据数据库表或自由表建立查询

4. 在 Visual FoxPro 中，关于视图的正确叙述是（　　）。
   A. 视图与数据库表相同，用来存储数据
   B. 视图不能同数据库表进行连接操作

C. 在视图上不能进行更新操作

D. 视图是从一个或多个数据库表导出的虚拟表

5. 视图是根据数据库表派生出来的"表"，当关闭数据库后，视图中（　　　）。

A. 不再包含数据

B. 仍然包含数据

C. 由用户决定是否可以包含数据

D. 依赖于是否是由数据库表创建的

6. 执行 CREATE VIEW 命令将（　　　）。

A. 打开查询设计器　　　　　　　　B. 打开查询设计向导

C. 打开视图设计器　　　　　　　　D. 打开视图设计向导

7. 以下关于视图叙述错误的是（　　　）。

A. 可以使用 USE 命令打开或关闭视图（当然只能在数据库中）

B. 可以在"浏览器"窗口中显示或修改视图中的记录

C. 可以使用 SQL 语句操作视图

D. 可以使用 MODIFY STRUCTURE 命令修改视图的结构

8. 在 Visual FoxPro 中，关于查询叙述正确的是（　　　）。

A. 查询与数据库表相同，用来存储数据

B. 通过查询，可以从数据库表、视图和自由表中查询数据

C. 查询中的数据是可以更新的

D. 查询是从一个或多个数据库表中导出来的为用户定制的虚拟表

### 三、填空题

1. Visual FoxPro 的视图设计器可以设计本地视图和_____。

2. 为了能够通过视图更新基本表中的数据，需要在视图设计器的_____选项卡下设置有关选项。

3. 查询设计器的_____选项卡对应于 SQL SELECT 语句的 JOIN ON 短语。

4. 视图设计器的"筛选"选项卡对应于 SQL SELECT 语句的_____短语。

5. 查询设计器的结果是将"查询"以_____为扩展名的文件保存在磁盘中；而视图设计完后，在磁盘上找不到类似的文件，视图的结果保存在_____中。

6. 视图设计器的_____选项卡对应于 SQL SELECT 语句的 ORDER BY 短语，用于指定排序的字段和排序方式。

7. 视图设计器和查询设计器的界面很相像，其中_____选项卡是视图设计器中的选项卡（在查询设计器中没有）。

8. 创建视图的命令是_____。

### 四、操作题

1. 使用查询设计器设计一个查询文件 myquery1.qpr，要求如下：

（1）基于"成绩管理"数据库中的 student 表、course 表 和 score 表；

（2）显示学号、姓名、课程名和成绩；

（3）筛选出成绩在 75 分以上的女生记录，并先按"学号"升序排序、再按"成绩"降序排序；

（4）查询去向为自由表 results；

（5）完成设计后保存并运行该查询文件。

2. 使用查询设计器设计一个查询文件 myquery2.qpr，要求如下：

（1）基于"成绩管理"数据库中的 score 表；

（2）查询选修了两门以上课程的学生的学号、选课门数和平均成绩；

（3）查询去向为临时表 temp1；

（4）完成设计后保存并运行该查询文件。

**提示：**

① 在"函数和表达式"文本框中构造 COUNT（score.课程号），单击"添加"按钮将其添加到"选定字段"列表框中；

② 将 AVG（score.成绩）AS 平均成绩，添加到"选定字段"列表框中；

③ 在分组依据选项卡中选择：学号，单击"满足条件"按钮，在字段名中选择 COUNT（score.课程号），选择条件">="，在"实例"中输入数值 2。

3. 使用视图设计器建立一个视图 myview1，要求如下：

（1）基于"成绩管理"数据库中的 student 表、course 表 和 score 表；

（2）该视图含有学号、姓名、课程名和成绩 4 个字段；

（3）视图按"学号"升序排序、再按"成绩"降序排序。

# 第4章
# SQL 的应用

SQL 是结构化查询语言 Structured Query Language 的缩写，它既可以用于大型数据库系统，也可以用于小型数据库系统，是目前关系型数据库的通用语言。SQL 包括数据定义、数据操纵和数据控制等功能，Visual FoxPro 支持 SQL。

## 4.1  SQL 概述

### 1. SQL 的发展

SQL 是 1974 年由 Boyce 和 Chamverin 提出的。1981 年，IBM 发布了它的第一个基于 SQL 的商业产品 SQL/DS。在 20 世纪 80 年代早期，大量的开发商纷纷发布了各自的基于 SQL 的关系型数据库管理系统，基于这种情况，美国国家标准化协会（ANSI）和国际标准化组织（ISO）于 1986 年共同提出了一些 SQL 的标准。这些标准包括 1986 年 10 月由 ANSI 公布的 SQL—86 标准、1989 年通过的 SQL—89 标准和 1992 年通过的 SQL—92 标准。目前，各主流数据库采用的标准是 SQL—92。

按照 ANSI 的规定，SQL 被作为关系数据库的标准语言，SQL 语句可以用来执行各种操作。目前流行的关系数据库管理系统，如 Oracle、Sybase、SQL Server、Visual FoxPro 等都采用了 SQL 标准，而且很多数据库管理系统都对 SQL 语句进行了再开发和扩展。

### 2. SQL 的特点

（1）SQL 是一种一体化的语言。SQL 的核心是查询，它还集数据定义、数据查询、数据操纵和数据控制功能于一体，可以独立完成数据库的全部操作。

（2）SQL 是一个非过程化语言。它的大多数语句都是独立执行的，与上下文无关。它既不是数据库管理系统，也不是应用软件开发语言，只能用于对数据库中数据的操作。

（3）SQL 既是自含式语言，又是嵌入式语言。SQL 作为自含式语言，能够独立地用于联机交互的使用方式，用户可以通过键盘直接输入 SQL 命令对数据库进行相关操作；而作为嵌入式语言，SQL 语句又能够嵌入到多种高级语言程序中，供开发者使用。而且在这两种不同的使用方式下，SQL 的语法结构基本一致。这种以统一的语法结构提供两种不同使用方式的做法，为开发者提供了极大的灵活性和方便性。

### 3. SQL 的功能

SQL 功能强大，可以完成数据定义、数据查询、数据操纵和数据控制功能，但其核心功能只用 9 个动词，如表 4-1 所示。

| 表 4-1 | | | SQL 命令动词 | |
| --- | --- | --- | --- |
| SQL 功能 | 命 令 动 词 | SQL 功能 | 命 令 动 词 |
| 数据查询 | SELECT | 数据操纵 | INSERT、DELETE、UPDATE |
| 数据定义 | CREATE、DROP、ALTER | 数据控制 | GRANT、REVOKE |

Visual FoxPro 支持 SQL 的数据定义、数据查询和数据操纵功能，但在具体实现上，由于 Visual FoxPro 自身在安全控制方面存在缺陷，所以它没有提供数据控制功能，即 Visual FoxPro 中只用到了标准 SQL 中的 7 个命令动词。

# 4.2　SQL 的查询功能

SQL 的核心功能是查询。使用 SQL 语句不需要在不同的工作区打开不同的表，只需将要连接的表、查询所需的字段、筛选记录的条件、记录分组的依据、排序的方式以及查询结果的显示方式写在一条 SQL 语句中，就可以完成指定的工作。

SQL 语句创建查询使用的是 SELECT 命令，基本形式是由 SELECT-FROM-WHERE 子句组成，命令格式为

```
SELECT [ALL|DISTINCT] [TOP n [PERCENT]] <字段名表>|<函数>|*
    FROM <表名> [JOIN <表名> ON <联接条件>]
    [INTO<目标>|TO FILE<文件名>|TO PRINTER|TO SCREEN]
    [WHERE <条件表达式>]
    [GROUP BY <分组字段名>[HAVING <条件表达式>]]
    [UNION [ALL] <SELECT 命令>]
    [ORDER BY <排序选项>[ASC|DESC]]
```

各选项功能如下。

● SELECT 子句说明要查询的输出项，输出项可以是字段名、函数表达式或*（表示表中所有字段）。ALL 表示选出的记录中包括重复记录，这是缺省值；DISTINCT 则表示选出的记录中不包括重复记录。TOP 子句需要和 ORDER BY 子句同时使用才有效，用来显示满足条件的部分记录，TOP 子句也可紧接在 ORDER BY 子句之后。

● FROM 子句说明查询的数据来源（即查询的数据来自于哪些表或视图）及其联接条件。

● INTO 与 TO 子句用于指定查询结果的输出去向，查询去向可以是浏览窗口、表、临时表、数组、文本文件、打印机和主屏幕，默认查询结果显示在浏览窗口中。

● WHERE 子句说明查询的筛选条件或联接条件。多个条件之间可用逻辑运算符 AND、OR、NOT 连接。筛选条件中常用到的关键字有 ALL、ANY、BETWEEN、EXISTS、IN、LIKE、SOME。

● GROUP BY 子句用于对查询结果按分组字段名进行分组。HAVING 子句必须跟随 GROUP BY 使用，它用来限定分组必须满足的条件。

● UNION 子句用于对两个查询结果的合并。

● ORDER BY 子句用来对查询结果进行排序。

不论是在 Visual FoxPro 的命令窗口，还是在 Visual FoxPro 程序中，一行只能输入一条命令。若命令很长需要分行输入时，应在一行的末尾输入续行符 "；"，按回车键后在下一行接着上一行命令继续输入。

## 4.2.1 简单查询

SQL 查询的基本形式是 SELECT-FROM-WHERE，可以完成对表的投影或筛选操作，本小节是基于单表的简单查询。打开"成绩管理"数据库后，在命令窗口中输入查询命令。

**例 4–1** 检索 student 表中的所有专业值。

`SELECT 专业 FROM student`

运行结果如图 4-1 所示。

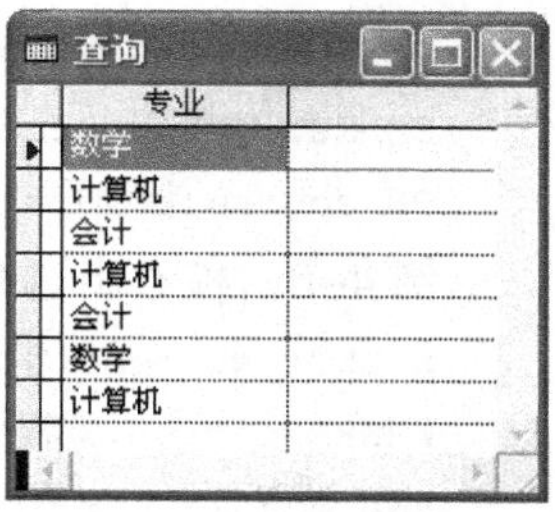

可以看到在结果中有重复值，如果要去掉重复值，需要指定 DISTINCT 短语：

`SELECT DISTINCT 专业 FROM student`

DISTINCT 短语的作用是去掉查询结果中的重复值。

图 4-1 例 4-1 的查询结果

**例 4–2** 检索 course 表的全部信息。

`SELECT * FROM course`

其中"*"是通配符，表示所有属性，即字段，这里检索了 course 表的所有内容。

**例 4–3** 检索助学金高于 600 元的学生的学号和姓名信息。

`SELECT 学号,姓名 FROM student WHERE 助学金>600`

用 WHERE 短语指定查询条件，查询条件可以是任意复杂的条件表达式。

**例 4–4** 检索性别为"男"，并且出生日期在 1990 年 1 月 1 日以后或专业是"会计"的学生信息。

```
SELECT * FROM student;
WHERE 性别="男" AND (出生日期>{^1990-1-1} OR 专业="会计")
```

运行结果如图 4-2 所示，这里分号是续行符，WHERE 后连接的是复杂条件。

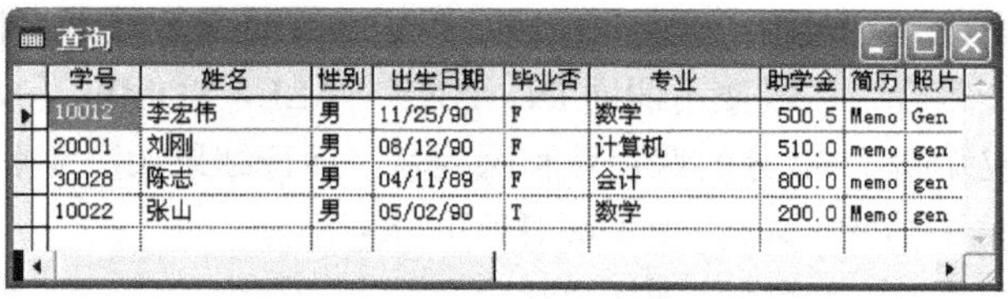

图 4-2 例 4-4 的查询结果

## 4.2.2 联接查询

联接是关系的基本操作之一，联接查询是一种基于多个表的查询，这些表之间需要有联接条件。

**例 4–5** 检索出选修"VFP 程序设计"的学生的学号、课程号、成绩和学分。

```
SELECT 学号,course.课程号,成绩,学分 FROM score,course;
WHERE course.课程号=score.课程号 AND 课程名="VFP 程序设计"
```

这是一个涉及两个表联接的 SQL 语句，运行结果如图 4-3 所示。

图 4-3 例 4-5 的查询结果

注意

① SELECT 后的课程号必须用<课程.课程号>来标识，在这个 SQL 语句中，课程号字段存在于成绩、课程两个表中，需要用<表名.字段名>加以限定。

② 在子句<课程名＝"VFP 程序设计">中，一定要注意 VFP 应大写，即字符串常量严格区分大小写，否则，查询结果窗口无符合条件的记录。

该联接查询的另外一种写法是：

```
SELECT 学号,course.课程号,成绩,学分 FROM score JOIN course;
ON course.课程号=score.课程号 WHERE 课程名="VFP 程序设计"
```

**例 4-6** 检索出选修 "VFP 程序设计" 课程的学生的学号、姓名、课程号、成绩和学分。

```
SELECT student.学号,姓名,course.课程号,成绩,学分 FROM student,score,course;
WHERE course.课程号=score.课程号 AND student.学号=score.学号;
AND 课程名="VFP 程序设计"
```

这是一个基于 3 个表的查询，通过 WHERE 子句指明联接条件。

### 4.2.3 嵌套查询

在 SQL 中，可以将一个 SELECT 查询命令嵌入在另一个 SELECT 查询命令的 WHERE 子句中，也就是说一个查询的结果出现在另外一个查询的查询条件中，这类查询称为嵌套查询。嵌套的 SELECT 查询使得 SQL 可以实现各种复杂的查询。一般将内层的查询（即 WHERE 条件中出现的 SELECT 查询）称为子查询，将外层的查询称为父查询。通常把仅嵌入一层子查询的 SELECT 命令称为单层嵌套查询，多于一层的嵌套查询称为多层嵌套查询。Visual FoxPro 6.0 只支持单层嵌套查询。子查询的 SELECT 语句中不能使用 ORDER BY 子句，ORDER BY 子句只能对最终查询结果排序。子查询的结果必须是一个确定的内容，而且子查询必须用括号括起来。

嵌套查询的执行过程是：先求解子查询来建立父查询的条件，然后再进行父查询。如果确切知道子查询结果是一个值，一般用=、>、<、>=、<=、!=、<>等比较运算符来构造查询条件；如果子查询的结果为一个集合，一般使用谓词 IN、ANY、ALL、SOME、（NOT）EXISTS。

**例 4-7** 检索有成绩高于 90 分的课程号和课程名。运行结果如图 4-4 所示。

```
SELECT 课程号,课程名 FROM course WHERE 课程号 IN;
(SELECT 课程号 FROM score WHERE 成绩>90)
```

例 4-7 的 SQL 语句中，包含两个 SELECT-FROM-WHERE 语句组，其中，内层查询的结果构成了外层查询的条件，嵌套查询执行时先从内层查询中得到满足条件的课程号，然后再到外层查询中找到对应的课程名。IN 是属于的意思，等价于 "=ANY"，即等于子查询中任何一个值。

```
SELECT 课程号,课程名 FROM course WHERE 课程号 =ANY;
(SELECT 课程号 FROM score WHERE 成绩>90)
```

**例 4-8** 检索和 "李宏伟" 相同专业的所有学生的姓名、性别和出生日期。

```
SELECT 姓名,性别,出生日期 FROM student WHERE 专业=;
(SELECT 专业 FROM student WHERE 姓名="李宏伟")
```

这是一个父查询和子查询的数据都来源于一个表的查询，运行结果如图 4-5 所示。

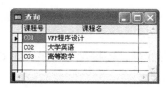

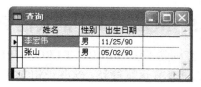

| 课程号 | 课程名 |
|---|---|
| C01 | VFP程序设计 |
| C02 | 大学英语 |
| C03 | 高等数学 |

图 4-4　例 4-7 的查询结果

| 姓名 | 性别 | 出生日期 |
|---|---|---|
| 李宏伟 | 男 | 11/25/90 |
| 张山 | 男 | 05/02/90 |

图 4-5　例 4-8 的查询结果

**例 4–9**　检索所有课程的考试成绩都在 80 分之上的学生的学号、姓名和专业。

```
SELECT 学号,姓名,专业 FROM student WHERE 学号 NOT IN;
(SELECT 学号 FROM score WHERE 成绩<=80)
```

运行结果如图 4-6 所示。

| 学号 | 姓名 | 专业 |
|---|---|---|
| 10012 | 李宏伟 | 数学 |
| 30015 | 王丽丽 | 会计 |
| 10022 | 张山 | 数学 |

图 4-6　例 4-9 的查询结果

这个 SQL 语句如果写成：

```
SELECT 学号,姓名,专业 FROM student WHERE 学号 IN;
(SELECT 学号 FROM score WHERE 成绩>=80)
```

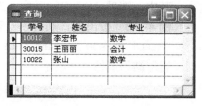

该命令的功能是检索有成绩高于 80 分以上的同学的姓名，这不满足本题的要求，读者应细心体会。

**例 4–10**　检索选修“C02”的学生中成绩比选修“C01“的最低成绩要高的学生的学号和成绩。

```
SELECT 学号,成绩 FROM score WHERE 课程号 ="C02" AND 成绩>ANY;
(SELECT 成绩 FROM score WHERE 课程号="C01")
```

也可写成：

```
SELECT 学号,成绩 FROM score WHERE 课程号 ="C02" AND 成绩>;
(SELECT MIN(成绩) FROM score WHERE 课程号="C01")
```

### 4.2.4　分组查询

SQL 中使用 GROUP BY 子句对查询结果进行分组，HAVING 子句限定分组满足的条件。在分组查询中，可以使用 WHERE 子句先进行数据筛选。

**例 4–11**　检索出 score 表中各门课的平均成绩。

```
SELECT 课程号,AVG(成绩) AS 平均成绩;
FROM score GROUP BY 课程号
```

运行结果如图 4-7 所示。

| 课程号 | 平均成绩 |
|---|---|
| C01 | 80.00 |
| C02 | 81.33 |
| C03 | 84.75 |

图 4-7　例 4-11 的查询结果

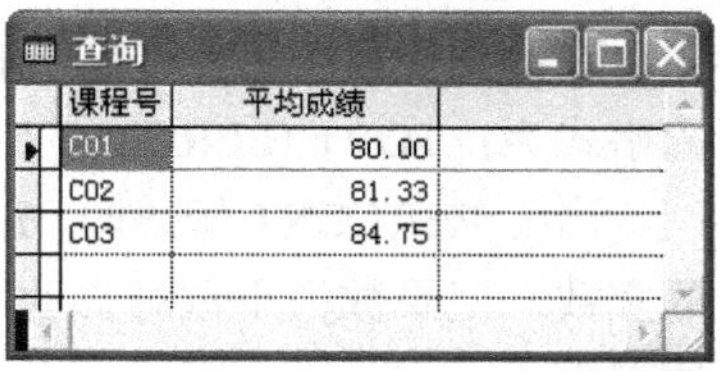

如果想要查询成绩在 80 分之上的各门课程的平均成绩，命令如下：

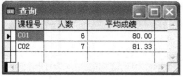

```
SELECT 课程号,AVG(成绩) as 平均成绩 FROM score;
WHERE 成绩>=80 GROUP BY 课程号
```

这里，先用 WHERE 子句限定 80 分以上的记录，然后对满足条件的记录用 GROUP BY 子句进行分组。

**例 4–12**　求选课人数多于 5 名同学的各门课程的平均成绩。

```
SELECT 课程号,COUNT(*) AS 人数,AVG(成绩) as 平均成绩;
FROM score GROUP BY 课程号 HAVING COUNT(*)>5
```

运行结果如图 4-8 所示。

| 课程号 | 人数 | 平均成绩 |
|---|---|---|
| C01 | 6 | 80.00 |
| C02 | 7 | 81.33 |

图 4-8　例 4-12 的查询结果

### 4.2.5 SQL 查询中的其他子句

SQL 查询除了使用 SELECT-FROM-WHERE 基本形式外，还提供了排序子句 ORDER BY、SQL 函数、LIKE 运算符等，这些子句丰富了 SQL 的功能。

**1. 排序子句**

SQL 中排序的子句是 ORDER BY，命令格式为

```
ORDER BY <排序选项>[ASC|DESC]
```

其中，选项 ASC 表示升序，选项 DESC 表示降序，默认的按升序排序。

**例 4–13** 按出生日期升序检索 student 表全部信息。

```
SELECT * FROM student ORDER BY 出生日期
```

运行结果如图 4-9 所示。

| 学号 | 姓名 | 性别 | 出生日期 | 毕业否 | 专业 | 助学金 | 简历 | 照片 |
|---|---|---|---|---|---|---|---|---|
| 30028 | 陈志 | 男 | 04/11/89 | F | 会计 | 800.0 | memo | gen |
| 10022 | 张山 | 男 | 05/02/90 | T | 数学 | 200.0 | Memo | gen |
| 20001 | 刘刚 | 男 | 08/12/90 | F | 计算机 | 510.0 | memo | gen |
| 20002 | 赵小红 | 女 | 09/21/90 | F | 计算机 | 510.0 | memo | gen |
| 10012 | 李宏伟 | 男 | 11/25/90 | F | 数学 | 500.5 | Memo | Gen |
| 20003 | 谭冰 | 女 | 01/01/91 | T | 计算机 | 110.0 | Memo | gen |
| 30015 | 王丽丽 | 女 | 10/08/91 | F | 会计 | 1110.0 | Memo | Gen |

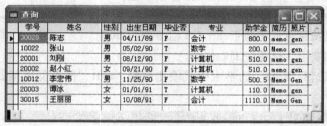

图 4-9 例 4-13 的查询结果

如果将查询结果按降序排列，命令为：

```
SELECT * FROM student ORDER BY 出生日期 DESC
```

**例 4–14** 从 course 表和 score 表中检索出课程名、学号和成绩信息，按课程名升序、成绩降序显示。

```
SELECT 课程名,学号,成绩 FROM course,score WHERE course.课程号=score.课程号;
ORDER BY 课程名,成绩 DESC
```

**2. 显示部分查询结果**

在数据检索中，有时只要求显示满足条件的前几个记录，这时需要使用 TOP 子句，TOP 子句的格式为：TOP n [PERCENT]

当无 PERCENT 短语时，*n* 为正整数，范围为 1~32 767；当使用 PERCENT 时，*n* 是 0.01 ~ 99.99 的实数，记录数为小数时自动取整。需要注意的是，TOP 子句需要和 ORDER BY 子句同时使用才有效。

**例 4–15** 从 student 表中检索助学金最低的 3 位同学的信息。

```
SELECT * TOP 3 FROM student ORDER BY 助学金
```

运行结果如图 4-10 所示。本例查询命令也可写成：

```
SELECT  TOP 3 * FROM student ORDER BY 助学金
```

| 学号 | 姓名 | 性别 | 出生日期 | 毕业否 | 专业 | 助学金 | 简历 | 照片 |
|---|---|---|---|---|---|---|---|---|
| 20003 | 谭冰 | 女 | 01/01/91 | T | 计算机 | 110.0 | Memo | gen |
| 10022 | 张山 | 男 | 05/02/90 | T | 数学 | 200.0 | Memo | gen |
| 10012 | 李宏伟 | 男 | 11/25/90 | F | 数学 | 500.5 | Memo | Gen |

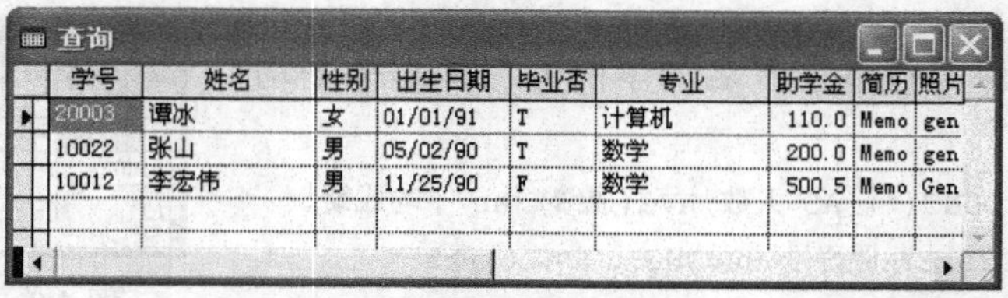

图 4-10 例 4-15 的查询结果

**例 4-16**　显示助学金最高的 30%学生的信息。

```
SELECT * TOP 30 PERCENT FROM student ORDER BY 助学金 DESC
```

从例 4-15 和 4-16 可以看出，使用*显示表中所有字段时，TOP 子句可以放在*之后。但若只显示表中部分字段时，TOP 子句必须放在字段列表之前。

如果要显示 student 表中助学金最高的 3 名学生的学号和姓名，命令应该写成：

```
SELECT  TOP 3 学号,姓名 FROM student ORDER BY 助学金 DESC
```

### 3. SQL 中的函数

SQL 为提高数据检索能力，提供了用于检索的算术函数，即计数函数 COUNT()、求和函数 SUM()、平均值函数 AVG()、最大值函数 MAX()和最小值函数 MIN()。

**例 4-17**　检索出 score 表中所有成绩的平均分。

```
SELECT AVG(成绩) FROM score
```

如果要检索各科的平均成绩，需要按课程号分组。

```
SELECT course.课程号,课程名,AVG(成绩) AS 课程平均成绩 FROM score,course ;
WHERE score.课程号=course.课程号 GROUP BY course.课程号
```

**例 4-18**　统计出 score 表中的记录个数。

```
SELECT COUNT(*) FROM score
```

如果要检索 score 表中的学生人数，需要去掉结果中学号的重复值。

```
SELECT COUNT(DISTINCT 学号) FROM score
```

**例 4-19**　检索 student 表中的助学金的总和。

```
SELECT SUM(助学金) AS 总助学金  FROM student
```

**例 4-20**　检索 score 表中“C02”课程的最高分。

```
SELECT MAX(成绩) FROM score WHERE 课程号= "C02"
```

### 4. BETWEEN…AND 子句

查询介于某范围内的信息，该子句包括边界条件。

**例 4-21**　从 student 表中检索助学金在 500 ~ 1000 元范围内的学生的姓名、专业和助学金。

```
SELECT 姓名,专业,助学金 FROM student;
WHERE 助学金 BETWEEN 500 AND 1000
```

运行结果如图 4-11 所示，这里的条件等价于助学金>=500 AND 助学金<=1000，即 BETWEEN…AND 子句包括了边界条件。

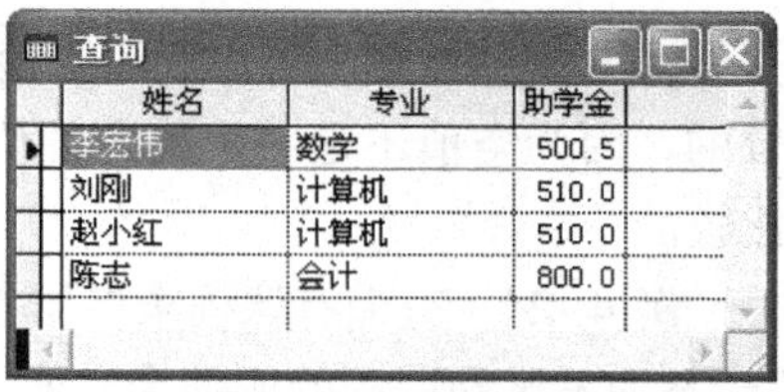


| 姓名 | 专业 | 助学金 |
|---|---|---|
| 李宏伟 | 数学 | 500.5 |
| 刘刚 | 计算机 | 510.0 |
| 赵小红 | 计算机 | 510.0 |
| 陈志 | 会计 | 800.0 |

图 4-11　例 4-21 的查询结果

### 5. LIKE 运算符

LIKE 是字符串匹配运算符，通常和通配符“%”、“_”连用。

通配符“%”表示零个或多个字符。例如 a%b 表示以 a 开头，以 b 结尾的任意长度的字符串，如 axb，attrib，ab 等都满足该匹配串。通配符“_”（下划线）表示一个字符。例如 a_b 表示以 a 开头，以 b 结尾的长度为 3 的任意字符串，如 axb，awb 等都满足该匹配串。

**例 4-22**　检索姓“张”的同学的信息。

```
SELECT * FROM student WHERE 姓名 LIKE "张%"
```

如果显示除了姓“张”的同学以外的所有同学的信息，SQL 命令是：

```
SELECT * FROM student WHERE 姓名 NOT LIKE "张%"
```

如果要显示姓名中第 2 个字为"丽"的同学的信息，SQL 命令是：

```
SELECT * FROM student WHERE 姓名 LIKE "_丽%"
```

注意，一个下划线即可以表示一个英文，也可以表示一个汉字。

如果要显示姓名中含有"丽"字的同学信息，SQL 命令是：

```
SELECT * FROM student WHERE 姓名 LIKE "%丽%"
```

### 6. 不等于运算符

在 SQL 中，"不等于"用"!="表示。

**例 4-23**  检索不是计算机专业的学生信息。

```
SELECT * FROM student WHERE 专业!="计算机"
```

运行结果如图 4-12 所示。在 SQL 中，也可以用否定运算符 NOT 写出等价命令：

```
SELECT * FROM student WHERE NOT 专业="计算机"
```

| 学号 | 姓名 | 性别 | 出生日期 | 毕业否 | 专业 | 助学金 | 简历 | 照片 |
|------|------|------|----------|--------|------|--------|------|------|
| 10012 | 李宏伟 | 男 | 11/25/90 | F | 数学 | 500.5 | Memo | Gen |
| 30015 | 王丽丽 | 女 | 10/08/91 | F | 会计 | 1110.0 | Memo | Gen |
| 30028 | 陈志 | 男 | 04/11/89 | F | 会计 | 800.0 | memo | gen |
| 10022 | 张山 | 男 | 05/02/90 | T | 数学 | 200.0 | Memo | gen |

图 4-12  例 4-23 的查询结果

在 Visual FoxPro 中，表示否定的运算符还有"<>"、"#"，下列命令都可以检索不是计算机专业的学生信息：

```
SELECT * FROM student WHERE 专业<>"计算机"
SELECT * FROM student WHERE 专业#"计算机"
```

## 4.2.6  利用空值查询

SQL 支持空值，可以利用空值进行查询。查询空值时要使用 IS NULL，短语"=NULL"是无效的，因为空值不是一个确定的值，不能用"="这样的运算符进行比较。

**例 4-24**  查询有课程未参加考试的学生姓名和未参加考试的课程（未参加考试即课程的成绩为空值）。

```
SELECT 姓名,课程号 FROM student,score;
WHERE student.学号=score.学号 AND 成绩 IS NULL
```

运行结果如图 4-13 所示。

| 姓名 | 课程号 |
|------|--------|
| 王丽丽 | C02 |
| 王丽丽 | C03 |

图 4-13  例 4-24 的查询结果

## 4.2.7  使用谓词的查询*

SQL 中支持基于谓词的查询。当某个子查询的返回值不止一个时，必须利用谓词在 WHERE 子句中指明如何使用这些返回值。谓词包括 IN、ANY、SOME、ALL、EXISTS、NOT EXISTS。

本章中有多处例子使用了谓词，以下对这些谓词的用法做一总结，如表 4-2 所示。

表 4-2　　　　　　　　　　　　　　常见谓词的用法

| 谓　词 | 用　法 | 说　明 |
|---|---|---|
| IN | <字段> IN <结果集合><br><字段> IN (<子查询>) | 字段内容必须是结果集合或子查询中的一部分 |
| ANY | <字段> <比较运算符> ANY (<子查询>) | 字段内容与子查询中任何一个值的关系满足条件，结果就为真 |
| SOME | <字段> <比较运算符> SOME (<子查询>) | 字段必须满足集合中某一个值 |
| ALL | <字段> <比较运算符> ALL (<子查询>) | 字段内容必须与子查询中所有值的关系满足条件，结果才为真 |
| (NOT)EXISTS | EXISTS (<子查询>) | 子查询是否有结果返回 |

　　从表中可以看出，ANY 和 SOME 是同义词，在进行比较运算时只要子查询中有一行能使结果为真，则结果就为真；而 ALL 则要求子查询中的所有行都使结果为真时，结果才为真。

　　使用 ANY、SOME 或 ALL 谓词时，必须同时使用比较运算符。其语义见表 4-3。

表 4-3　　　　　　　　　　　ANY、ALL 与比较运算符连用时的语义

| 形　式 | 语　义 | 形　式 | 语　义 |
|---|---|---|---|
| >ANY | 大于子查询结果中的某个值 | >ALL | 大于子查询结果中的所有值 |
| <ANY | 小于子查询结果中的某个值 | <ALL | 小于子查询结果中的所有值 |
| >=ANY | 大于等于子查询结果中的某个值 | >=ALL | 大于等于子查询结果中的所有值 |
| <=ANY | 小于等于子查询结果中的某个值 | <=ALL | 小于等于子查询结果中的所有值 |
| =ANY | 等于子查询结果中的某个值 | =ALL | 等于子查询结果中的所有值（无意义） |
| !=ANY | 不等于子查询结果中的某个值 | !=ALL | 不等于子查询结果中的任何一个值 |

　　EXISTS 和 NOT EXISTS 用来检查在子查询中是否有结果返回，即存在或不存在满足条件的元组。

　　**例 4-25**　检索有成绩高于 90 的学生信息。

```
SELECT * FROM student WHERE  EXISTS;
(SELECT * FROM score WHERE 学号=student.学号 AND 成绩>90)
```

　　运行结果如图 4-14 所示，这个语句等价于：

```
SELECT * FROM student WHERE 学号 IN;
(SELECT 学号 FROM score WHERE 学号=student.学号 AND 成绩>90)
```

　　需要注意的是，带有[NOT]EXISTS 谓词的子查询不返回任何数据，只产生逻辑真或逻辑假，即只是判断子查询中是否有结果返回，它本身并没有任何运算或比较。

　　**例 4-26**　检索有成绩高于学号为 "10012" 同学的最高成绩的学生的学号。

```
SELECT 学号 FROM score WHERE 成绩>ALL;
(SELECT 成绩 FROM score WHERE 学号='10012')
```

　　运行结果如图 4-15 所示，这个语句等价于：

```
SELECT 学号 FROM score WHERE 成绩>;
(SELECT MAX(成绩)FROM score WHERE 学号='10012')
```

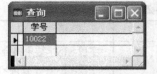

图 4-14　例 4-25 的查询结果　　　　　图 4-15　例 4-26 的查询结果

ANY、ALL 谓词与集函数及 IN 谓词的等价转换关系如表 4-4 所示。

表 4-4　　　　　　　　ANY、ALL 谓词与集函数及 IN 谓词的等价转换关系

| | = | <>或!= | < | <= | > | >= |
|---|---|---|---|---|---|---|
| ANY | IN | -- | <MAX | <=MAX | >MIN | >=MIN |
| ALL | -- | NOT IN | <MIN | <=MIN | >MAX | >=MAX |

## 4.2.8　集合的并运算

SQL 支持集合的并（UNION）运算，即可以将两个 SELECT 语句的查询结果通过并运算合并成一个查询结果。为了进行并运算，要求这样的两个查询结果具有相同的字段个数，并且对应字段的值要出自同一个值域，即具有相同的数据类型和取值范围。

**例 4-27**　检索出专业为"计算机"和"数学"的学生信息。

```
SELECT * FROM student WHERE 专业="计算机" UNION;
SELECT * FROM student WHERE 专业="数学"
```

由于并运算的两个查询来自于同一个表，这个语句等价于：

```
SELECT * FROM student WHERE 专业="计算机" OR  专业="数学"
```

## 4.2.9　查询去向

SQL 的查询结果可以存放到表、临时表、文本文件或数组中，也可以直接输出到 Visual FoxPro 的主屏幕或打印机。SQL 中用 INTO 和 TO 子句来指定查询去向，如表 4-5 所示。

表 4-5　　　　　　　　SQL 查询去向

| 目标 | 输出形式 | 目标 | 输出形式 |
|---|---|---|---|
| INTO ARRAY | 查询结果输出到数组 | TO FILE [ADDITIVE] | 输出到文本文件 |
| INTO CURSOR | 查询结果输出到临时表 | TO PRINTER [PROMPT] | 输出到打印机 |
| INTO TABIE | 查询结果输出到表 | TO SCREEN | 输出到 VFP 主屏幕 |

**例 4-28**　将 course 表中学分为 3 的数据检索到表 course1.dbf 中。

```
SELECT * FROM course WHERE 学分=3 INTO TABLE course1
```

子句 INTO TABLE|DBF 可以将检索结果存放到永久表中。

**例 4-29**　将 course 表中学分为 3 的数据检索到临时表 tmp.dbf 中。

```
SELECT * FROM course WHERE 学分=3 INTO CURSOR tmp
```

使用子句 INTO CURSOR 将查询结果存放到临时数据表中，该短语产生的临时表是一个只读的.dbf 文件，当查询结束后该临时文件是当前文件，可以像一般的.dbf 文件一样使用，但仅是只读。当关闭文件时该文件将自动删除。

**例 4-30**　将 course 表中信息存储到文本文件 course.txt 中。

```
SELECT * FROM course TO FILE course
```

子句 TO FILE 可以将查询结果存放到文本文件中，并取代原文本文件的内容，默认文件扩展名是.txt。

如果只是把 course 表中的信息添加到文本文件 course.txt 中，而不清除文本文件 course.txt 原来的内容，需使用 ADDITIVE，完整的 SQL 命令是：

```
SELECT * FROM course TO FILE course ADDITIVE
```

如果需要把 course 表中课程信息直接打印出来，SQL 命令是：

```
SELECT * FROM course TO PRINTER
```

如果在打印 course 表课程信息之前显示出打印确认框，SQL 命令是：

```
SELECT * FROM course TO PRINTER PROMPT
```

**例 4-31**　检索 score 表中 "C02" 课程的最高分，将其存放到数组 arr 中。

```
SELECT MAX(成绩) FROM score WHERE 课程号= "C02" INTO ARRAY arr
```

该查询结果只有一个最高成绩数据，所以该数组中只有一个元素 arr(1,1)，它的值是 91。有关数组的知识详见本书第 5 章。

可以使用 INTO ARRAY 子句将查询结果存放到数组中，一般将存放查询结果的数组作为二维数组来使用，每行一条记录，每列对应于查询结果的一列。查询结果存放在数组中，可以非常方便地在程序中使用，如下语句将查询到的课程信息存放在数组 course2 中：

```
SELECT * FROM course INTO ARRAY course2
? course2(1,1),course2(1,2),course2(1,3)
? course2(2,1),course2(2,2),course2(2,3)
? course2(3,1),course2(3,2),course2(3,3)
```

在命令窗口依次执行以上 4 条命令后，可在 Visual FoxPro 主窗口发现：course2(1,1)存放的是第 1 条记录的课程号字段值，course2(2,3)存放的是第 2 条记录的第 3 个字段即学分的字段值，course2(3,2)存放的是第 3 条记录的课程名字段值。

# 4.3　SQL 数据操纵

数据操纵是完成数据操作的命令，是指对表中记录进行插入、删除和更新的操作，包括 INSERT、DELETE 和 UPDATE 3 个命令。

## 4.3.1　插入记录

Visual FoxPro 支持两种 SQL 插入命令的格式。

格式 1：

```
INSERT INTO <表名>[(<字段名表>)] VALUES (<表达式表>)
```

该命令在指定的表尾部添加一条新记录，其值为 VALUES 后面表达式的值。当向表中所有字段插入数据时，表名后面的字段名表可以省略，但插入数据的格式及顺序必须与表的结构一致；若只需要插入表中部分字段的数据，就需要列出插入数据的字段名（多个字段名之间用英文逗号分开），而且相应表达式的数据类型应与字段顺序对应。

**例 4-32**　向 course 表中插入记录("C04","C 语言",4)。

```
INSERT INTO course VALUES("C04","C 语言",4)
```

如果再向 course 表中插入一条课程号为"C05"，学分为 3，而课程名为空的课程记录，则省略字段名表的 SQL 命令是：

```
INSERT INTO course VALUES("C05","",3)
```

由此可见，插入记录时若省略字段名表，VALUES 后必须列出 3 项数据与 course 表中的 3 个字段对应。

**例 4-33** 向 student 表中插入记录("40001","ROSE",{^1988-8-8},"英语",1000)。

```
INSERT INTO student(学号,姓名,出生日期,专业,助学金);
VALUES("40001","ROSE",{^1993-8-8},"英语",1000)
```

由于只向 student 表的部分字段添加了数据，所以在表名后需要指定字段名，而且各字段值的数据类型要和字段的类型及顺序一致。若插入的出生日期数据为空，可用{}或{//}。

格式 2：

```
INSERT INTO <表名> FROM ARRAY <数组名>|FROM MEMVAR
```

该命令在指定表的尾部添加一条新记录，其值来自于数组或对应的同名内存变量。

数组中各元素应与表中各字段顺序对应。若数组元素的数据类型与对应的字段类型不一致，则新记录对应的字段为空值；若表中字段个数大于数组元素的个数，则多出的字段为空值。

内存变量必须与表中的各字段变量同名。若没有同名的内存变量，则相应的字段为默认值或空值。有关内存变量、字段变量的知识详见本书第 5 章。

**例 4-34** 向 student 表中插入一条新记录。

```
DIMENSION A(4)
A(1)= "50001"
A(2)= "MIKE"
A(3)= "男"
A(4)= {^1989-10-11}
INSERT INTO student FROM ARRAY A
LIST
```

在命令窗口中依次执行以上命令后，可以在主窗口看到新添加的记录，新记录的学号、姓名、性别、出生日期已有值，而其他的字段为空值。

**例 4-35** 向 student 表中插入一条新记录。

```
学号="60001"
姓名="MARY"
性别="女"
助学金=1500
专业="会计"
INSERT INTO student FROM MEMVAR
LIST
```

新记录中除学号、姓名、性别、助学金、专业字段外，其他字段均为空值。

对于格式 1 和格式 2 来说：

● 若指定的表没有在任何工作区打开，而且在当前工作区没有打开着的表，则该命令执行后将在当前工作区打开该命令指定的表，并添加记录。

● 若指定的表没有在任何工作区打开，而且当前工作区打开的是其他的表，则该命令执行后将在一个新的工作区打开该命令指定的表，并添加记录，当前工作区保持不变。

● 若指定的表在非当前工作区中打开，添加记录后，指定的表仍在非当前工作区中打开，当前工作区保持不变。

当一个表定义了主索引或候选索引后，由于相应的字段具有关键字的特性，即不能为空，所以应用此命令插入记录。Visual FoxPro 6.0 的 INSERT 插入命令是先插入一条空记录，然后再输入各字段的值。由于定义了主索引或候选索引的表，关键字字段不允许为空，所以使用 Visual FoxPro 的 INSERT 命令无法成功地插入记录。

## 4.3.2　更新记录

更新记录命令的格式是：

UPDATE <表名> SET <字段名 1>=<表达式 1> [,<字段名 2>=<表达式 2>…] [WHERE<条件表达式>]

更新一个表中满足条件的记录，一次可以更新多个字段值。如果省略 WHERE 子句，更新全部记录。

**例 4-36**　将 student 表中"计算机"专业学生的助学金增加 10%。

```
UPDATE student SET 助学金=助学金*(1+0.1) WHERE 专业="计算机"
LIST
```

这里，如果省略 WHERE 条件，则更新所有记录。另外，10%一定要写成 0.1，"%"被 Visual FoxPro 系统认为是求余数的运算符。

**例 4-37**　将"计算机"专业的全体学生的各科成绩归零。

```
UPDATE score SET 成绩=0 WHERE 学号 IN(SELECT 学号 FROM student WHERE 专业="计算机")
LIST
```

本命令执行时需要先利用 SELECT 语句选择出"计算机"专业的学生学号，然后再利用 UPDATE 对选择出的记录进行数据更新。

## 4.3.3　删除记录

删除记录命令的格式是：

DELETE FROM <表名> [WHERE <条件表达式>]

这里 FROM 指定从哪个表中删除数据，WHERE 指定被删除的记录所满足的条件，如果省略 WHERE 子句，则删除该表中的全部记录。

**例 4-38**　删除 student 表中出生日期在 1990 年以后的学生记录。

DELETE FROM student WHERE 出生日期>={^1991-1-1}

执行 DELETE 后，工作区内的变化如下：

● 若指定的表没有在任何工作区打开，而且在当前工作区没有打开着的表，则该命令执行后将在当前工作区打开该命令指定的表，并置删除标记；

● 若指定的表没有在任何工作区打开，而且当前工作区打开的是其他的表，则该命令执行后将在一个新的工作区打开该命令指定的表，并置删除标记，当前工作区保持不变；

● 若指定的表在非当前工作区中打开，置删除标记后，指定的表仍在非当前工作区中打开，当前工作区保持不变。

在 Visual FoxPro 中，SQL 中的 DELETE 命令是逻辑删除记录，如果要物理删除记录，需要继续执行 PACK 命令；如果要取消删除标记，可以使用 RECALL 命令。

# 4.4  SQL 数据定义

数据定义语言（DDL）用于执行数据定义的操作，如创建或删除表、索引或视图等对象。数据定义由 CREATE、DROP、ALTER 命令组成，完成数据库对象的建立、删除和修改操作。

## 4.4.1  创建数据库

在 SQL 中，创建数据库的命令是 CREATE DATABASE，命令格式为

```
CREATE DATABASE <数据库名>
```

Visual FoxPro 中创建数据库的命令也是 CREATE DATABASE。

## 4.4.2  创建表*

在 SQL 中，创建表的命令是 CREATE TABLE，命令格式为

```
CREATE TABLE|DBF <表名 1>[FREE]
(<字段名 1> <类型> [(<宽度>[,<小数位数>])]] [NULL|NOT NULL]
[CHECK <条件表达式 1> [ERROR <提示信息 1>]]
[DEFAULT <表达式>]
[PRIMARY KEY|UNIQUE] [REFERENCES <表名 2> [TAG <标识名 1>]]
[,<字段名 2> …]
[,PRIMARY KEY <主关键字> TAG <标识名 2>]|,UNIQUE <候选关键字> TAG <标识名 3>]
[,FOREIGN KEY<外部关键字> TAG <标识名 4> REFERENCES <表名 3> [TAG <标识名 5>]]
[,CHECK <条件表达式 2> [ERROR <提示信息 2>]] )
|FROM ARRAY<数组名>
```

命令中，各子句的含义如下。

● 表名 1：说明要建立的表文件名。

● FREE：用于建立一个不属于任何数据库的自由表。

● 字段名：所要建立的新表的字段名，两个字段名之间的语法成分都是对一个字段的属性说明，包括类型（用单个字母表示）、宽度、完整性约束、默认值、该字段的索引类型等。

● NULL|NOT NULL：设置字段是否允许为空值。

● CHECK <条件表达式 1>：设置字段的完整性约束。

● ERROR <提示信息 1>：当完整性检查有误，CHECK 条件表达式的值为假时的提示信息。

● DEFAULT<表达式>：为字段设置默认值。

● PRIMARY KEY：指定该字段为主关键字段，索引标识名与字段名相同，只有数据库表才能使用该参数。

● UNIQUE：指定该字段为一个候选关键字段，索引标识名与字段名相同。

● REFERENCES <表名 2> [TAG <标识名 1>]：指定建立永久关系的父表（表 2），同时以该字段为索引关键字建立外部索引，用该字段名作为索引标识名。标识名 1 为父表中的索引标识名。若指定了索引标识 1，则在父表中存在的索引标识字段上建立关系；若省略了索引标识名 1，则用父表的主索引关键字建立关系。父表不能是自由表。

● PRIMARY KEY <主关键字> TAG <标识名 2>：指定主索引（多为字段组合）和主索引标识名。

- UNIQUE <候选关键字> TAG <标识名 3>：指定候选索引（多为字段组合）和候选索引标识名。
- FOREIGN KEY<外部关键字> TAG <标识名 4> REFERENCES <表名 3> [TAG <标识名 5>]：建立一个外部索引（标识名 4），并与父表（表 3）建立关系。一个表可以建立多个外部索引，但指定的外部关键字必须是表中不同的字段。在标识名 5（父表中的索引标识）指定的索引关键字上建立与父表的关系。若省略了标识名 5，将用父表的主索引关键字建立关系。
- FROM ARRAY<数组名>：根据数组内容建立表结构，数组的元素依次是字段名、类型、宽度和小数位数。

建表时若没有打开数据库或使用了 FREE 参数，则建立的是自由表，此时，CHECK、DEFAULT 等数据库表独有的属性将不能使用。

从以上命令格式可以看出，用 CREATE TABLE 命令可以完成用表设计器建立表的所有功能。除了建立表的基本功能外，它还包括定义实体完整性约束的主关键字（主索引）PRIMARY KEY、定义域完整性约束的 CHECK 约束及出错提示信息 ERROR、字段默认值以及建立表之间关系等。

**例 4-39**　用 SQL 命令建立"图书管理"数据库，在数据库中建立表 book（图书编号 C(4)，图书名称 C(14)，数量 N(2)，购置日期 D，日租金 N(4,1)，内容简介 M），并为图书编号设置主索引，购置日期不允许为空值。建立表 reader(客户编号 C(4)，姓名 C(10)，性别 C(2)，年龄 N(2)，客户单位 C(20))，客户编号为主索引。

（1）建立数据库。

```
CREATE DATABASE 图书管理
```

（2）建立表。

```
CREATE TABLE book(图书编号 C(4) PRIMARY KEY,;
图书名称 C(14),数量 N(2), ;
购置日期 D NOT NULL, ;
日租金 N(4,1),内容简介 M)
CREATE TABLE reader(客户编号 C(4) PRIMARY KEY,;
姓名 C(10),性别 C(2),年龄 N(2),;
客户单位 C(20))
```

**例 4-40**　在"图书管理"数据库中建立 rent 表（客户编号 C(4)，图书编号 C(4)，租借日期 D，押金 N(5,1)，还书日期 D），为客户编号设置候选索引，为押金字段设置有效性规则：押金大于 50 并且押金小于 100，错误时的提示信息为"押金介于 50～100 之间"，并设置默认值为 80。同时分别基于"图书编号"、"客户编号"字段，建立 rent 表与 book 表、reader 表之间的永久关系。

```
CREATE DBF rent(客户编号 C(4) UNIQUE,;
图书编号 C(4),租借日期 D, ;
押金 N(5,1) CHECK (押金>=50 AND 押金<=100);
ERROR("押金介于 50 至 100 之间") DEFAULT 80,;
还书日期 D,;
FOREIGN KEY 图书编号 TAG 图书编号;
REFERENCES book,;
FOREIGN KEY 客户编号 TAG 客户编号;
REFERENCES reader)
```

建立完成"图书管理"数据库及相关的表后，执行下列命令打开数据库及数据库设计器：

```
OPEN DATABASE 图书管理
MODIFY DATABASE
```

显示结果如图 4-16 所示。

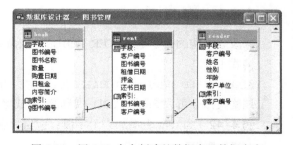

图 4-16　用 SQL 命令创建的数据库及数据库表

**例 4-41** 利用 CREATE 命令在"成绩管理"数据库中建立 score2 表，同时建立 score2 表与 student 表、course 表的永久关系。

```
CREATE TABLE score2(学号 C(5) REFERENCES student,课程号 C(3),成绩 N(3),;
PRIMARY KEY 学号+课程号 TAG 学号课程号,;
FOREIGN KEY 课程号 TAG 课程号 REFERENCES course TAG 课程号)
```

本例中用了两种不同的子句定义外部索引。在"学号"上定义了外部索引，与 student 表在"学号"字段上建立了关系；在"课程号"上定义了外部索引，与 course 表在"课程号"字段上建立了关系。score2 表的主索引关键字是"学号+课程号"字段的组合，所以用 PRIMARY KEY　TAG 子句定义。输入记录或修改记录数据时，表达式"学号+课程号"的值不能有重复。

① 用 SQL CREATE 命令建立的表自动在未被使用的最小工作区打开，表的打开方式为独占。

② SQL 中的 UNIQUE 关键字用来设置字段的候选索引，而 Visual FoxPro 中的 UNIQUE 关键字建立的是唯一索引，如命令：INDEX ON 图书名称 TAG tsmq UNIQUE，建立的是唯一索引。

③ 可以在 SQL 的创建表命令中建立表间联系，通过 FOREIGN 和 REFERENCES 实现。

Visual FoxPro 支持创建临时表命令。语句格式为：

```
CREATE CURSOR <临时表名>(<字段名 1> <类型> [(<宽度>[,<小数位数>])])[NULL|NOT NULL][CHECK <
条件表达式> [ERROR <提示信息>]][DEFAULT <表达式>][UNIQUE] [,<字段名 2> …])|FROM ARRAY<数组名>
```

各子句的功能与 CREATE　TABLE 命令基本相同。创建的临时表在当前未使用的最小有效工作区中以独占方式打开，临时表可以像其他的基本表一样进行浏览、索引、添加或修改记录，但一旦临时表被关闭，临时表就会消失。下面的语句创建了一个临时表 tempscore。

```
CREATE CURSOR tempscore(学号 C(5),课程号 C(3),成绩 N(3))
```

## 4.4.3　删除表

删除表的 SQL 命令是：

```
DROP TABLE <表名>
```

DROP TABLE 命令直接从磁盘上删除所指定的表文件。如果指定的表文件是数据库中的表并且相应的数据库是当前数据库，则从数据库中删除了表。

如果在数据库未打开情况下删除表或删除非当前数据库中的表，再打开数据库时虽然可以看到该表，但并不能打开该表，因为记录在数据库文件中表的信息没有清理，所以应当在打开的当前数据库中进行表的删除操作。

## 4.4.4　修改表

修改表结构的命令是 ALTER TABLE，该命令有以下 3 种格式。

格式 1：

```
ALTER TABLE <表名> ADD|ALTER [COLUMN] <字段名> <类型>[(<宽度>[,<小数位数>])]]
```

该格式命令可以添加（ADD）新的字段或修改（ALTER）已有的字段。

**例 4-42** 为 rent 表增加一个字段：应付租金 N(5,1)，要求该字段值大于等于 0。

```
ALTER TABLE rent ADD 应付租金 N(5,1) CHECK (应付租金>=0)
```

**例 4-43** 将 rent 表中客户编号字段的宽度改为 6。

```
ALTER TABLE rent ALTER 客户编号 C(6)
```

从命令格式可以看出，该格式可以修改字段的类型、宽度、有效性规则、错误信息、默认值、定义关键字等，但是不能修改字段名，不能删除字段，也不能删除已经定义的完整性约束规则等。

格式 2：

```
ALTER TABLE <表名> ALTER [COLUMN] <字段名>
[SET DEFAULT<表达式>][SET CHECK<条件表达式>]
[DROP DEFAULT][DROP CHECK]
```

该格式用于增加、修改或删除有效性规则和默认值定义。

**例 4-44** 修改 rent 表应付租金字段的有效性规则，要求该字段值大于等于 0 且小于 50。

```
ALTER TABLE rent ALTER 应付租金 SET CHECK (应付租金>=0 AND 应付租金<50)
```

**例 4-45** 删除 rent 表押金字段的有效性规则。

```
ALTER TABLE rent ALTER 押金 DROP CHECK
```

以上两种格式都不能删除字段，也不能更改字段名，所有修改是在字段一级。而第 3 种格式正是在这些方面对前两种格式的补充。

格式 3：

```
ALTER TABLE <表名> [DROP [COLUMN] <字段名>]
[ADD PRIMARY KEY <表达式> TAG <索引标记名>]
[DROP PRIMARY KEY]
[RENAME COLUMN <原字段名> TO <新字段名>]
```

该格式主要用于删除字段、修改字段名、添加和删除主索引等。

**例 4-46** 删除 book 表内容简介字段。

```
ALTER TABLE book DROP COLUMN 内容简介
```

**例 4-47** 将 book 表数量字段名改为购置数量。

```
ALTER TABLE book RENAME COLUMN 数量 TO 购置数量
```

## 4.4.5 创建视图

SQL 中支持视图定义，创建视图的命令格式是：

```
CREATE VIEW <视图名> AS <SELECT 查询>
```

**例 4-48** 创建一个视图 VIEW1，在该视图中显示购置日期在 1998 年以后的图书信息。

```
CREATE VIEW VIEW1 AS SELECT * FROM book WHERE 购置日期>{^1998-12-31}
```

**例 4-49** 创建视图 VIEW2，视图中包括客户编号、图书编号、图书名称、租借日期和日租金信息。

```
CREATE VIEW VIEW2 AS;
SELECT 客户编号,book.图书编号,图书名称,租借日期,日租金 FROM book,rent;
WHERE book.图书编号=rent.图书编号
```

例 4-48 是一个由单个表派生出的视图，例 4-49 是由多个表派生出的视图。

视图定义后，用户就可以像对基本表一样对视图进行查询，也可以通过视图对数据进行更新，但并不是所有的视图都可以更新数据，读者可参阅其他书籍中有关视图查询和更新的知识。

视图可以被删除，删除视图的命令为

```
DROP VIEW <视图名>
```

例如，删除视图 VIEW2 的命令为

```
DROP VIEW VIEW2
```

# 小　结

本章以 Visual FoxPro 为基础，介绍 SQL 的基本概念及应用，内容如下。

- SQL 数据查询命令 SELECT。
- 数据操纵命令 INSERT、UPDATE 和 DELETE。
- 数据定义命令 CREATE、DROP 和 ALTER。

SQL 是一种高度非过程化语言，它没有必要一步步地告诉计算机"如何"去做，而只需要描述清楚用户要"做什么"，SQL 就可以将要求交给系统，自动完成全部工作。另外，SQL 的语法也非常简单，它很接近英语自然语言，因此容易学习和掌握。

在下一部分，我们将学习程序设计，以便开发学生管理系统。在学习程序设计之前，需要先学习程序设计中的基础知识——数据与数据运算，这也是 Visual FoxPro 的基础知识，包括数据类型、常量、变量、表达式和函数几部分内容。

# 思考与练习

### 一、问答题

1. SQL 的含义和特点是什么？
2. SQL 数据查询的格式和功能是什么？简述各短语与查询设计器选项卡的对应关系。
3. SQL 数据定义的格式和功能是什么？简述各短语与表设计器各选项的对应关系。
4. SQL 数据修改的格式和功能是什么？与对应的 Visual FoxPro 命令的区别是什么？
5. SQL 条件表达式中的特殊运算符有哪些？与其等价的 Visual FoxPro 表达式是什么？

### 二、选择题

1. 下列说法中正确的是（　　）。
   A. SQL 不可以直接以命令方式交互使用，只能嵌入到程序设计语言中以程序方式使用
   B. SQL 只能直接以命令方式交互使用，不能嵌入到程序设计语言中以程序方式使用
   C. SQL 既不可以直接以命令方式交互使用，也不可以嵌入到程序设计语言中以程序方式使用，是在一种特殊的环境下使用的语言
   D. SQL 可以直接以命令方式交互使用，也可以嵌入到程序设计语言中以程序方式使用
2. SQL 具有（　　）的功能。
   A. 关系规范化、数据操纵、数据控制、数据定义
   B. 数据定义、数据操纵、数据查询、数据控制
   C. 数据定义、关系规范化、数据控制、数据操纵
   D. 数据定义、关系规范化、数据操纵、数据查询
3. SQL 的核心功能是（　　）。
   A. 数据查询　　　B. 数据修改　　　C. 数据定义　　　D. 数据控制

4. SELECT 命令中的 JOIN 短语用于建立表之间的联系，连接应出现在（　　）短语中。

    A. WHERE　　　　　B. ON　　　　　C. HAVING　　　　D. IN

5. SQL 语句中删除表中数据的语句是（　　　）

    A. DROP　　　　　B. ERASE　　　　C. CANCEL　　　D. DELETE

6. 用 SQL 语句建立表时为属性定义主关键字，应在 SQL 语句中使用短语（　　　）。

    A. DEFAULT　　　　　　　　　　B. PRIMARY KEY

    C. CHECK　　　　　　　　　　　D. UNIQUE

7. SQL 语句中条件短语的关键字是（　　　）。

    A. WHERE　　　　　B. FOR　　　　C. WHILE　　　D. CONDITION

8. 在 SQL 中，字符串匹配运算符是（　　　）。

    A. LIKE　　　　　B. AND　　　　C. IN　　　　D. =

9. 在 SQL 中，将查询结果放在数组中应使用（　　　）短语。

    A. INTO CURSOR　　　　　　　　B. TO ARRAY

    C. INTO TABLE　　　　　　　　　D. INTO ARRAY

10. SQL 实现分组查询的短语是（　　　）。

    A. ORDER BY　　B. GROUP BY　　C. HAVING　　D. ASC

11. 向表中插入数据的 SQL 命令是（　　　）。

    A. INSERT　　　　　　　　　　　B. INSERT INTO

    C. INSERT BLANK　　　　　　　　D. INSERT BEFORE

12. 在 SQL 中，HAVING 短语不能单独使用，必须接在（　　　）短语之后。

    A. ORDER BY　　B. FROM　　　C. WHERE　　D. GROUP BY

13. SQL 语句中的短语（　　　）。

    A. 必须是大写的字母　　　　　　B. 必须是小写的字母

    C. 大小写字母均可　　　　　　　D. 大小写字母不能混合使用

14. 用于更新表中数据的 SQL 命令是（　　　）。

    A. UPDATE　　B. REPLACE　　C. DROP　　D. ALTER

15. SQL 的数据操作命令不包括（　　　）。

    A. INSERT　　　B. DELETE　　C. UPDATE　　D. CHANGE

16. "UPDATE student SET 年龄=年龄+1" 命令的功能是（　　　）。

    A. 将 student 表中的所有学生的年龄变为 1 岁

    B. 给 student 表中的所有学生的年龄加 1 岁

    C. 给 student 表中当前记录的学生的年龄加 1 岁

    D. 将 student 表中当前记录的学生的年龄变为 1 岁

17. "DELETE FROM S WHERE 年龄>60" 语句的功能是（　　　）。

    A. 从 S 表中彻底删除年龄大于 60 岁的记录

    B. S 表中年龄大于 60 岁的记录被加上删除标记

    C. 删除 S 表

    D. 删除 S 表的年龄列

三、填空题

1. SQL 可以对两种基本数据进行操作，分别是_____和_____。

2. SQL SELECT 语句为了将查询结果存放到临时表中应该使用_____短语。

3. 在 CREATE TABLE 命令中添加 FREE 短语，表示建立的表是一个_____。

4. 用 SQL CREATE 命令新建的表自动在最小可用工作区中打开，并可以通过别名引用，新表打开方式为_____。

5. 在 SQL 中，修改表的结构的命令是_____。

**四、操作题**

1. 基于 student 表、course 表和 score 表，利用 SQL 语句，完成下列查询。

（1）查询 1990 年以前出生的学生信息。

（2）查询"会计"专业的所有学生的姓名和年龄。

**提示：** 使用短语 YEAR(DATE())-YEAR(出生日期)  AS  年龄

（3）查询成绩在 70~90 分的学生的学号（不重复）。

（4）查询姓"张"和姓"赵"的学生信息。

（5）查询统计 student 表中各专业的学生人数。

（6）查询 student 学生表中助学金在 1000 元以下的学生基本信息，并将查询的结果按助学金降序排序，按性别升序排序。

（7）查询选修了"VFP 程序设计"课程的学生的学号、课程号、成绩和学分。

（8）查询 student 表中男女生人数、平均助学金（显示：性别、人数，平均助学金）。

**提示：** 使用短语 AVG（助学金）  AS 平均助学金  GROUP  BY 性别

（9）查询选修课程的学生的学号、姓名、课程号、课程名、成绩，并将结果保存在 temp1 表中。

（10）查询未选课学生的学号和姓名，将结果保存在临时表 temp2 中。

**提示：** 使用短语 WHERE  学号  NOT IN（SELE  DIST 学号 FROM score）

（11）查询助学金低于平均助学金的学生信息。

**提示：** 使用短语 WHERE  助学金<（SELE  AVG(助学金)  FROM student）

（12）查询选修了某门课程（如 C02）的学生中成绩最高的学生的姓名，成绩。

2. 利用第 2 章建立的"成绩管理"数据库，使用 SQL 语句完成下列操作。

（1）用 CREATE TABLE  命令在"成绩管理"数据库中建立 teacher 表，结构如下：

编号 C(8)，姓名 C(10)，性别 C(2)，出生日期 D，职称 C(10)，基本工资 N(8,2)，是否党员 L。

（2）用 ALTER 命令将 teacher 表中的"是否党员"字段名修改为"党员"。

（3）用 ALTER 命令删除 teacher 表中的"出生日期"字段。

（4）用 ALTER 命令在 teacher 表中增加一个"参加工作时间 D"字段。

（5）用 ALTER 命令设置 teacher 表中"基本工资"字段的有效性规则：基本工资在 1000~10000 之间，提示信息为"基本工资必须在 1000~10000 之间"。

**提示：** 使用短语 SET 基本工资>=1000  AND 基本工资<=10000 ERROR [基本工资必须在 1000-10000 之间]

（6）用 ALTER 命令删除 teacher 表中"基本工资"字段的有效性规则。

（7）用 INSER INTO 命令在 teacher 表中插入 2 条记录，字段值自定。

（8）用 DELETE FROM 命令删除 teacher 表中的非党员记录。

（9）用 UPDATE 命令将 teacher 表中教授的基本工资增加 2000 元。

# 第5章
# 数据与数据运算

数据是计算机加工处理的对象，Visual FoxPro 数据的表现形式有常量、变量、表达式和函数 4 种类型。常量和变量是数据的基本表现形式，表达式和函数体现了语言对数据进行处理的能力。本章为程序设计打下基础，介绍 Visual FoxPro 的数据和数据运算方面的知识。

## 5.1 数 据 类 型

数据记录了现实世界中客观事物的属性，它包括两个方面：数据内容与数据形式。数据内容就是数据的值，数据形式就是数据的存储形式和运算方式，也称为数据类型。Visual FoxPro 中常用的数据类型有字符型、数值型、货币型、日期型、日期时间型和逻辑型 6 种，另外还有备注型、通用型、双精度型、整型等，这几种数据类型只适用于表中的字段。

### 1. 字符型

字符型（Character）数据是不能进行算术运算的文字数据类型，用字母 C 表示。字符型数据包括中文字符、英文字符、数字字符和其他 ASCII 字符，其长度（即字符个数）范围是 0 ~ 254 个字符。

### 2. 数值型

数值型（Numeric）数据是表示数量并可以进行算术运算的数据类型，用字母 N 表示。数值型数据由数字、小数点和正负号组成。数值型数据在内存中占用 8 个字节。

在 Visual FoxPro 中，具有数值特征的数据类型还有整型（Integer）、浮点型（Float）和双精度型（Double），这 3 种数据类型只能用于字段变量。

### 3. 货币型

货币型（Currency）数据是为存储货币值而使用的一种数据类型，它默认保留 4 位小数，占用 8 个字节存储空间。货币型数据用字母 Y 表示，书写时数据前面要加上一个前置的符号"$"。

### 4. 日期型

日期型（Date）数据是表示日期的数据，用字母 D 表示。日期型数据占用 8 个字节存储空间。日期型数据的显示格式有多种，它受系统日期格式设置的影响。

### 5. 日期时间型

日期时间型（DateTime）数据是表示日期和时间的数据，用字母 T 表示。日期时间型数据也占用 8 个字节存储空间。

**6．逻辑型**

逻辑型（Logic）数据用于存储表示逻辑真值（.T.）和逻辑假值（.F.）的数据，逻辑型只有真和假两种结果，长度固定为 1 个字节。

# 5.2　常量与变量的应用

在 Visual FoxPro 中，常量与变量是两种基本的数据表现形式，是程序设计的基本元素。常量是在程序运行过程中保持不变的数据，它区别于变量，变量是在程序运行过程中可以发生改变的数据。

## 5.2.1　常量的应用

常量是一个具体的、不变的值。Visual FoxPro 按常量取值的数据类型，将常量分为以下 6 种类型。

**1．字符型常量**

字符型常量是用定界符括起来的一串字符。在 Visual FoxPro 中，定界符包括半角单引号、双引号和方括号 3 种。

例如，'ABCDE'、"中国"、[123]都是字符常量。

**2．数值型常量**

数值型常量就是平时所讲的常数，由数字、小数点和正负号组成。例如，12，–3.14 都是数值型常量。

为了表示很大或很小的数值型常量，可以使用科学计数法来表示。例如，6.23E-12 表示 $6.23 \times 10^{-12}$。

**3．货币型常量**

货币型常量在存储和计算时采用 4 位小数，并且没有科学计数法表示。例如，$124.56 是一个货币型常量。

**4．日期型常量**

日期型常量的定界符是一对花括号，花括号内包括年、月、日 3 部分内容，各部分之间用分隔符分隔。分隔符可以是斜杠（/）、连字符（-）、句点（.）、空格等。

日期型常量的格式有以下两种。

（1）传统的日期型格式为{mm/dd/yy}。这种格式的日期受到命令语句 SET DATE TO 设置的影响。如果要使用系统默认的日期格式，需要先执行命令 SET STRICTDATE TO 0，此命令的功能是忽略严格的日期格式检查。

（2）严格的日期格式是{^yyyy/mm/dd}。这种格式能准确表达一个日期，它不受 SET DATE TO 命令的影响。

日期格式的设置还与下面的命令有关。

● SET MARK TO [日期分隔符]

设置显示日期型数据时使用的分隔符，如 "-"、"/"、"." 等。

● SET DATE TO [日期格式]

设置日期的显示格式，如 "YMD" 表示年月日格式，"AMERICAN" 表示美国标准格式等。

● SET CENTURY ON/OFF

选项为 ON 时，日期型数据显示 4 位年份；选项为 OFF 时，显示 2 位年份。

**例 5-1**　影响日期格式的命令。

命令和结果如图 5-1 所示。

图 5-1　影响日期格式的命令示例

#### 5. 日期时间型常量

日期时间型常量包括日期和时间两部分内容，格式是：{<日期>,<时间>}，日期和时间中间也可以用空格分隔。

例如，{^2012-10-2,11:27A}、{^2012-10-22 1:27:35P}分别表示 2012 年 10 月 2 日上午 11 点 27 分和 2012 年 10 月 22 日下午 1 点 27 分 35 秒。

#### 6. 逻辑型常量

逻辑型常量表示逻辑判断的结果，只有"真"和"假"两种值。在 Visual FoxPro 中，逻辑真用.T.、.Y.、.t.或.y.表示，逻辑假用.F.、.N.、.f.或.n.表示。注意字母前后的圆点一定不能缺少。

## 5.2.2　变量的应用

变量是在操作过程中其值可以改变的数据对象。在 Visual FoxPro 中，变量分为字段变量和内存变量两类。

#### 1. 字段变量

字段变量就是表中的字段名，它是表中最基本的数据单元。字段变量的命名、类型、长度是在定义表结构时完成的，字段变量的值就是表中当前记录（记录指针所指的记录）对应的字段的值。

#### 2. 内存变量

内存变量是内存中的存储单元，可以用来保存程序运行时的中间结果，当退出 Visual FoxPro 系统后，内存变量将自动从内存中清除。内存变量的类型包括数值型、字符型、货币型、逻辑型、日期型和日期时间型 6 种。

每个内存变量都有一个标识，称为内存变量名，可以通过内存变量名来访问内存变量的值。内存变量的命名由汉字、字母、数字和下画线组成，并由汉字、字母和下画线开头。

在 Visual FoxPro 中使用内存变量时，如果当前表中存在一个同名的字段变量，则在访问内存变量时，必须在内存变量名前加前缀 M.（或 M->），否则系统将访问同名的字段变量。

```
例如：姓名="Rose"              &&姓名为内存变量
     ?姓名                     &&显示结果为：Rose
     use student              &&打开 student 表，并指向第 4 条记录
     go 4
     ?姓名                     &&此时显示的是表中第 4 条记录的姓名：赵小红
     ?姓名,m.姓名               &&显示结果为：赵小红  Rose
```

在该命令段中最后一条语句中，变量<姓名>显示的是表中的数据"赵小红"，变量<m.姓名>显示的是内存中的数据"Rose"。

### 3. 内存变量的操作

（1）内存变量的赋值

格式 1：STORE <表达式> TO <变量名表>

格式 2：<内存变量名>=<表达式>

功能：计算表达式的值并将表达式的值赋给内存变量，格式 1 可以一次给多个内存变量赋值，格式 2 一次只可以给一个内存变量赋值。

例如，下面是 3 个赋值语句：

```
STORE 36+22 TO a1,a2
x=36+22
y=58
```

（2）内存变量的显示

格式：?|?? <内存变量名>

功能：显示内存变量的值，命令?在下一行的起始处输出变量值，??在当前行的光标处直接输出变量值。

显示内存变量的命令还有 LIST|DISPLAY MEMORY，用于显示内存中的全部内存变量。

（3）内存变量的清除

格式 1：CLEAR MEMORY

格式 2：RELEASE <内存变量名表>

格式 1 清除所有内存变量，格式 2 清除指定的内存变量。

例如：
```
RELEASE a1,a2          &&清除内存变量 a1,a2，其他内存变量保留
CLEAR MEMORY           &&清除系统中用户定义的全部内存变量
```

这里，&&是命令行注释语句，用于解释前面命令的功能。

### 4. 数组

数组是一种特殊的内在变量，是一组变量的集合。数组中的每一个变量称为一个数组元素，即每个数组由若干数组元素组成，每个数组元素相当于一个简单内存变量，这些元素可以具有不同的数据类型。数组元素通过数组名和代表数组元素的顺序号来访问，顺序号称为下标。

（1）数组的创建

数组在使用之前必须要通过 DIMENSION 或 DECLARE 命令来创建。在 Visual FoxPro 中，可以创建只有一个下标的一维数组，或有两个下标的二维数组。创建后的数组各元素数据类型可以不同，默认的每个元素的值都是.F.，数组下标的起始值为 1。

创建数组的命令格式如下。

格式 1：DIMENSION <数组名>（<下标 1>[, <下标 2>]）

格式 2：DECLARE    <数组名>（<下标 1>[, <下标 2>]）

以上两个命令功能完全相同。数组创建后，Visual FoxPro 系统自动给每个数组元素赋以逻辑假.F.。

例如，创建一个具有 6 个元素的一维数组：

```
DIMENSION aa(6)
```

aa 数组创建完成后，用户可以使用 aa(1)，aa(2)，aa(3)，aa(4)，aa(5)，aa(6)共 6 个内存变量单元存取数据，即 6 个数组元素，每个元素的默认值都是.F.。

（2）数组的操作

**例 5-2**　在命令窗口中完成下列操作，创建二维数组并赋值。

```
DIMENSION    bb(2,3)              &&创建二维数组，包含 6 个元素
                                 &&bb(1,1),bb(1,2),bb(1,3),bb(2,1),bb(2,2),bb(2,3)
bb(1,1)=100                       &&以下 3 行为数组元素赋值
bb(2,1)={^2013-9-9}
STORE [abc] to bb(2,2),bb(2,3)
?bb(1,1),bb(1,2),bb(1,3),bb(2,1),bb(2,2),bb(2,3)      &&显示数组元素值
```

显示结果是：100  .F.  .F.  09/09/13  abc  abc

（3）表与数组之间的数据传递

数据表中的数据是以记录的方式存储和使用的，数组是把一组数据组织在一起的数据处理方法。在实际应用中，经常需要在表和数据之间进行数据传递，这就需要使用 SCATTER 和 GATHER 命令。

格式：

```
SCATTER TO <数组名>
GATHER FROM <数组名>
```

其中，**SCATTER TO <数组名>**命令将当前记录的内容复制到数组中，如果数组不存在，直接创建数组；**GATHER FROM <数组名>**命令将数组中的数据写入到表的当前记录中。

例如，有如下程序段：

```
CLEAR
USE score
GO 2
SCATTER TO array1
array1(3)=0
GATHER FROM array1
```

程序段的功能是将 score 表中的第 2 条记录的内容传递到数组 array1 中，修改数组 array1 的第 3 个元素的值为 0 后，再将数组传递回第 2 条记录。这个程序段的功能实际上相当于修改了表的内容。

① 在 Visual FoxPro 中，任意使用简单内存变量的地方，均可以使用数组元素。
② 若对数组名赋值，表示将同一个值赋给数组的全部元素，这称为数组的初始化。
③ 数组名不能与简单变量名重复。
④ 对二维数组赋值时，经常用二重循环来实现。

# 5.3　表达式的应用

将常量、变量和函数用运算符连接起来的式子称为表达式。根据运算符和运算对象的数据类型不同，表达式可以分为算术表达式、字符表达式、日期和日期时间表达式、关系表达式、逻辑表达式等。

## 5.3.1　算术表达式的应用

用算术运算符将数值型数据连接起来的式子叫算术表达式，算术表达式的运算结果是数值型

常数。

算术运算符的优先级顺序和一般算术规则相同,算术运算符含义及表达式的实例如表 5-1 所示。

表 5-1 算术运算符及实例

| 运 算 符 | 功 能 | 优 先 级 | 表达式实例 | 表 达 式 值 |
|---|---|---|---|---|
| **, ^ | 乘方运算 | 1 | 2**4, 2.2^2 | 16, 4.84 |
| *, / | 乘,除运算 | 2 | 36*4/9 | 16 |
| % | 求余运算 | 2 | 27%6 | 3 |
| +, − | 加,减运算 | 3 | 3−6+2.34 | −0.66 |

## 5.3.2 字符表达式的应用

字符表达式是用字符运算符将字符型数据连接起来的式子。字符表达式包括连接和包含两类运算,运算结果是字符型常量或逻辑型常量。

字符型的连接运算包括 "+" 和 "−" 两个运算符,其优先级相同;包含运算符 "$",它的作用是比较两个字符串,判断前面的字符串是否被后面的字符串包含,返回一个逻辑值。字符运算符含义及表达式的实例如表 5-2 所示。

表 5-2 字符运算符及实例

| 运 算 符 | 功 能 | 表达式实例 | 表 达 式 值 |
|---|---|---|---|
| + | 连接前后两个字符型串形成一个新的字符串 | [abc   ]+[def] | [abc   def] |
| − | 连接前后两个字符串,并将前面字符串的尾部空格移到合并后的新字符串尾部 | [abc   ]−[def] | [abcdef   ] |
| $ | 判断前一字符串是否被后一字符串所包含 | [abc]$[abcd], [abcd]$[abc] | .T., .F. |

## 5.3.3 日期和日期时间表达式的应用

日期和日期时间表达式是指包含日期或日期时间型数据和日期运算符的表达式。日期时间表达式运算的结果是日期时间型常数或数值型常数,其运算符包括 "+" 和 "−" 两种。

日期和日期时间运算符及表达式的实例如表 5-3 所示。

表 5-3 日期和时间运算符及表达式的实例

| 运 算 符 | 功 能 | 表达式实例 | 表 达 式 值 |
|---|---|---|---|
| + | 加 | {^2011-10-1}−365<br>{^2013-10-1 8:08:10}+120 | {^2010-10-1}<br>{^2013-10-1 8:10:10} |
| − | 减 | {^2011-12-1}−{^2010-12-1}<br>{^2013-12-1 8:10:10}−{^2013-12-1 8:7} | 365<br>190 |

日期运算符中<日期>+<天数>运算结果,是在已给的日期再加上天数,得到新的日期。

日期运算符中<日期>−<日期>运算结果,是计算已给的两个日期相差的天数。

日期时间运算符中<日期时间>+<秒数>运算结果,是在已给的日期时间再加上秒数,得到新的日期时间。

日期时间运算符中<日期时间>−<日期时间>运算结果,是计算已给的两个日期时间相差的秒数。

两个日期型数据或日期时间型数据不能相加。

## 5.3.4　关系表达式的应用

关系表达式是由关系运算符将两个同类型的数据连接起来的式子。关系表达式表示两个量之间的比较，运算结果是逻辑型常数。

相同类型的数据都可以进行比较，比较规则如下。

- 数值型和货币型数据按照其数值的大小进行比较。
- 日期和日期时间型数据比较时，越早的日期或时间越小，越晚的日期或时间越大。
- 逻辑型数据比较时，.T.比.F.大。
- 字符型数据比较大小时，和 Visual FoxPro 的环境设置有关，可以根据需要设置排序顺序。

关系运算符及表达式的实例如表 5-4 所示。

表 5-4　　　　　　　　　　　　　关系运算符及表达式实例

| 运　算　符 | 功　　能 | 表达式实例 | 表 达 式 值 |
| --- | --- | --- | --- |
| >, >= | 大于，大于等于 | 8*2>=20 | .F. |
| <, <= | 小于，小于等于 | {^2013-7-1}<{^1999-8-1} | .F. |
| <>, #, != | 不等于 | 4**2<>18 | .T. |
| = | 等于 | .T.=.F. | .F. |
| == | 字符串精确比较 | [AB]==[ABC] | .F. |

关系运算符中，运算符"=="和"="在进行字符串比较时有所区别，其他情况下含义相同。

在用"=="运算符比较两个字符串时，只有当两个字符串完全相同（包括空格及字符的位置）时，运算结果才会是逻辑真.T.，否则为逻辑假.F.。

在用"="运算符比较两个字符串时，运算结果与 SET EXACT ON|OFF 的设置有关，该命令是设置是否精确匹配的开关。

系统默认为 OFF 状态。当处于 OFF 状态时，只要"="右边的字符串与"="左边字符串的前面部分内容相匹配，即可得到逻辑真.T.的结果。

当处于 ON 状态时，先在较短字符串的尾部加上若干个空格，使两个字符串的长度相等，然后再进行比较，比较到两个字符串全部结束。

例如：s1="abc"
　　　s2="abc　"
　　　?s1=s2　　　　　　　&&系统默认为 SET EXACT OFF 状态，结果：.F.
　　　?s2=s1　　　　　　　&&结果：.T.
　　　SET EXACT ON
　　　?s1=s2　　　　　　　&&填充空格后再比较，结果：.T.
　　　?s2=s1　　　　　　　&&同上

## 5.3.5　逻辑表达式的应用

### 1. 逻辑表达式

逻辑表达式是由逻辑运算符将逻辑型数据连接起来的式子，运算结果是逻辑型常数。

逻辑运算符包括：.NOT.、.AND.和.OR.3 种，各种逻辑运算符及表达式的实例如表 5-5 所示。

表 5-5                                               逻辑运算符及表达式的实例

| 运 算 符 | 功 能 | 优 先 级 | 表达式实例 | 表 达 式 值 |
|---|---|---|---|---|
| .NOT. | 逻辑非 | 1 | .NOT. 24<>23 | .F. |
| .AND. | 逻辑与 | 2 | 3*5=16 .AND. .T. | .F. |
| .OR. | 逻辑或 | 3 | {^2009-9-9}<DATE() .OR. .F. | .T. |

在表 5-5 中，逻辑非运算符（.NOT.）是单目运算符，只作用于后面的一个关系（逻辑）表达式。逻辑与（.AND.）与逻辑或（.OR.）是双目运算符，用于连接两个关系（逻辑）表达式。逻辑运算符的运算规则如下。

- 对于.NOT.运算，若表达式为真，则返回假；反之，若表达式为假，则返回真。
- 对于.AND.运算，只有两个表达式值同时为真，逻辑表达式值才为真，只要其中一个为假，则逻辑表达式值为假。
- 对于.OR.运算，两个表达式中只要有一个为真，逻辑表达式值即为真，只有两个表达式值均为假时，逻辑表达式值才为假。

**2．逻辑表达式的应用**

在逻辑表达式中，可以出现不同类型的运算符，它们的运算优先顺序为：先执行算术运算、字符串运算和日期时间运算，其次执行关系运算，最后执行逻辑运算。

**例 5-3**　不同类型运算符组成的表达式示例。

```
?21>4**2 AND {^2011-1-1}<{^2012-1-1} OR .T.<.F. AND .T.
.T.
?((21%4)=1) AND 3%2^4=3 OR [计算机]!=[计 算机]
.T.
```

**例 5-4**　学生表结构如下：学生（学号 C（5），姓名 C（10），性别 C（2），出生日期 D，助学金 N（6，1））。

写出如下表达式。

（1）性别为"男"的出生日期在 1990 年以前的学生。

```
性别=[男] AND 出生日期<{^1990-1-1}
```

（2）年龄小于 20 的或性别为"女"的学生。

```
YEAR(DATE())-YEAR(出生日期)<20 OR 性别=[女]
```

# 5.4　函数的应用

函数是实现特定运算的操作，它通过函数调用或出现在表达式中，函数的运算结果称为返回值。函数调用的形式为

```
函数名（[参数列表]）
```

函数名不区别大小写，本书为了规范，函数名采用了大写的写法。Visual FoxPro 提供了大量函数供用户使用，大致可以把函数分为数值函数、字符函数、日期和时间函数、数据类型转换函数和测试函数 5 大类。下面分类介绍一些常用函数的使用。

## 5.4.1　数值函数的应用

数值函数是指函数返回值为数值的一类函数。

### 1. 绝对值函数

格式：ABS（<数值型表达式>）

功能：求数值型表达式的绝对值。函数值为数值型。

### 2. 平方根函数

格式：SQRT（<数值型表达式>）

功能：求数值型表达式的算术平方根，数值型表达式的值应不小于零。函数值为数值型。

### 3. 符号函数

格式：SIGN（<数值型表达式>）

功能：用于计算一个数值表达式的符号。当表达式的结果为正数、负数和零时，分别返回 1、
−1 和 0。

例 5-5　　x=-20.25
```
?SQRT(ABS(x)),SIGN(x),SIGN(-x)
4.50  -1  1
```

### 4. 指数函数

格式：EXP（<数值型表达式>）

功能：将数值型表达式的值作为指数 x，求出 $e^x$ 的值。函数值为数值型。

### 5. 对数函数

格式：LOG（<数值型表达式>）

　　　　LOG10（<数值型表达式>）

功能：LOG 求数值型表达式的自然对数；

　　　　LOG10 求数值型表达式的常用对数。

数值型表达式的值必须大于零。函数值为数值型。

例 5-6　　xx=2.718
```
yy=100
xx1=LOG(xx)
yy1=LOG10(YY)
zz1=EXP(1)
?xx1,yy1,zz1
1.000  2.00  2.72
```

### 6. 取整函数

格式：INT（<数值型表达式>）

　　　　CEILING（<数值型表达式>）

　　　　FLOOR（<数值型表达式>）

功能：INT（）取数值型表达式的整数部分；

CEILING（）取大于或等于指定数值型表达式的最小整数；

FLOOR（）取小于或等于指定数值型表达式的最大整数。函数值均为数值型。

例 5-7　　x=-3.725
```
?INT(x),CEILING(x),CEILING(-x),FLOOR(x),FLOOR(-x)
-3  -3  4  -4  3
```

**7. 求余数函数**

格式：MOD（<数值型表达式 1>，<数值型表达式 2>）

功能：求<数值型表达式 1>除以<数值型表达式 2>所得出的余数，所得余数的符号和表达式 2 相同。如果被除数与除数同号，那么函数值即为两数相除的余数。如果被除数与除数异号，则函数值为两数相除的余数再加上除数的值。函数值为数值型。

**例 5-8**　?MOD(25,8),MOD(-25, -8),MOD(25, -8),MOD(-25,8)
```
1  -1  -7  7
```

**8. 四舍五入函数**

格式：ROUND（<数值型表达式 1>，<数值型表达式 2>）

功能：对<数值型表达式>求值并保留 $n$ 位小数，从 $n+1$ 位小数起进行四舍五入。$n$ 的值由数值型表达式 2 确定。若 $n$ 小于 0，则对<数值型表达式 1>的整数部分按 $n$ 的绝对值进行四舍五入。

**例 5-9**　?ROUND(-2.26*2,1),ROUND(156.78, -1)
```
-4.5  160
```

**9. 求最大值和最小值函数**

格式：MAX（<表达式 1>，<表达式 2>，…，<表达式 $n$>）
　　　MIN（<表达式 1>，<表达式 2>，…，<表达式 $n$>）

功能：MAX（ ）求 $n$ 个表达式中的最大值；
　　　MIN（ ）求 $n$ 个表达式中的最小值。

表达式的类型可以是数值型、字符型、货币型、浮点型、双精度型、日期型和日期时间型，但所有表达式的类型应相同。函数值的类型与自变量的类型一致。

**例 5-10**　?MAX({^2012-12-23},{^2009-9-9},{^2009-9-9}+366)
```
12/23/12
? MIN({^2012-12-23},{^2009-8-19},{^2009-8-19}+366)
08/19/09
? MIN([汽车],[飞机],[轮船]),MAX([2],[12],[05])
飞机 2
```

**10. π 函数**

格式：PI（ ）

功能：返回圆周率的近似值。

## 5.4.2　字符函数的应用

字符函数是用于对字符或字符串操作的函数，返回值可以是字符型、数值型或逻辑型等。

**1. 求字符串长度函数**

格式：LEN（<字符型表达式>）

功能：求字符串的长度，即所包含的字符个数。若是空串，则返回值为零，函数值为数值型。

**2. 大小写字母转换函数**

格式：LOWER（<字符型表达式>）
　　　UPPER（<字符型表达式>）

功能：LOWER（ ）将字符串中的大写字母转换成小写字母；
　　　UPPER（ ）将字符串中的小写字母转换成大写字母。

**例 5-11**　s1=[中国 大连]
```
        s2=[China]
        ?LEN(s1),LOWER(s2),UPPER(s2)
        9  china  CHINA
```

### 3. 求子串位置函数

格式：AT（<字符型表达式 1>，<字符型表达式 2>）

　　　ATC（<字符型表达式 1>，<字符型表达式 2>）

功能：若<字符型表达式 1>是<字符型表达式 2>的子串，则给出<字符型表达式 1>在<字符型表达式 2）中的开始位置；若不存在，函数值为 0。

函数返回值为数值型，ATC()函数在子串比较时不区分字母大小写。

**例 5-12**　filename=[myprogram.prg]
```
?AT([program],filename),AT([FOX],[Visual FoxPro]), ATC([FOX],[Visual FoxPro])
 3   0   8
```

### 4. 取子串函数

格式：LEFT（<字符型表达式>，<长度>）

　　　RIGHT（<字符型表达式>，<长度>）

　　　SUBSTR（<字符型表达式>，<起始位置>，[，<长度>]）

功能：LEFT（）函数从字符型表达式左边的第一个字符开始截取指定长度子串；

　　　RIGHT（）函数从字符型表达式右边的第一个字符开始截取指定长度子串；

　　　SUBSTR（）函数从指定字符表达式的起始位置取指定长度的子串作为函数值。若长度省略，则从起始位置起，一直取到字符串尾的字符串作为函数值。

若起始位置或长度为 0，则函数值为空串。显然 SUBSTR()函数可以代替 LEFT()函数和 RIGHT()函数。

**例 5-13**
```
STORE [Visual FoxPro] TO s1
s2=LEFT(s1,6)              &&结果：Visual
s3=RIGHT(s1,6)            &&结果：FoxPro
s4=SUBSTR(s1,8)           &&结果：FoxPro
s5=SUBSTR(s1,8,3)         &&结果：Fox
?s1,s2,s3,s4,s5
Visual FoxPro Visual FoxPro FoxPro Fox
```

### 5. 删除字符串前后空格函数

格式：LTRIM（<字符型表达式>）

　　　RTRIM（<字符型表达式>）

　　　ALLTRIM（<字符型表达式>）

功能：LTRIM（）删除字符串的前导空格；

　　　RTRIM（）删除字符串的尾部空格，RTRIM 也可写成 TRIM；

　　　ALLTRIM（）删除字符串中的前导和尾部空格。ALLTRIM 函数兼有 LTRIM 和 RTRIM 函数的功能。

### 6. 生成空格函数

格式：SPACE（<数值型表达式>）

功能：生成若干个空格，空格的个数由数值型表达式的值决定。

**例 5-14**
```
        STORE [National ] TO s1
        STORE [ Examination] TO s2
        ?s1+s2,RTRIM(s1)+LTRIM(s2)
        National  Examination   NationalExamination
        ?LEN(s1+s2),LEN(RTRIM(s1)+LTRIM(s2))
        21  19
        STORE [National] TO t1
        STORE [Examination] TO t2
        ?t1+t2,t1+SPACE(8)+t2
        NationalExamination  National        Examination
```

### 7. 字符串替换函数

格式：STUFF（<字符型表达式 1>，<起始位置>，<长度>，<字符型表达式 2>）

功能：用<字符型表达式 2>去替换<字符型表达式 1>中由起始位置开始指定长度的若干个字符。如果字符型表达式 2 的值是空串，则字符型表达式 1 中由起始位置开始所指定的若干个字符被删除。

### 8. 产生重复字符函数

格式：REPLICATE（<字符型表达式>，<数值型表达式>）

功能：重复给定字符串若干次，次数由数值型表达式给定。

**例 5-15**
```
        ?STUFF([abcdefg],4,3,[1234567])
        abc1234567g
        ?REPLICATE([-*-],4)
        -*--*--*--*-
```

### 9. 宏代换函数

格式：&<字符型内存变量>

功能：用内存变量的内容替换宏代换所在的位置。

**例 5-16**
```
        STORE [student] TO filename
        USE filename      &&打开文件 filename.dbf，若文件不存在，系统将提示。
        USE &filename     &&用 filename 变量的内容代替宏代换所在的位置，拟打开
                          &&文件 student.dbf。
        BROWSE
```

**例 5-17**
```
        m=225
        n=231
        k=[m+n]
        ?k,&k
        m+n  456
```

## 5.4.3  日期和时间函数的应用

日期和时间函数是处理日期型或日期时间型数据的函数。

### 1. 系统日期和时间函数

格式：DATE（）

TIME（）

DATETIME（）

功能：DATE（）函数返回当前的系统日期，函数值为日期型；

TIME（）函数返回当前的系统时间，形式为 hh：mm：ss，函数值为字符型；

DATETIME（）函数给出当前的系统日期和时间，函数值为日期时间型。

**2. 求年份、月份和天数函数**

格式：YEAR（<日期型表达式>|<日期时间型表达式>）

　　　MONTH（<日期型表达式>|<日期时间型表达式>）

　　　DAY（<日期型表达式>|<日期时间型表达式>）

功能：YEAR（）函数返回日期型表达式或日期时间型表达式所对应的年份值；

　　　MONTH（）函数返回日期型表达式或日期时间型表达式所对应的月份，月份以数值 1～

12 来表示；

　　　DAY（）函数返回日期型表达式或日期时间型表达式所对应月份里面的天数。

这 3 个函数的返回值都是数值型。

**3. 求时、分和秒函数**

格式：HOUR（<日期时间型表达式>）

　　　MINUTE（<日期时间型表达式>）

　　　SEC（<日期时间型表达式>）

功能：HOUR（）函数返回日期时间型表达式所对应的小时部分（按 24 小时制）；

　　　MINUTE（）函数返回日期时间型表达式所对应的分钟部分；

　　　SEC（）函数返回日期时间型表达式所对应的秒数部分。

例 5-18　　STORE {^2014-5-1} TO d1

　　　　　STORE DATETIME()  TO t1　　&&假设当前系统日期时间是：2014.7.20,8:20:37
　　　　　?YEAR(d1),MONTH(d1),DAY(d1)
　　　　　2014  5  1
　　　　　?HOUR(t1),MINUTE(t1),SEC(t1)
　　　　　8  20  37

## 5.4.4　数据类型转换函数的应用

数据类型转换函数的功能是将一种类型的数据转换成另一种类型的数据。

**1. 将字符转换成 ASCII 码函数**

格式：ASC（<字符型表达式>）

功能：返回指定字符串最左边的一个字符的 ASCII 码值。函数值为数值型。

**2. 将 ASCII 码值转换成字符函数**

格式：CHR（<数值型表达式>）

功能：将数值型表达式的值作为 ASCII，返回所对应的字符。

例 5-19　　?ASC([abcdefg]),CHR(65),CHR(97)

　　　　　97  A  a

**3. 将字符串转换成日期或日期时间函数**

格式：CTOD（<字符型表达式>）

　　　CTOT（<字符型表达式>）

功能：CTOD（）函数将指定的字符串转换成日期型数据；CTOT（）函数将指定的字符串转换成日期时间型数据。字符型表达式中的日期部分格式要与系统设置的日期显示格式一致，其中的年份可以用 4 位，也可以用 2 位。如果用 2 位，则世纪值应由 SET CENTURY TO 命令指定。

**4. 将日期或日期时间转换成字符串函数**

格式：DTOC（<日期型表达式>|<日期时间型表达式>[,1] ）

　　　TTOC（<日期时间型表达式>[,1] ）

功能：DTOC（）函数将日期型数据或日期时间型数据的日期部分转换为字符型，TTOC（）函数将日期时间型数据转换为字符型。字符串中日期和时间的格式受系统设置的影响。对 DTOC（）函数来说，若选用 1，结果为 yyyymmdd 格式。对 TTOC（）来说，若选用 1，结果为 yyyymmddhhmmss 格式。

**例 5–20**
```
SET DATE TO YMD
SET CENTURY ON
s1=[2012-8-20]
s2=[2011-8-20]
s3=[2012-8-20,8:30:35]
?CTOD(s1)-CTOD(s2),YEAR(CTOT(s3)),SEC(CTOT(s3))
365  2012  35
STORE {^2012-5-1} TO d1
?[日期是]+DTOC(d1)
日期是 2012/05/01
?[日期是]+DTOC(d1,1)
日期是 20120501
```

**5. 将数值转换成字符串函数**

格式：STR（<数值型表达式 1>[，<数值型表达式 2>[，<数值型表达式 3>]]）

功能：将<数值型表达式 1>的值转换成字符串，转换时根据需要自动进行四舍五入。

转换后字符串的长度由<数值型表达式 2>决定，保留的小数位数由<数值表达式 3>决定。省略<数值表达式 3>时，转换后将无小数部分。省略<数值表达式 2>和<数值表达式 3>时，字符串长度默认为 10，无小数部分。如果<数值表达式 2>小于<数值型表达式 1>的整数位数，返回指定长度个数星号（＊），表示出错。

**6. 将字符串转换成数值函数**

格式：VAL（<字符型表达式 >）

功能：将由数字、正负号、小数点组成的字符串转换为数值。若字符串内出现非数字字符，那么只转换前面部分；若字符串的首字符不是数字符号，则返回数值零，前导空格不影响转换。

**例 5–21**
```
STORE -1234.567 TO x
?STR(x,10,3),STR(x,8,2),STR(x,6),STR(x,4)
#-1234.567 -1234.57 #-1235 ****    (#表示空格)
STORE [-123] TO y
STORE [A23] TO z
STORE [5C89] TO p
?VAL(y),VAL(z),VAL(p)
-123.00 0.00 5.00
```

## 5.4.5 测试函数的应用

在数据库操作过程中，用户需要了解数据对象的类型、状态等属性，Visual FoxPro 提供相关的测试函数，使用户能够准确地获取操作对象的相关属性。使用测试函数，还可以获得操作系统或数据管理系统的一些属性。

**1. 数据类型测试函数**

格式：VARTYPE（<表达式>[，<逻辑表达式>]）

功能：测试表达式的数据类型，返回用字母代表的数据类型。函数值为字符型。未定义或错误的表达式返回字母 U。

若表达式是一个数组，则根据第一个数组元素的类型返回字符。若表达式的运算结果是 NULL

值，则根据函数中逻辑表达式的值决定是否返回表达式的类型。具体规则是：如果逻辑表达式为.T.，则返回表达式的原数据类型。如果逻辑表达式为.F.或省略，则返回 X，表明表达式的运算结果是 NULL 值。

### 2. 值域测试函数

格式：BETWEEN（<被测试表达式>，<下限表达式>，<上限表达式>）

功能：判断<被测试表达式>的值是否介于相同数据类型的<下限表达式>和<上限表达式>值之间。

BETWEEN（）首先计算表达式的值，如果一个字符、数值、日期表达式的值介于两个相同类型表达式的值之间，即被测表达式的值大于或等于下限表达式的值，小于或者等于上限表达式的值，BETWEEN（）将返回.T.，否则返回.F.。

**例 5-22**
```
?VARTYPE(DATE()),VARTYPE($100),VARTYPE([abcd]),VARTYPE(3<>2)
D Y C L
?BETWEEN(45,37,45),BETWEEN([K],[L],[P])
.T.  .F.
```

### 3. 条件测试函数

格式：IIF（<逻辑型表达式>，<表达式 1>，<表达式 2>）

功能：若逻辑型表达式的值为.T.，函数值为<表达式 l>的值，否则为<表达式 2>的值。

**例 5-23**
```
x=9
y=IIF(SQRT(x)=4,x**2,x-5)
?y
4
```

这里，由于表达式 SQRT（x）=4 返回的是逻辑假值，故 IIF（）函数的返回值是 x-5，即 4。

### 4. 空值（NULL 值）测试函数

格式：ISNULL（<表达式>）

功能：判断一个表达式的运算结果是否为 NULL 值，若是 NULL 值返回逻辑真.T.，否则返回逻辑假.F.。

### 5. "空"值测试函数

格式：EMPTY（<表达式>）

功能：根据指定表达式的运算结果是否为"空"值，返回逻辑真.T.或逻辑假.F.。

首先，需要注意的是，这里所指的"空"值与 NULL 值是两个不同的概念。函数 EMPTY（.NULL.）的返回值为逻辑假.F.。其次，该函数自变量表达式的类型除了可以是数值型之外，还可以是字符型、逻辑型、日期型等类型。

不同类型数据的"空"值，有不同的规定，Visual FoxPro 将各种数据类型空值规定如下：

- 数值型数据为 0；
- 字符型数据为空格、空串、回车、换行；
- 日期型数据为空；
- 逻辑型数据为.F.。

**例 5-24**
```
STORE .F. TO x1
STORE SPACE(8) TO x2
STORE .NULL. TO x3
?EMPTY(x1), EMPTY(x2), EMPTY(x3),ISNULL(x1), ISNULL(x3)
.T.  .T.  .F.  .F.  .T.
```

### 6. 表头测试函数

Visual FoxPro 处理表中的记录时，在默认情况下，某一时刻只能处理一条记录，这条记录就是记录指针所指的当前记录。为了判断表的开始和结束，需要测试记录指针的开始和结束，即表头记录和表尾记录的位置，有时还需要返回当前记录的记录号。Visual FoxPro 提供了不同的函数来表示上面的信息，具体含义如图 5-2 所示。

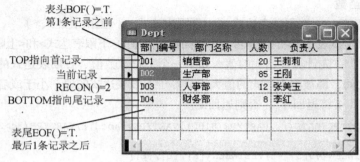

图 5-2　表的逻辑结构

格式：BOF（[<工作区号>|<表别名>]）

功能：测试指定或当前工作区的记录指针是否指向表头，若指向表头，函数值返回逻辑真.T.，否则返回逻辑假.F.。表头是指第一条记录前面的位置。

<工作区号>用于指定工作区，<表别名>为工作区的别名或在该工作区上打开的表的别名。当<工作区号>和<别名>缺省时，默认为当前工作区。

若在指定工作区上没有打开表文件，函数返回逻辑假.F.。若表文件中不包含任何记录，函数返回逻辑真.T.。

**7. 表尾测试函数**

格式：EOF（[<工作区号>|<表别名>]）

功能：测试指定或当前工作区中记录指针是否指向表的末尾，若指向表尾，函数值返回逻辑真.T.，否则返回逻辑假.F.。表的末尾是指最后一条记录后面的位置。

函数参数含义同 BOF 函数，缺省时默认为当前工作区。

若在指定工作区上没有打开表文件，函数返回逻辑假.F.。若表文件中不包含任何记录，函数返回逻辑真.T.。

**8. 记录号测试函数**

格式：RECNO（[<工作区号>|<表别名>]）

功能：返回指定或当前工作区中当前记录的记录号，函数值为数值型。省略参数时，默认当前工作区。

如果记录指针在最后一个记录之后，即 EOF（）的值为.T.，RECNO（）返回比记录数大 1 的值。如果记录指针在第一个记录之前或者无记录，即 BOF（）为.T.，RECONO（）返回 1。

**9. 记录个数测试函数**

格式：RECCOUNT（[<工作区号>|<表别名>]）

功能：返回当前或指定表中记录的个数。如果在指定的工作区中没有表被打开，则函数值为 0。如果省略参数，则默认为当前工作区。RECCOUNT（）返回的值不受 SET DELETED 和 SET FILTER 的影响，总是返回包括加有删除标记记录在内的全部记录数。

例 5-25　USE student

　　　　　?RECCOUNT(),RECNO(),BOF(),EOF()　　　　　　　　&&表中共 8 条记录，当前第 1 条

```
8   1   .F.   .F.
SKIP -1                                    &&记录指针指向表头
?RECNO(),BOF()
1    .T.
GO BOTTOM
?RECNO(),EOF()                             &&最后 1 条记录，EOF()为假
8    .F.
SKIP
?EOF()
.T.
```

### 10. 查找是否成功测试函数

格式：FOUND（[<工作区号>|<表别名>]）

功能：在当前或指定表中，检测是否找到所需的数据。如果省略参数，则默认为当前工作区。数据搜索由 FIND、SEEK、LOCATE 或 CONTINUE 命令实现。如果这些命令搜索到所需的数据记录，则函数值为.T.，否则函数值为.F.。如果指定的工作区中没有表被打开，则 FOUND()返回.F.。

### 11. 记录删除测试函数

格式：DELETED（[<工作区号>|<表别名>]）

功能：测试当前工作区或指定工作区中所打开的表，记录指针所指的当前记录是否有删除标记"*"。若有，返回逻辑真.T.，否则返回逻辑假.F.。若省略参数，则测试当前工作区中所打开的表。

**例 5-26**
```
SELECT 0                  &&选择最小号空闲工作区
USE student
DELETE FOR RECNO()<=4 &&删除记录号小于等于 4 的记录
GO 2
?DELETED()
.T.
GO 6
?DELETED()
.F.
```

### 12. 文件是否存在测试函数

格式：FILE（<文件名>）

功能：检测指定的文件是否存在。如果文件存在，则函数值为.T.，否则函数值为.F.。文件名必须是全称，包括盘符、路径和扩展名，且文件名是字符型表达式。

Visual FoxPro 提供了非常丰富的函数，在此仅举出一些常用函数的例子，在今后的深入学习中，我们逐渐体会各种函数的功能。

## 小　结

本章的内容是程序设计的基础，包括数据类型、常量、变量、表达式和函数等，内容如下。

● 数据类型。包括数值型（N）、字符型（C）、货币型（Y）、日期型（D）、日期时间型（T）和逻辑型（L）6 种类型。

● 常量和变量。常量是一个具体的、不变的值；变量分为内存变量和字段变量两类。

● 表达式和函数。表达式和函数丰富了 Visual FoxPro 的运算能力。表达式按运算符或操作数的类型可以分为算术表达式、字符表达式、日期和日期时间表达式、关系表达式和逻辑表达式 5 种。函数可以分为数值函数、字符函数、日期时间函数、转换函数和测试函数等几种。

数据库应用系统的开发离不开程序设计。有了本章的数据与数据运算的知识，再加上数据库和表的一些操作命令，我们就可以编写程序了，在第 6 章我们将学习程序设计的知识。

# 思考与练习

## 一、问答题

1. Visual FoxPro 支持哪些数据类型？其中，在表中支持哪些数据类型？内存变量又支持哪些数据类型？

2. Visual FoxPro 的运算符分为哪几大类？

3. 字符串连接运算符 "+" 和 "−" 有什么区别？

4. DATE（）函数、TIME（）函数和 DATETIME（）函数返回值的类型分别是什么？

5. 函数 EMPTY（）和函数 ISNULL（）的作用分别是什么？

## 二、选择题

1. 下列函数中函数值为字符型的是（    ）。

    A. DATE（）    B. TIME（）    C. YEAR（）    D. DATETIME（）

2. 在 Visual FoxPro 中，设有内存变量 s1 和 s2，s1= "计算机等级二级 Visual FoxPro 考试"，s2= "二级 Visual FoxPro"，与表达式 s1$s2 结果相同的表达式是（    ）。

    A. s1<>s2    B. s2$s1    C. AT（s1, s2）>0    D. AT（s2, s1）>0

3. 在下面的数据类型中，默认值为.F.的是（    ）。

    A. 数值型    B. 字符型    C. 逻辑型    D. 日期型

4. 设 x=10，语句?VARTYPE（"x"）的输出结果是（    ）。

    A. N    B. C    C. 10    D. X

5. 表达式 LEN（SPACE（0））的运算结果是（    ）。

    A. .NULL.    B. 1    C. 0    D. ""

6. 关于 Visual FoxPro 的变量，下面说法中正确的是（    ）。

    A. 使用一个简单变量之前要先声明或定义

    B. 数组中各数组元素的数据类型可以不同

    C. 定义数组以后，系统为数组的每个元素赋以数值 0

    D. 数组元素的下标下限是 0

7. Visual FoxPro 内存变量的数据类型不包括（    ）。

    A. 数值型    B. 货币型    C. 备注型    D. 逻辑型

8. 在 Visual FoxPro 中，下面 4 个关于日期或日期时间的表达式中，错误的是（    ）。

    A. {^2002.09.01 11:10:10AM}-{^2001.09.01 11:10:10AM}

    B. {^2002-01-01} +20

    C. {^2002.02.01} + {^2001.02.01}

    D. {^2000/02/01} - {^2001/02/01}

9. 在 Visual FoxPro 中，定义数组的命令是（    ）。

    A. DIMENSION 和 ARRAY    B. DECLARE 和 ARRAY

    C. DIMESION 和 DECLARE    D. 只有 DIMENSION

10. 表达式 17%4 的结果是（　　）。

　　A. 4　　　　　　　B. 1　　　　　　　C. 0　　　　　　　D. 表达式错误

11. 在 Visual FoxPro 窗口中执行如下命令后，其结果为（　　）。

```
SET EXACT OFF
? "ABCD"="AB"
```

　　A. .T.　　　　　　B. .F.　　　　　　C. 出错　　　　　　D. 空格

12. 数学表达式 1≤X≤6 在 Visual FoxPro 中应表示为（　　）。

　　A. 1≤X .OR. X≤6　　　　　　　　B. X>=1 .AND. X<=6

　　C. X≤6 .AND. 1≤X　　　　　　　　D. X>=1 .OR. X<=6

三、填空题

1. 表达式 STUFF（"GOODBOY"，5，3，"GIRL"）的运算结果是_____。

2. 在 Visual FoxPro 中定义数组后，数组的每个元素在未赋值之前的默认值是_____。

3. 函数 BETWEEN（40, 34, 50）的运算结果是_____。

4. 表示"2008 年 10 月 27 日"的日期常量应该写为_____。

5. 函数 IIF（LEN（SPACE（3））>2, 1, -1）的值是_____。

6. 函数 SUBSTR（"VisualFoxPro6.0", 7, 6）的返回值是_____。

7. 函数"A"+SUBSTR（STR（10492, 5），3, 3）的值是_____。

8. 函数 IIF（.T., "大连", "沈阳"）的值是_____。

9. 函数 LEN（RTRIM（"AB"+SPACE（2））+"CD"）的值是_____。

10. 在命令窗口中执行下列代码后，运行结果是_____。

```
DIMENSION AA(2,3)
AA=175
AA(2,2)=2*AA(2,2)
?AA(5),AA(1,2)
```

11. 在命令窗口中执行下列代码后，运行结果是_____。

```
m=[28+2]
?m, &m
```

12. 在命令窗口中执行下列代码后，运行结果是_____。

```
T=.F.
F=.T.
? T AND NOT F
```

13. 在命令窗口中执行下列代码后，运行结果是_____。

```
str1= "This is a string."
str2="is"
?AT(str2,str1),AT(str2,str1,2)
```

14. 在命令窗口中执行下列代码后，运行结果是_____。

```
USE STUDENT
? RECCOUNT(),RECNO(),BOF(),EOF()
SKIP -1
? BOF(),EOF()
GO BOTTOM
SKIP
? BOF(),EOF()
```

15. 在命令窗口中执行下列代码后，运行结果是_____。

```
USE STUDENT
? RECNO()
SKIP 3
? RECNO()
```

# 第6章
## 程序设计基础

使用菜单或在命令窗口中输入命令是 Visual FoxPro 常用的两种交互式操作方式。Visual FoxPro 的另一种工作方式是把相关的操作命令组织在一起，存放到一个文件中，通过执行文件完成一定的功能，这个文件就称为程序。当发出执行程序的命令后，Visual FoxPro 就会自动地依次执行程序中的命令，这就是 Visual FoxPro 的程序工作方式。本章介绍程序设计基本概念、程序的结构和程序设计方法。

# 6.1 程序设计概述

学习程序设计首先要了解程序设计的概念，熟悉程序的建立和执行过程。

## 6.1.1 程序的概念

程序是完成一定功能的命令的集合，也称为程序文件。Visual FoxPro 的程序文件也叫命令文件，是由一系列命令构成的文本文件，其扩展名为.prg。

**例 6-1** 打开并浏览数据库表的程序。

```
**** ex61.prg 程序功能：对 student 表进行浏览编辑。
CLEAR
SET TALK OFF
OPEN DATABASE 成绩管理              &&打开成绩管理数据库
USE student                        &&打开 student 表
BROWSE                             &&浏览和编辑 student 表
CLOSE DATABASE                     &&关闭当前打开的数据库
RETURN                             &&程序结束
```

在例 6-1 所示的程序中，以 "*" 开头的代码行是注释行语句，一般用于说明程序的功能，注释行语句也可以用 NOTE 命令开头；"&&" 后面的文字是对本行命令的注释，用于解释本行命令；最后的 RETURN 是程序返回语句，表明程序结束。

SET TALK OFF 命令的作用是关闭屏幕会话。Visual FoxPro 的一些命令如 SUM、AVERAGE、COUNT 等在执行时会在窗口、状态栏中显示有关执行状态的信息，在程序执行时可以使用 SET TALK OFF 命令隐藏这些信息。相应地，显示屏幕会话的命令是：SET TALK ON。

程序中的每条命令都以回车键结束，一行只能书写一条命令。若命令很长需要分行书写时，应在一行终了时键入续行符 "；"，按回车键后在下一行接着上一行书写程序。

　　上述的命令可以在命令窗口中逐条执行，也可以放在一个程序文件中以程序方式执行，这样的 Visual FoxPro 命令序列就是程序。

## 6.1.2　程序文件的建立与执行

　　Visual FoxPro 的程序文件是以.prg 为扩展名的文本文件，可以使用各种文本编辑软件来创建或编辑程序，利用 Visual FoxPro 内置的文本编辑器书写程序是一种常见的方法。

### 1.　建立和修改程序文件

　　程序文件的建立和修改可以通过命令来实现，命令格式为

`MODIFY COMMAND [<文件名>]`

　　执行 MODIFY COMMAND 命令调用 Visual FoxPro 的文本编辑器，<文件名>指明要建立或者修改的文件。执行该命令时，首先检查磁盘上是否存在该文件，若文件不存在，建立文件，默认扩展名.prg；若文件存在，打开已有的文件进行修改编辑。建立或修改完成的文件按 Ctrl+W 或 Ctrl+S 组合键保存。

　　程序文件的建立和修改也可以通过菜单方式或者在项目管理器中完成。

　　**例 6-2**　建立一个名为 ex62.prg 的程序文件，程序的功能是显示 student 表中 1990 年以前（含 1990 年）出生的学生信息，再删除性别是"男"的记录。

　　（1）在命令窗口中输入命令：MODIFY COMMAND ex62，进入"程序文件编辑器"窗口，根据程序的功能要求，输入命令，如图 6-1 所示。

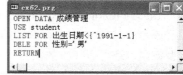

图 6-1　"程序文件编辑器"窗口

　　（2）输入完成后，按 Ctrl+W 组合键保存。若想修改程序，在命令窗口中执行 MODIFY COMMAND ex62 命令，可以调出程序进行修改，再保存。

### 2.　执行程序文件

　　Visual FoxPro 程序文件使用 DO 命令执行，命令格式为

`DO <文件名>`

　　该命令既可以在命令窗口中执行，也可以在程序中使用，这样就可以在一个程序中调用另外一个程序。例如，执行上面建立的程序文件 ex62.prg，只需在命令窗口中输入：

`DO ex62`

　　使用"程序"菜单下的"运行"命令或常用工具栏上的 ❗ 按钮可以运行程序。

**注意**　　在 Visual FoxPro 中程序文件的默认扩展名是.prg，所以在用 DO 命令执行程序文件时可以省略扩展名。另外，在 Visual FoxPro 中还有其他一些由命令构成的文本文件，如查询文件（扩展名为.qpr）、菜单文件（扩展名为.mpr），它们实际上也是程序文件，可以用 DO 命令执行，但是执行这些文件时扩展名不能省略。

## 6.1.3　程序中的一些常见命令

　　在程序中经常要用到一些流程控制、交互输入命令，这些命令有的在命令窗口中不需要甚至不能执行。

### 1. RETURN

RETURN 命令一般放在程序的末尾，该命令使程序执行结束并返回到调用它的上级程序继续

执行，若无上级程序就返回到命令窗口。

**2. CANCEL**

CANCEL 命令能使程序终止执行，并清除程序中的局部变量，执行 CANCEL 命令后强制返回到命令窗口，该语句可在程序的任何位置出现。

**3. QUIT**

执行 QUIT 命令能退出 Visual FoxPro 系统返回到 Windows 操作系统，该命令与文件菜单中的"退出"命令功能相同。

**4. ACCEPT**

ACCEPT 命令被称为字符串接收命令，命令格式为

ACCEPT [提示信息] TO <内存变量>

该命令用于在屏幕上显示提示信息，等待用户从键盘输入一个字符串并按回车键后，存入指定内存变量中。其中，[提示信息]可以是字符型内存变量、字符串常量或合法的字符表达式。命令执行时，输入的数据不需要用定界符括起来，ACCEPT 命令总是将接收的信息作为字符型数据处理。

**5. INPUT**

INPUT 命令被称为任意类型数据输入命令，命令格式为

INPUT [提示信息] TO <内存变量>

该命令与 ACCEPT 命令的功能类似，区别在于可以输入不同类型的数据，它不仅可以接收字符型数据，还可以接收数值型、日期型和逻辑型数据。其中，对于字符串的输入必须用定界符括起来，输入数值或表达式，不需要加任何定界符，输入日期型数据应按照日期型数据的约定输入。

**6. WAIT**

WAIT 命令叫做单字符接收命令，命令格式为

WAIT [提示信息] [TO <内存变量>][[WINDOW [NOWAIT]]

该命令暂停程序的执行，直到用户输入任意一个字符。若直接按回车键，则内存变量取空字符。该命令也可用于输出一条提示信息。

WAIT 命令格式相对复杂，解释如下。

- [提示信息]省略时，系统显示"按任意键继续..."。
- 无[TO <内存变量>]选项时，输入字符不保存。
- WINDOW 子句可使主屏幕上出现一个 WAIT 提示对话框。
- 若使用 NOWAIT 选项，系统将不等待用户按键，往下执行。
- WAIT 命令常用于程序中，用来控制程序暂停运行，直到按任意键时继续。

**例 6-3** 编程，按输入的学号显示学生信息。

```
****ex63.prg，在程序中使用 ACCEPT 命令。
CLEAR
SET TALK OFF
USE student
ACCEPT [请输入学生的学号:] TO xh
LOCATE FOR 学号=xh
DISPLAY
USE
RETURN
```

ACCEPT、INPUT 和 WAIT 在早期的 FoxPro 程序设计中，一般用来进行交互式界面设计，用于向计算机中输入所需要的数据，实现用户和计算机的交互，所以也叫做交互式命令。在 Visual FoxPro 程序设计中，一般采用可视化界面，利用表单设计屏幕上的输入或输出界面，利用报表设计打印输出，所以这些交互式命令已经很少使用了。

# 6.2　程序的基本结构

程序结构是指程序中命令或语句执行的流程结构。顺序结构、选择结构和循环结构是程序的 3 种基本结构。

## 6.2.1　顺序结构程序

顺序结构程序执行时，根据程序中语句的书写顺序依次执行。例 6-3 的程序就是一个顺序结构的例子。Visual FoxPro 系统中的大多数命令都可以作为顺序结构中的语句。但是，仅仅使用顺序结构无法解决复杂问题，还需要用到选择结构和循环结构。

## 6.2.2　选择结构程序

选择结构是在程序执行时，根据不同的条件，选择执行不同的程序语句，用来解决程序设计中的分支问题。选择结构也叫做分支结构，可以分为简单选择结构和多重选择结构。

### 1. 简单选择结构

命令格式：

```
IF <条件表达式>
    <语句序列 1>
[ELSE
    <语句序列 2>]
ENDIF
```

程序的结构一般通过流程图来表示，选择结构程序的处理流程如图 6-2 所示，程序的转向由 IF 语句中的条件表达式的值决定。系统先计算<条件表达式>的值，如果为真，则程序控制转向<语句序列 1>执行，如果为假，程序直接转到 ELSE 子句后，执行<语句序列 2>，然后执行 ENDIF 之后的语句。

选择结构程序也可以无 ELSE 子句，处理流程如图 6-3 所示。这时，如果<条件表达式>的值为真，执行<语句序列>，否则直接转到 ENDIF 子句后去执行。

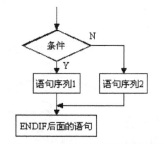

图 6-2　IF-ELSE-ENDIF 结构流程图

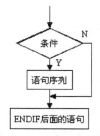

图 6-3　IF-ENDIF 结构流程图

① 选择语句只能在程序中使用，IF 和 ENDIF 必须成对出现，每一个 IF 都有一个 ENDIF 与其对应。

② IF、ELSE、ENDIF 必须各占一行。

③ IF…ENDIF 语句中还可以包含 IF…ENDIF 语句，即选择结构可以嵌套。

**例 6-4** 完善例 6-3 的程序 ex63.prg。在 ex63.prg 中，若输入的学号在学生表中不存在，程序无任何提示，因此需要利用选择语句进一步完善程序功能。

\*\*\*\*ex64.prg，分支语句示例，程序流程如图 6-4 所示。

```
CLEAR
SET TALK OFF
USE student
ACCEPT [请输入学生的学号:] TO xh
LOCATE FOR 学号=xh
IF FOUND()
  DISPLAY
ELSE
WAIT [对不起，查无此人！] WINDOWS
ENDIF
USE
RETURN
```

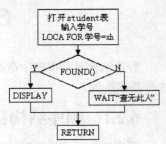

图 6-4 例 6-4 的流程图

**例 6-5** 判断键盘输入的任意一个数是偶数还是奇数。

\*\*\*\*ex65.prg，分支语句示例。

```
SET TALK OFF
CLEAR
INPUT [请输入自然数：] TO n
  IF INT(n/2)=n/2          &&利用 INT() 函数判断奇偶数
    ?[该数为偶数]
  ELSE
    ?[该数为奇数]
  ENDIF
RETRUN
```

**2. 多重选择结构**

命令格式：

```
DO CASE
  CASE <条件表达式 1>
    <语句序列 1>
  CASE <条件表达式 2>
    <语句序列 2>
  ……
  CASE <条件表达式 N>
    <语句序列 N>
  [OTHERWISE
    <语句序列 N+1>]
ENDCASE
```

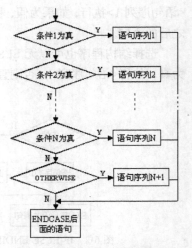

图 6-5 DO CASE 结构流程图

多重选择的处理流程如图 6-5 所示。它按顺序依次检查 CASE 子句中的条件表达式，当某表达式的值为真时，则执行该 CASE 子句下的<语句序列>，然后控制转到 ENDCASE 之后。如果所有的条件表达式的值都为假,此时若没有 OTHERWISE 子句,控制直接转到 ENDCASE 之后;若有 OTHERWISE 子句,则执行该子句下的<语句序列>,然后控制转向 ENDCASE 之后的命令。

① DO CASE、CASE 和 ENDCASE 必须成对出现且各占一行。
② 不管有几个 CASE 条件成立,只有最先成立的 CASE 条件对应的语句序列被执行。

**例 6-6**　编程,输入任意一个数,若该数为正数求平方根,若该数为负数求绝对值,若该数为零则直接打印该数。

```
****ex66.prg, DO CASE 语句示例。
CLEAR
SET TALK OFF
INPUT [请输入一个数：] TO n
DO CASE
  CASE n>0
  ?STR(n)+[的平方根为]+STR(SQRT(n),7,1)    && STR(SQRT(n),7,1)用于将
  CASE n<0                                 &&求得的平方根转换成字符型
  ?n,[的绝对值为],ABS(n)                    && ABS(N)为求绝对值函数
  CASE n=0
  ?[n=],n
ENDCASE
?[BYEBYE]
RETURN
```

## 6.2.3　循环结构程序

循环结构能够使某些语句或程序段被重复执行若干次,适用于在程序中某些语句或程序段需要重复执行的情况。Visual FoxPro 提供了 3 种格式的循环语句,它们分别是 DO WHILE 循环、FOR 循环和 SCAN 循环。

### 1. DO WHILE 循环

命令格式:

```
DO WHILE <条件表达式>
    <语句序列>
      [LOOP]
      [EXIT]
  ENDDO
```

该循环结构的处理流程图如图 6-6 所示。在 DO WHILE 循环中, DO WHILE <条件表达式>叫做循环的起始语句, ENDDO 叫做循环的终止语句, DO WHILE 和 ENDDO 中间的语句序列叫循环体。

当 DO WHILE 循环执行时,先判断条件表达式的值,若为真,则执行循环体<语句序列>,遇到 ENDDO 语句再将控制转到 DO WHILE 处,这时重新判断条件表达式的值,以确定是否再进入循环,重复执行循环体。如此重复,直到某次判断条件表达式为假时,结束循环,并将控制转向 ENDDO 之后的语句,继续执行后面的语句序列。

在循环体中,可以使用 LOOP 和 EXIT 命令。如果循环体中包含 LOOP

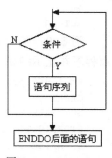

图 6-6　DO-WHILE-ENDDO 结构流程图

命令，该命令的作用是结束本次循环，转回 DO WHILE 处重新判断条件，若条件成立，执行下一次循环。

如果循环体包含 EXIT 命令，该命令的作用是强制跳出循环，转去执行 EDNNO 后面的语句。

通常情况下，LOOP 和 EXIT 命令出现在循环体内的选择语句中，根据条件来决定是执行LOOP命令还是 EXIT 命令。

① 为保证循环体被执行，在条件表达式的设置上应使首次判断结果为真值。

② 为避免出现死循环，在循环体中必须有改变循环控制变量即条件表达式的值的命令。

③ 循环结构中还可以包含循环，即循环结构可以嵌套。

**例 6-7** 编程求出 student 表中所有女生的助学金之和。

****ex67.prg, DO WHILE 循环示例，程序流程如图 6-7 所示。

```
CLEAR
SET TALK OFF
s=0
USE student
DO WHILE .NOT. EOF()
    IF 性别=[女]
        s=s+助学金
    ENDIF
    SKIP
ENDDO
?[所有女生的助学金为：],s
USE
RETURN
```

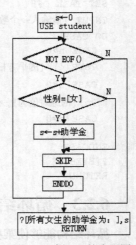

图 6-7 例 6-7 的流程图

**例 6-8** 输入任意 10 个数，求积。

****ex68.prg, 利用 DO WHILE 循环实现计数功能。

```
CLEAR
SET TALK OFF
STORE 1 TO t,n                    &&t 用于求积,n 用于计数
DO WHILE n<=10
  INPUT [请输入数值：] to x
  t=t*x
  n=n+1
ENDDO
?t
RETURN
```

**例 6-9** 统计从键盘上输入的若干个数中正数个数及正数的和。输入的负数忽略，输入 0 结束程序并显示结果。

****ex69.prg, 循环次数未知的控制方式及 LOOP、EXIT 示例。

```
CLEAR
SET TALK OFF
STORE 0 TO n,s              && n 用于计数,s 用于求和
DO WHILE .T.
  INPUT "请输入一个数" TO num
  DO CASE
    CASE num<0
```

```
     LOOP                        &&返回循环起始语句 DO WHILE
     CASE num=0
     EXIT                        &&退出 DO WHILE 循环
     OTHERWISE
     s=s+num
     n=n+1
   ENDCASE
ENDDO
?"正数的个数为",n
?"正数的和为",s
RETURN
```

## 2. FOR 循环

命令格式:

```
FOR <循环变量>=<初值> TO <终值> [STEP <步长值>]
   <语句序列>
[LOOP][EXIT]
ENDFOR|NEXT
```

FOR 循环是一种计数型循环, 适用于循环次数已知情况下的循环结构, 它采用循环控制变量来自动控制循环的次数。执行 FOR 语句时, 首先将初值赋给循环变量, 并记下终值和步长值, 然后根据循环变量是否超过终值来判断是否执行循环体的语句序列。遇到 ENDFOR 语句时将循环控制变量自动按 STEP 步长增减, 再把循环变量和终值比较, 若超过终值则退出循环。

LOOP 语句和 EXIT 语句出现在 FOR 循环中与出现在 DO WHILE 循环中的功能相同。

注意

① <步长值> 可以省略, 默认值是 1。

② 步长值可以是正数或负数, 正数时循环变量的值递增, 负数时, 循环变量的值递减。

③ for 循环的结束子名也可以是 NEXT。

**例 6-10** 求 100 之内的奇数和。

```
****ex610.prg, FOR 循环示例。
SET TALK OFF
s=0
FOR i=1 TO 100 STEP 2
  s=s+i
ENDFOR
?[100 之内的奇数和为]+STR(s,4)
RETURN
```

**例 6-11** 求一个两位数, 这个数的十位数与个数数字之差的绝对值等于 5, 十位数字与个位数字之和等于该数的三分之一。

```
****ex611.prg, 二重循环示例。
SET TALK OFF
CLEAR
FOR m=1 TO 9
  FOR n=0 TO 9
   IF (m+n)*3=10*m+n .AND. ABS(m-n)=5
    ?[该两位数是: ],10*m+n
   ENDIF
  ENDFOR
ENDFOR
RETURN
```

### 3. SCAN 循环

命令格式：

```
SCAN [<范围>] [FOR <条件表达式>]
  <语句序列>
[LOOP][EXIT]
ENDSCAN
```

SCAN 命令适用于对表中的记录做循环操作，是 DO WHILE 循环的一种特例，它是包含了 EOF()判断和 SKIP 指针下移命令的循环结构。

SCAN 语句中，<范围>为范围选择子句，<条件表达式>为条件选择子句，用来控制 SCAN 循环处理的记录范围。执行 SCAN 循环时，先判断函数 EOF()的值，若为真，则退出 SCAN 循环；若为假，则执行循环体<语句序列>，然后记录指针自动移到指定范围内满足条件的下一条记录，遇 ENDSCAN 后重新判断函数 EOF()的值。重复此过程，直到文件尾函数 EOF()值为真值时，结束循环处理。

**例 6-12**  用 SCAN 语句实现例 6-7。

```
****ex612.prg, scan 循环示例。
CLEAR
SET TALK OFF
s=0
USE student
SCAN FOR 性别=[女]
  s=s+助学金
ENDSCAN
?[所有女生的助学金为：],s
USE
RETURN
```

## 6.2.4  编程示例

**例 6-13**  从键盘上输入任意的 10 个数，求其中最大的数。

```
****ex613.prg
SET TALK OFF
INPUT "请输入第 1 个数" TO num
max1=num
FOR i=2 to 10
INPUT "请输入第"+STR(i,2)+"个数" TO num
 IF num>max1
   max1=num
 ENDIF
ENDFOR
?"最大的数是：",max1
CANCEL
```

本程序中，先输入 1 个数，赋给变量 max1，然后利用循环依次输入 9 个数和 max1 进行比较，将数值大的数最后保存在变量 max1 中。

**例 6-14**  利用二重循环对如下的二维矩阵进行赋值，并求出主对角线上各元素之和。

| 1 | 2 | 3 | 4 | 5 |
|---|---|---|---|---|
| 6 | 7 | 8 | 9 | 10 |
| 11 | 12 | 13 | 14 | 15 |
| 16 | 17 | 18 | 19 | 20 |
| 21 | 22 | 23 | 24 | 25 |

```
****ex614.prg
CLEAR
DIME arr(5,5)           &&定义二维数组
s=0
FOR i=1 TO 5
  FOR j=1 TO 5
    arr(i,j)=(i-1)*5+j
    ??arr(i,j)
    IF i=j
     s=s+arr(i,j)
    ENDIF
  ENDFOR
  ?                     &&显示时换行
ENDFOR
?s
RETURN
```

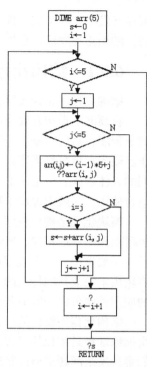

图 6-8　例 6-14 的流程图

程序处理流程如图 6-8 所示。程序首先利用二重循环对 5×5 矩阵进行赋值，然后针对主对角线上的数（1，1）、（2，2）、（3，3）、（4，4）、（5，5）具有横纵坐标相等的特点判断主对角线上的数。程序中的?和??命令分别用于控制矩阵显示的格式。

例 6-15　编写循环结构程序，根据输入的数值分别调用 ex67.prg,ex68.prg,ex69.prg，ex610.prg，输入数值 0 时退出程序。

```
****ex615.prg
CLEAR
DO WHILE .T.
  INPUT "请输入数值（0-4）: " TO n
  DO CASE
   CASE n=0
    EXIT
   CASE n=1
    DO ex67.prg
   CASE n=2
    DO ex68.prg
   CASE n=3
    DO ex69.prg
   CASE n=4
    DO ex610.prg
   OTHERWISE
     LOOP
  ENDCASE
ENDDO
RETURN
```

程序的执行结果是，当输入的数值是 1～4 之间的整数时，根据分支选择某一个程序执行；当输入数值 0 时退出循环，结束程序运行；当输入的数值不是 0～4 之间的整数时，转回循环的起始语句，提示重新输入。

# 6.3　程序的模块化设计

顺序、选择和循环是 3 种基本的程序控制结构，用于控制一个程序内部的处理流程。在应用

程序开发中，一个应用程序往往由若干个小的程序构成，这就涉及多个程序之间的调用和设计方法，结构化程序设计是被普遍采用的一种程序设计方法。

## 6.3.1　结构化程序设计

结构化程序设计按照自顶向下、逐步求精和模块化原则进行程序分析与设计。

自顶向下是指开发应用程序时，从程序的全局入手，把一个复杂程序分解成若干个相互独立的子程序，然后对每个子程序再做进一步的分解，如此重复，一直分解到每个程序都容易实现为止。逐步求精是指程序设计的过程是一个渐进的过程，先把一个子程序功能逐步分解细化为一系列的具体步骤，以至于能用某种程序设计语言的基本控制语句来实现。逐步求精总是和自顶向下结合使用，一般把逐步求精看做自顶向下的具体体现。

模块化是结构化程序的重要原则。模块是一个相对独立的程序段，它可以被其他程序调用，也可以调用其他程序，所谓模块化就是把大程序按照功能分为若干较小的程序模块。

一般来说，一个应用程序是由一个主模块和若干子模块组成的。主模块提供功能菜单，而子模块用来完成某项特定的功能，作为子模块，它也可以控制更下一层的子模块。这样，一个复杂的应用程序可以分解成若干个较简单的子程序解决。程序的模块化结构如图 6-9 所示。

结构化程序设计的过程就是将问题求解由抽象逐步具体化的过程。这种方法符合人们解决复杂问题遵循的普遍规律，可以显著提高程序设计的质量和效率。程序的模块化在具体实现上包括子程序、过程和自定义函数 3 种形式。

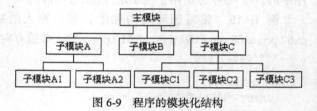

图 6-9　程序的模块化结构

## 6.3.2　子程序、过程和自定义函数

### 1．子程序

子程序与主程序一样，都是源程序文件，扩展名是.prg，使用 MODIFY COMMAND 命令建立。但子程序的最后一条语句必须是 RETURN 命令，用于返回调用它的上级程序。RETURN 命令的格式是：

```
RETURN [表达式][TO MASTER]
```

当 RETURN 命令后接表达式时，将该表达式的值传递给上级调用程序；当 RETURN 命令不带表达式时，该子程序返回逻辑真值.T.；当 RETURN 命令后接 TO MASTER 选项时，该子程序将直接返回调用它的最高一级程序中。

在主程序中使用 DO 命令可以直接调用子程序执行，执行到 RETURN 语句返回到主程序中。

**例 6-16**　子程序调用示例。

```
****程序 ex616.prg，调用子程序 ex616A.prg。
CLEAR
SET TALK OFF
x=100
?SQRT(x)                   &&显示 x 的平方根 10
DO ex616A                  &&调用子程序 ex616A
?x                         &&x 的值被子程序修改，显示为 110
RETURN
```

```
****子程序 ex616A.prg
x=x+10
?"x 值被修改"
RETURN
```

**例 6-17**　子程序调用中的 RETURN 命令示例。

```
****程序 ex617.prg，调用子程序 a1.prg。
DO a1                    &&主程序直接调用子程序 a1.prg
??"main program"
RETURN
****子程序 a1.prg，调用 a2.prg
DO a2
?"a1a1"
RETURN
****子程序 a2.prg
?"a2a2"
RETURN TO MASTER         &&直接返回到主程序
```

在例 6-17 中，需要建立 3 个程序 ex617.prg,a1.prg,a2.prg。程序的调用顺序如图 6-10 所示，程序的运行结果是"a2a2main program"。子程序 a2.prg 没有返回到调用它的上级程序 a1.prg 中，而是直接返回到最高一级程序 ex617.prg 中。

图 6-10　例 6-17 中
程序的调用流程

每个子程序实际上都是存储在磁盘上的一个源程序文件，每当主程序调用一次子程序，系统就要对磁盘进行一次读取操作，调用次数越多，读盘所花费的时间就越多，影响了程序执行的效率。为此，引入过程来解决这个问题。

**2. 过程**

过程就是一个以过程说明语句 PROCEDURE 开头，以 RETURN 命令结尾的子程序段。把若干个过程放在一起就形成了一个过程文件，过程文件是过程的集合。系统打开一个过程文件就相当于打开了这个过程中的多个子程序，这种做法大大减少了打开文件数并且减少了读盘的次数，提高了程序的执行效率。

（1）过程定义

过程定义的命令格式为

```
PROCEDURE <过程名>
  <语句序列>
RETURN
```

该命令组的功能是定义一个过程，过程名即子程序名，由字母或下划线开头，可以包括字母、数字和下画线。RETURN 是过程返回语句，将控制返回到上层调用程序的调用处，并继续执行调用处的下一条语句。

（2）过程文件

过程文件即扩展名为.prg 的程序文件，它由若干个过程组成，使用 MODIFY COMMAND 命令建立。在一个程序调用过程文件中的过程之前，需要先打开过程文件，打开过程文件的命令格式为

```
SET PROCEDURE TO [<过程文件名表>][ADDITIVE]
```

该命令的功能是打开一个或多个过程文件。默认情况下，打开新的过程文件后，原来打开的过程文件自动关闭。如果使用 ADDITIVE 选项，那么在打开新的过程文件时，并不关闭原来已打

开的过程文件。

如果使用不带任何文件名的 SET PROCEDURE TO 命令，将关闭所有打开的过程文件。

**例 6-18** 过程调用示例。

```
****程序 ex618.prg，调用过程文件 ex618A.prg
SET TALK OFF
SET PROCEDURE TO ex618A          &&打开过程文件 ex618A.PRG
x=3
DO PROC1                    &&调用过程 PROC1
?"x=",x                     &&显示 6
DO PROC2
?"x=",x                     &&显示 x 的平方 36
y=PROC3()                   &&过程调用的另一种方式
?"y=",y                     &&显示 26
CANCEL
*过程文件 ex618A.PRG
PROCEDURE PROC1
x=x+3
RETURN
*****************
PROCEDURE PROC2
x=x*x
RETURN
*****************
PROCEDURE PROC3
RETURN x-10
*****************
```

> **注意** 可以将被调用的过程放在主程序之后，这时不需要用 SET PROCEDURE TO <过程文件名>命令打开过程文件，这种调用形式叫过程的内调用；相应地，如果被调用的过程位于主程序之外，如例 6-18，则必须打开过程文件，这种调用形式叫做过程的外调用。

### 3. 自定义函数

在 Visual FoxPro 中，除了系统提供的常用函数外，用户可以编写自己的函数，称为用户自定义函数，以满足编程时的特殊需要。自定义函数实际上就是用户编写的一个子程序或一个过程，格式如下：

```
FUNCTION  <函数名>
    <函数体>
RETURN  <表达式>
```

其中，FUNCTION 语句为函数说明语句。自定义函数必须以 FUNCTION 开头，作为自定义函数的标识。RETURN 语句为函数返回语句。RETURN 命令执行时，将<表达式>的值一起带回到调用该自定义函数的程序中。

自定义函数的建立方式和子程序或过程一样，使用 MODIFY COMMAND 命令。

**例 6-19** 用自定义函数实现 1!+2!+3!+…+10!。

```
****程序 ex619.prg，调用自定义函数 JC()。
CLEAR
s=0
FOR i=1 TO 10
```

```
    s=s+JC(i)                   &&调用自定义函数
ENDFOR
?"1!+2!+…+10! ",s
RETURN
****自定义函数 JC
FUNCTION JC
 PARAMETERS k
 t=1
 FOR j=1 TO k
 t=t*j
 ENDFOR
RETURN t                       && t 是自定义函数的返回值
```

## 6.3.3　内存变量的作用域

程序设计中需要使用大量的内存变量,内存变量可以在主程序和各子程序之间进行数据传递。为确保内存变量在各程序模块之间正确传递,引入了内存变量的作用域的概念。内存变量的作用域是指在程序或过程调用中变量的有效范围。在 Visual FoxPro 中,按变量的作用域,内存变量可分为公共变量、局部变量和私有变量 3 类。

### 1. 公共变量

公共变量也称全局变量,是指在相互调用的所有程序或过程中都可以使用的变量。定义公共变量的关键词是 PUBLIC,命令格式为

```
PUBLIC <内存变量表>
```

其中,<内存变量表>是用逗号分隔开的变量列表,这些变量的默认值是逻辑假值.F.,可以为它们赋任何类型的值。

例如,使用命令:PUBLIC x,y,z(10)定义了 3 个公共变量,简单变量 x, y 和一个含有 10 个元素的数组 z,它们的初值都是.F.。

公共变量需要先定义后使用。例如,下面的程序段:

```
STORE 10 TO x
PUBLIC x
```

运行时将出现错误,因为公共变量的定义出现在对 x 赋值之后。正确的写法是先定义公共变量,然后赋值。

公共变量一经说明则在任何地方都可以使用,甚至在程序结束后、在 Visual FoxPro 命令窗口中还可以使用公共变量,在命令窗口中直接使用的变量也是公共变量。可以使用 CLEAR MEMORY 或 RELEASE 命令释放变量。

### 2. 局部变量

局部变量,顾名思义只能在局部范围内使用,局部指的是只能在建立它的模块中使用,不能在上级模块和下级模块中使用。Visual FoxPro 中规定,局部变量用 LOCAL 定义,具体格式为

```
LOCAL <内存变量表>
```

和公共变量类似,这些变量的默认值是逻辑假值.F.,可以为它们赋任何类型的值。局部变量只能在定义这些变量的模块内使用,当定义这些变量的模块执行结束后,这些变量会立刻释放。

### 3. 私有变量

在 Visual FoxPro 中把那些没有用 LOCAL 和 PUBLIC 定义的变量称为私有变量,这类变量直接使用,变量的作用域是当前模块及其下级模块,也就是说,私有变量可以在其所在的程序、

过程、函数或它们所调用的过程或函数内使用。

在 Visual FoxPro 中，也可以用 PRIVATE 命令显示定义私有变量，命令格式如下：

PRIVATE <变量名列表>

实际上，PRIVATE 命令起到了隐藏和屏蔽上层程序中同名变量的作用。

**例 6-20**　公共变量、局部、私有变量示例。

```
****程序 ex620.prg，调用过程 PROC1。
CLEAR ALL
PUBLIC x1
LOCAL  x2       &&局部变量 x2，只在本模块中有效
x1=100
x2=200
x3=300
?"主程序中，x1、x2、x3 的值分别是"
?x1,x2,x3
DO PROC1
?"执行过程 PROC1 后，x1、x2、x3 的值分别是"
?x1,x2,x3
RETURN
****过程 PROC1
PROCEDURE PROC1
 x1=10
 x2=20      &&此处 x2，并非主程序中的局部变量 x2
 x3=30
RETURN
```

程序执行的结果：

主程序中，x1、x2、x3 的值分别是

```
100   200  300
```

执行过程 PROC1 后，x1、x2、x3 的值分别是

```
10   200   30
```

在程序执行过程中，主程序中的变量 x1，x3 分别被过程 PROC1 修改，返回主程序后，显示的是被修改后的值；而主程序中的变量 x2 在过程 PROC1 中是不可见的，当过程 PROC1 被执行后，主程序中的 x2 仍然是 200，因为主程序中 x2 作用域只是本模块，事实上，主程序中的 x2 变量和过程 proc1 中的 x2 变量是两个不同的变量。

**例 6-21**　变量的隐藏示例。

```
****主程序 ex621.prg，调用过程 PROC2。
SET TALK OFF
v1=10
v2=20
DO PROC2
?v1,v2           &&显示 10   100
CANCEL
*****过程 PROC2
PROCEDURE PROC2
PRIVATE v1
 v1=50
 v2=100
 ?v1,v2          &&显示 50   100
RETURN
```

在过程 PROC2 中，使用 PRIVATE 命令定义了私有变量 v1，并为其赋值 50，它隐藏主程序中的 v1 变量，当过程执行完返回主程序后，主程序中被隐藏的变量 v1 自动恢复，并保持其原有值 10。实际上，主程序中的 v1 变量和过程中的 v1 变量是两个不同的变量。

## 6.3.4　参数的传递

在设计多模块程序时，有时需要在调用模块和被调用模块之间传递一些参数。调用模块发送要传递的参数，被调用模块接收参数并根据接收到的参数控制程序的流程或对接收到的参数进行处理，从而提高程序设计的灵活性。

### 1．参数接收命令

可以使用 PARAMETERS 或 LPARAMETERS 来接收参数，命令格式如下。

格式 1：PARAMETERS <参数表>

格式 2：LPARAMETERS <参数表>

其中，<参数表>中列出的参数也称为形式参数（简称形参），其值没有确定。 形式参数是内存变量或数组元素。当参数多于一个时，各参数间需用逗号隔开。

上述两条命令功能基本相同，PARAMETERS 命令声明的形参变量被看作是模块程序中建立的私有变量，LPARAMETERS 命令声明的形参变量被看作是模块程序中建立的局部变量。不管是 PARAMETERS 命令还是 LPARAMETERS 命令，都应该是模块程序的第一条可执行命令。

### 2．带参数的程序调用命令

主模块调用带参数的模块有以下两种命令格式。

格式 1：DO <模块名> WITH <参数表>

格式 2：<模块名>（参数表）

其中，模块可以是子程序、过程或自定义函数，<参数表>列出的参数叫做实际参数（简称实参）。模块调用时，系统会自动把实参按顺序传递给对应的形参，形参的个数必须多于或等于实参的个数。如果形参的个数多于实参的个数，多余的形参自动取初值逻辑假.F.。

### 3．参数的传递形式

参数的传递采用按值传递和引用传递两种方式。

（1）在调用模块程序时，如果实参变量是常量或表达式，系统会自动计算出表达式的值，并把它们传递给相应的形参变量，这种传递形式称为按值传递。在按值传递方式下，若传递一个变量，应将其括在括号内，这时变量的值在子模块内的改变不会回传给调用模块。

（2）如果传递的实参为内存变量，且该变量没有括在括号内，这种传递形式称为引用传递。此时，引用传递的变量，如果在子模块中被改变，这个变化的值将回传给调用模块。

需要说明的是，当采用格式 2 调用模块程序时，变量的传递方式受到 SET UDFPARMS 命令影响，命令格式如下：

```
SET UDFPARMS TO VALUE|REFERENCE
```

其中，TO VALUE 指的是按值传递，形参变量的改变不会影响实参变量的取值；TO REFERENCE 是引用传递，形参变量改变时，实参变量也会随之改变。

**例 6-22** 按值传递和引用传递示例。

```
****程序 ex622.prg，调用过程 PROC4。
CLEAR
STORE 100 TO x1,x2
SET UDFPARMS TO VALUE                      &&设置按值传递
```

```
DO PROC4 WITH x1,(x2)                    &&x1 引用传递,(x2)按值传递
?"在 SET UDFPARMS TO VALUE 下，用格式 1 时",x1,x2
STORE 100 TO x1,x2
PROC4(x1,(x2))                           &&x1、(x2)均按值传递
?"在 SET UDFPARMS TO VALUE 下，用格式 2 时",x1,x2
*--------------------------------------------------------------
STORE 100 TO x1,x2
SET UDFPARMS TO REFERENCE                &&设置按引用传递
DO PROC4 WITH x1,(x2)                    &&x1 引用传递,(x2)按值传递
?"在 SET UDFPARMS TO REFE 下，用格式 1 时",x1,x2
STORE 100 TO x1,x2
PROC4(x1,(x2))                           &&x1 引用传递,(x2)按值传递
?"在 SET UDFPARMS TO REFE 下，用格式 2 时",x1,x2
CANCEL
****过程 PROC4
PROCEDURE PROC4
PARAMETERS a1,a2
STORE a1+1 to a1
STORE a2+1 to a2
RETURN
```

运算结果如下：

| | | |
|---|---|---|
| 在 SET UDFPARMS TO VALUE 下，用格式 1 时 | 101 | 100 |
| 在 SET UDFPARMS TO VALUE 下，用格式 2 时 | 100 | 100 |
| 在 SET UDFPARMS TO REFE 下，用格式 1 时 | 101 | 100 |
| 在 SET UDFPARMS TO REFE 下，用格式 2 时 | 101 | 100 |

　　　使用格式 1 调用模块程序时，参数传递方式不受 UDFPARMS 值影响；只要将变量用括号括起来，总是按值传递。

# 6.4 程 序 调 试

　　程序调试就是确定程序出错的位置，然后加以改正，一直到满足预定的设计要求。
　　程序的错误有两类：语法错误和逻辑错误。语法错误相对容易发现和修改，当程序运行遇到这类错误时，Visual FoxPro 会自动中断程序的执行，并弹出编辑窗口，显示出错的命令行，给出出错信息，这时可以方便地修改错误。逻辑错误是程序设计方面的错误，这类错误系统很难确定，只有由用户自己来查找。这时往往需要跟踪程序的执行，在动态执行过程中监视并找出程序中的错误。Visual FoxPro 提供调试器工具帮助我们进行这项工作，本节主要介绍调试器的使用。

## 6.4.1　调试器窗口

　　在 Visual FoxPro 窗口中执行菜单命令[工具]\[调试器]或在命令窗口中输入 DEBUG 命令，系统打开调试器窗口。调试器窗口包括跟踪、监视、局部、调用堆栈和调试输出 5 个子窗口，如图 6-11 所示。在 Visual FoxPro 调试器窗口中，选择"窗口"菜单中的相应命令可以有选择地显示或隐藏各子窗口。

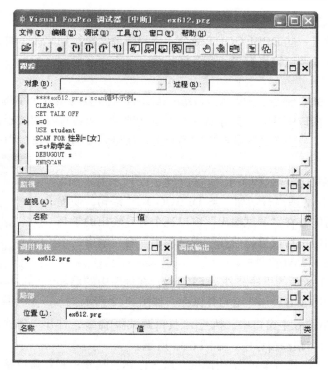

图 6-11　调试器窗口

**1．跟踪窗口**

跟踪窗口用于显示正在调试执行的程序文件。执行调试器窗口的[文件]\[打开]命令可以打开一个需要调试的程序，被打开的程序文件将显示在跟踪窗口里，以便调试和观察。

跟踪窗口左端的灰色区域会显示某些符号，常见的符号及其意义如下。

（1）指向符号⇨调试中正在执行的代码行。

（2）断点符号●可以在某些代码行处设置断点，当程序执行到该代码行时，程序执行中断。

**2．监视窗口**

监视窗口用于监视指定表达式在程序调试执行过程中的取值变化情况。要设置一个监视表达式，可单击窗口中的"监视"文本框，然后输入表达式的内容，按回车键后表达式便添入文本框下方的列表框中。当程序调试执行时，列表框内将显示所有监视表达式的名称、当前值及类型。

双击列表框中的某个监视表达式就可对它进行编辑。用鼠标右键单击列表框中的某个监视表达式，然后在弹出的快捷菜单选择"删除监视"命令可删除一个监视表达式。

**3．局部窗口**

局部窗口用于显示程序中的内存变量的名称、当前取值和类型。可以从"位置"下拉列表框中选择指定一个程序，在下方的列表框中将显示在该程序内有效（可视）的内存变量的当前情况。

用鼠标右键单击局部窗口，然后在弹出的快捷菜单中选择公共、局部、常用、对象等命令，可以控制在列表框内显示的变量种类。

**4．调用堆栈窗口**

调用堆栈窗口用于显示当前处于执行状态的程序、过程或方法程序。若正在执行的程序是一个子程序，那么主程序和子程序的名称都会显示在该窗口中。

**5. 调试输出窗口**

可以在程序中设置一些 DEBUGOUT 命令，当程序调试执行到此命令时，会计算出表达式的值，并将计算结果送入调试输出窗口。命令格式为

```
DEBUGOUT <表达式>
```

为了区别于 DEBUG 命令，命令动词 DEBUGOUT 至少要写出 6 个字母。

若要把调试输出窗口中的内容保存到一个文本文件里，可以选择调试器窗口"文件"菜单中的"另存输出"命令，或选择快捷菜单中"另存为"命令。要清除该窗口中的内容，可选择快捷菜单中的"清除"命令。

**例 6-23** 利用调试器调试程序示例。修改例 6-12 所示的 ex612.prg 程序，在程序文件的适当行增加一条 DEBUGOUT 语句，使程序在调试器中运行时能够在"调试输出"窗口逐个累计输出助学金之和，然后在调试器中进行设置，使在"调试输出"窗口输出的内容保存到文本文件 ex623.txt 文件中。

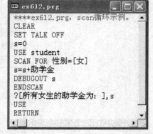

图 6-12　修改后的例 6-12 程序

（1）打开例 6-12 所示的程序文件 ex612.prg，在程序中的循环体内增加一条"DEBUGOUT　s"语句并保存，如图 6-12 所示。

（2）在 Visual FoxPro 主窗口中，执行[工具]\[调试器]命令，打开"调试器"窗口；打开修改完的 ex612.prg，显示在跟踪窗口中，如图 6-13 所示。

（3）在调试器窗口中执行菜单命令[调试]\[运行]，运行结果出现在调试输出窗口中，如图 6-14 所示。

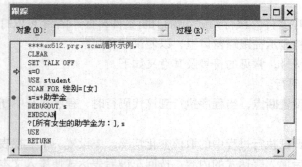

图 6-13　在调试器的跟踪窗口显示的程序

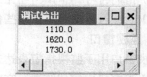

图 6-14　在"调试输出"窗口显示的结果

（4）在调试器窗口中执行菜单命令[文件]\[另存为]，在弹出的"另存为"对话框中输入文件名 ex623.txt，保存后完成。

## 6.4.2　设置断点

在调试程序过程中设置断点是必须的，在 Visual FoxPro 中可以设置以下 4 种类型的断点。

（1）在定位处中断断点。当程序调试执行到断点处将无条件中断或暂停程序运行。这是最普通的一类断点。

（2）条件定位中断断点。在固定位置设置断点，当程序调试执行到该断点时，如果条件表达式的值为真，就中断程序运行。

（3）当表达式值为真时中断断点。可以指定一个条件表达式，只要条件为真，在程序调试执

行过程中可以在任何位置中断程序的运行。

（4）当表达式值改变时中断断点。指定一个条件表达式，在程序执行过程中，只要该表达式值发生改变时，就中断程序运行。

上述 4 种断点设置方法相似，下面仅就第 2 种情况说明。

**例 6-24**　为例 6-12 程序的第 7 行设置条件定位中断断点：s>1500。

（1）在调试器中打开例 6-12 的程序，在指定的第 7 行位置处设置定位中断断点。

（2）执行调试器的[工具]\[断点]命令，打开如图 6-15 所示的"断点"对话框。

（3）在"断点"列表框中选择断点，"定位"和"文件"编辑框将自动显示相关内容。

（4）在"类型"下拉列表中选择"如果表达式值为真则在定位处中断"，在"表达式"编辑框中输入表达式 s>1500。

（5）单击"确定"按钮，完成条件定位断点的设置。

（6）在"调试器"中运行程序时，当执行到该断点且条件满足 s>1500，程序执行将中断。

条件定位断点和定位中断断点一样，在调试程序的左侧显示一个实心圆点。取消条件定位断点的方法和取消定位中断断点的方法也一样，可以用鼠标双击调试左侧的红色实心圆点。还可以在图 6-15 所示的"断点"对话框中删除断点。

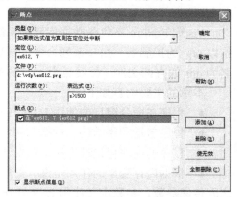

图 6-15　"断点"对话框

## 6.4.3　调试菜单

调试器窗口中的"调试"菜单包含执行程序、选择执行方式、终止程序执行、修改程序以及调整程序执行速度等命令。

（1）运行：执行在跟踪窗口中打开的程序。如果在跟踪窗口里还没有打开程序，那么选择该命令将会打开"运行"对话框。当用户从对话框中指定一个程序后，调试器随即执行此程序，并中断于程序的第一条可执行代码上。

（2）继续执行：当程序执行被中断时，该命令出现在菜单中。选择该命令可使程序在中断处继续往下执行。

（3）取消：终止程序的调试执行，并关闭程序。

（4）定位修改：终止程序的调试执行，然后在文本编辑窗口打开调试程序。

（5）跳出：在跟踪子程序时不再进行单步跟踪，执行剩余代码后直接跳出子程序，并停留在调用该子程序语句的下一行语句。

（6）单步：如果执行的语句正好是过程或函数调用时，把它们作为一条独立的命令单步执行，不进入过程或函数进行跟踪。

（7）单步跟踪：如果执行的语句是过程或函数调用时，进入过程或函数、并单步跟踪过程或函数中的语句。

　当不涉及子程序或过程时，"跳出"、"单步"和"单步跟踪"的效果都是一样的，即单步执行一条语句。

（8）运行到光标处：可以将光标设置在任意命令行，然后选择该命令，程序将从上一次断点执行到光标所在的语句行。

（9）调速：为清楚观察程序执行过程，打开"调整运行速度"对话框，设置两代码行执行之间的延迟秒数。

（10）设置下一条语句：程序中断时选择该命令，可使光标所在行成为恢复执行后要执行的语句。

# 小　结

Visual FoxPro 不仅是数据库管理系统，还是程序设计语言。在 Visual FoxPro 中，程序文件是指以.prg 为扩展名，由一系列命令、函数和常量、变量等语法元素组成的文本文件。另外，扩展名为.qpr 的查询文件、扩展名为.mpr 的菜单程序文件也是程序。

本章的主要内容如下。

- 程序在命令窗口中使用 MODIFY COMMAND 命令建立，使用 DO <程序文件名>运行。
- 程序包括顺序结构、选择结构和循环结构 3 种基本结构。
- 程序的模块化设计方法，包括子程序、过程和自定义函数的概念和设计。
- 根据内存变量的作用范围，变量分为全局变量、局部变量和私有变量。可以在各程序模块之间传递参数，参数定义使用 PARAMETERS 命令。
- 在程序调试器中调试程序的方法。

Visual FoxPro 不仅支持传统的面向过程的程序设计方法，还支持面向对象的程序设计方法，多数程序存在于对象的事件中，下一章我们学习面向对象程序设计，主要包括表单及一些控件，完成学生管理系统中的主界面、输入界面等的开发。

# 思考与练习

**一、问答题**

1. Visual FoxPro 程序的 3 种结构是什么？各用什么语句描述？

2. 说明 SCAN 循环和 DO WHILE 循环的区别。

3. 说明 LOOP 命令和 EXIT 命令的区别。

4. 说明 LOCAL、PRIVATE、PUBLIC 变量的作用域。

5. 参数传递有哪两种形式，有什么特点？

**二、选择题**

1. 在程序中不需要用 PUBLIC 等命令明确定义，可以直接使用的内存变量是（　　　）。

    A. 局部变量　　　　　B. 公共变量　　　　　C. 私有变量　　　　　D. 全局变量

2. 在 Visual FoxPro 中，如果希望一个内存变量只限于在本过程中使用，定义这种内存变量的命令是（　　　）。

    A. PRIVATE　　　　　　　　　　　　　B. PUBLIC

    C. LOCAL　　　　　　　　　　　　　　D. 可以直接使用（不需要定义）

3. 在 DO WHILE … ENDDO 循环结构中，EXIT 命令的作用是（　　　）。

A. 退出过程，返回程序开始处

B. 转移到 DO WHILE 语句行，开始下一次判断和循环

C. 终止循环，将控制转移到本循环结构 ENDDO 后面的第一条语句继续执行

D. 终止程序执行

4. 在 DO WHILE … ENDDO 循环结构中，LOOP 命令的作用是（　　　）。

A. 退出过程，返回程序开始处

B. 转移到 DO WHILE 语句行，开始下一次判断和循环

C. 终止循环，将控制转移到本循环结构 ENDDO 后面的第一条语句继续执行

D. 终止程序执行

5. 在"调试器"中调试程序时，用于显示正在调试的程序文件的窗口是（　　　）。

A. 局部窗口　　　　　　　　　B. 跟踪窗口

C. 调用堆栈窗口　　　　　　　D. 监视窗口

6. 执行下列一组命令之后，选择 score 表所在工作区的命令中错误的是（　　　）。

```
CLOSE ALL
USE student IN 0
USE score IN 0
```

A. SELECT score　　　　　　　B. SELECT 0

C. SELECT 2　　　　　　　　　D. SELECT B

7. 为了调用过程文件中的过程，打开过程文件的命令是（　　　）。

A. OPEN PROCEDURE　　　　　B. MODIFY COMMAND

C. SET PROCEDURE TO　　　　　D. MODIFY PROCEDURE

8. 下列程序文件中，不可以用 DO 命令执行的是（　　　）。

A. .prg 文件　　　B. .app 文件　　　C. .mpr 文件　　　D. .dbc 文件

三、填空题

1. 在 Visual FoxPro 中，用命令 PUBLIC x 声明公共变量 x 后，x 在未赋值之前的默认值是＿＿＿＿＿。

2. 在 Visual FoxPro 中参数传递的方式有两种，一种是按值传递，另一种是引用传递，将参数设置为引用传递的语句是：SET UDFPARMS＿＿＿＿＿＿＿。

3. 如下程序段的输出结果是＿＿＿＿＿＿＿。

```
*****程序文件名：T3.prg
i=1
DO WHILE i<10
i=i+2
ENDDO
?I
```

4. 下面程序，执行命令 DO T4 后的运行结果是＿＿＿＿＿＿＿。

```
*****程序文件名：T4.prg
SET TALK OFF
CLOSE ALL
CLEAR ALL
mX="Visual FoxPro"
mY="二级"
DO s1
?mY+mX
```

```
RETURN
***过程 s1
PROCEDURE s1
LOCAL mX
mX="Visual FoxPro DBMS 考试"
mY="计算机等级"+mY
RETURN
```

5. 下面程序，执行命令 DO T5 后的运行结果是＿＿＿＿＿。

```
****程序文件名：T5.PRG
SET TALK OFF
a=5
b=10
DO SUB1 WITH 2*a, b
??" a = ",a, "b = ",b
SET TALK ON
RETURN
***过程 SUB1
PROC SUB1
PARA x, y
y=x*y
? "y="+STR（y,3）
RETURN
```

**四、操作题**

1. 编写程序。程序运行时，接收从键盘上任意输入的 10 个逻辑值，统计并输出其中逻辑真值的个数。

2. 编写程序。计算并显示 1～100 以内的奇数平方和、偶数立方和。

3. 编写程序。实现从键盘输入一串字符（口令），判断输入的口令是否与系统口令（"123456"）一致。若一致则显示"欢迎进入本系统"；否则显示"口令不正确，请重新输入"，给 3 次输入机会，输入次数超过 3 次显示"你无权进入本系统"。

4. 编写程序。实现从键盘上输入任意一个 3 位数，将其逆序输出。例如，输入 123，输出 321。

5. "水仙花"数是指一个 3 位数，其各位数字的立方和等于该数本身（如 $153=1^3+5^3+3^3$）。编写程序，输出所有的水仙花数。

6. 编写程序。程序运行时，将从键盘上输入的任意 10 个数存放在数组中，并找出其中的最小数。

7. 编写程序，利用参数传递和过程，计算 3! +4! +5!。

8. 编写程序，在屏幕输出如下图形。

```
        *
       ***
      *****
     *******
```

# 第 7 章
# 表单及控件的应用

表单是 Visual FoxPro 提供的一种可视化工具，是建立应用程序界面最主要的工具之一。通过表单中包含的各种控件以及利用事件驱动的编程机制，可以实现可视化编程。本章首先介绍可视化编程的基本概念，然后介绍表单的属性、方法、事件及表单的操作方法，最后介绍常用表单控件的使用，并完成学生管理系统中登录、维护及查询表单的设计。

## 7.1　可视化编程的概念

与传统的面向过程的编程方法不同，Visual FoxPro 采用的是面向对象、事件驱动的编程方法。面向对象的编程方法不再以"过程"为中心考虑应用程序的结构，而是面向可视的"对象"考虑如何响应用户的动作。通过建立若干可视的对象以及为每个对象设计由用户事件驱动的处理程序，从而构成一个大型的应用系统，这种编程方法就是"可视化编程"。

### 7.1.1　对象的属性、事件与方法

**1. 对象**

客观世界的任何实体都是对象（Object）。对象可以是有形的，如一个学生、一辆汽车，也可以是无形的，如一次会议，一次考试。在 Visual FoxPro 的可视化编程中，常见的对象有表单、命令按钮、文本框、标签等。

每个对象都具有自己的一组静态特征和一组动态行为。例如，一个学生具有姓名、年龄、性别、所在学校等静态特征，又具有吃饭、睡觉、学习、参加考试等动态行为。对象的静态特征用属性来表示，对象的动态行为用方法来描述。

在可视化编程中，对象被定义为由属性和方法组成的实体。一个对象建立以后，其操作就通过与该对象有关的属性、事件和方法来描述。

**2. 对象的属性**

一个属性（Property）用来描述对象的一个静态特征，每个对象都由若干属性来描述，如汽车的属性有颜色、型号、马力、生产厂家等。在 Visual FoxPro 中，一个命令按钮是一个对象，它有名称（Name）、标题（Caption）、是否可见（Visible）等属性。通过设置对象的属性，可以有效地控制对象的外观和操作。

**3. 对象的事件**

事件（Event）是由 Visual FoxPro 预先定义好的、由用户或系统触发的动作，如单击（Click）

事件、双击（DblClick）事件、初始化（Init）事件、装入（Load）事件等。

事件作用于对象，由对象识别并做出相应反应。当事件由用户触发（如用户用鼠标单击一个命令按钮引发 Click 事件）或由系统触发（如表单运行时系统引发 Load 事件）时，对象会对事件做出响应，并执行相应的事件代码。

Visual FoxPro 中的事件集是固定的，用户不能建立新的事件。

#### 4. 对象的方法

方法（Method）是与对象相关联的过程，用来描述对象的行为。方法被封装在对象之中，与对象紧密联系，不同的对象具有不同的方法，例如，表单的 Release 方法用来释放并关闭表单，文本框的 SetFocus 方法使其获得焦点。

与事件不同，用户可以根据需要自行建立新的方法。

#### 5. 类

将具有相同性质的对象归结为一类，类（Class）是一个抽象的概念。同一个类的对象具有相同的特性，即相同的属性和方法。类是对象的模板，创建对象前首先要定义类，基于某个类就可以生成该类的一个或多个具体的对象。我们将一个对象称作类的一个实例。

例如，定义一个"教师"类，类的定义中包括属性——姓名、性别、职称、工资等，类的定义中还包括方法——授课、评职称、调工资等。在"教师"类基础上创建的每个教师对象都具有类中定义的属性和方法。

Visual FoxPro 系统提供了丰富的基础类，用户可以根据这些基类创建对象，也可以根据需要扩展基类创建自己的新类。

#### 6. 子类与继承

类具有继承性，子类可以继承父类。子类继承了父类的属性和方法，并可以添加自己的新的属性和方法，如定义交通工具为父类，汽车、飞机、轮船为其子类，则子类不仅具有交通工具的所有共同特性，而且具有各自的特征。

### 7.1.2 Visual FoxPro 中的类与对象

#### 1. Visual FoxPro 中的基类

Visual FoxPro 系统本身提供的类一般称为基类，每个 Visual FoxPro 基类都有自己的一套属性、方法和事件。Visual FoxPro 的基类包括表单（Form）、标签（Label）、文本框（TextBox）、命令按钮（CommandButton）等。用户可以直接创建这些基类的对象，并利用对象名访问对象的属性及调用对象的方法，其基本格式如下：

&lt;对象名&gt;.&lt;对象属性&gt;

&lt;对象名&gt;.&lt;对象方法&gt;[ (...) ]

用户也可以利用类的继承性，扩充基类以创建自己的新类。此时，基类称为父类，继承父类的新类称为子类。子类继承了父类所有的属性、方法和事件，并可增加新的属性和方法。

#### 2. 容器与控件

Visual FoxPro 中的类可分为两种类型：容器类和控件类。基于这两种类生成的对象也相应地称为容器对象和控件对象。

容器对象是可以包含其他控件或容器的对象，如表单集、表单、表格等都是容器对象。控件对象是一种图形化的构件，控件可以在表单上显示出来，并可通过控件与用户进行交互，如命令按钮、复选框等都是控件对象。控件只能包含在容器中，不能包含其他的对象。

130

当一个容器对象包含其他对象时，该容器对象被称为父对象，被包含的对象称为子对象。

表 7-1 所示为 Visual FoxPro 中的常用容器及其所能包含的对象。

表 7-1　　　　　　　　　Visual FoxPro 中的常用容器及其所能包含的对象

| 容　　　器 | 包含的对象 |
|---|---|
| 表单集 | 表单、工具栏 |
| 表单 | 任意控件、页框、Container 对象、命令按钮组、选项按钮组、表格等对象 |
| 表格 | 表格列 |
| 表格列 | 表头以及除表单集、表单、工具栏、定时器和其他列对象以外的任意对象 |
| 页框 | 页 |
| 页 | 任意控件、Container 对象、命令按钮组、选项按钮组、表格等对象 |
| 命令按钮组 | 命令按钮 |
| 选项按钮组 | 选项按钮 |
| Container 对象 | 任意控件、页框、命令按钮组、选项按钮组、表格等对象 |

从表 7-1 中可以看出，有的对象既是容器，也可以作为其他容器中的对象。例如，页框既是容器，也可以被包含在表单等容器中，作为其中的对象。

容器也是一种特殊的控件，如不特别说明，下文所讲的控件既包括控件类对象，也包括容器类对象。

# 7.2　表单的操作

表单是 Visual FoxPro 中建立应用程序界面的最主要工具之一，是进行可视化编程的基础。表单中可以包含各种图形控件，利用这些控件可以快速地开发出应用程序的输入/输出界面，构建系统与用户之间友好的交互平台。

## 7.2.1　表单的建立与运行

表单设计器和表单向导是创建表单的两种常用方法。通过运行表单可以生成表单对象，表单运行后所打开的窗口提供了应用程序和用户之间交互的界面。

### 1.　建立表单

在 Visual FoxPro 中建立表单有以下两种常用方法。

（1）使用表单向导（包括简单表单向导和一对多表单向导两种）来建立表单，适用于创建基于数据表的表单。

（2）使用表单设计器创建新表单，适用于交互式、可视化地设计表单。

表单向导提供了一种快速建立表单的方法，但向导本身的局限性使其往往无法满足用户的要求。表单向导将在 7.4 节中介绍。

在这里，我们先介绍使用表单设计器建立表单。在建立表单时，可以使用下列 3 种方法打开表单设计器。

- 执行菜单命令[文件]\[新建]，或者直接单击"常用"工具栏上的"新建"按钮，在弹出的

"新建"对话框中选择"表单"选项，单击"新建文件"按钮。如图7-1所示。

● 在命令窗口中输入 CREATE FORM [<表单文件名>]命令。

● 在"项目管理器"的"文档"选项卡中也可以创建表单。

以上3种方法都将打开"表单设计器"窗口，如图7-2所示。在表单设计器环境下，用户可以采用可视化的方式设计表单。

图7-1  "新建"对话框

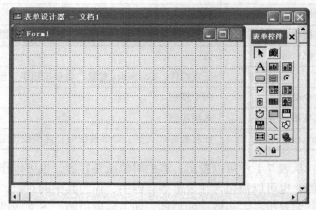

图7-2  "表单设计器"窗口

要保存设计好的表单，可以在表单设计器环境下，执行菜单命令[文件]\[保存]，或者直接单击"常用"工具栏上的"保存"按钮，在打开的"另存为"对话框中指定表单文件的文件名。

保存表单时，将同时生成一个扩展名为.scx的表单文件和一个扩展名为.sct的表单备注文件。

**2．修改表单**

一个表单被创建并保存后，还可以使用表单设计器进行进一步的编辑修改。要修改已有的表单，可以使用下列方法打开表单文件并进入表单设计器窗口。

● 执行菜单命令[文件]\[打开]，或者直接单击"常用"工具栏上的"打开"按钮，弹出"打开"对话框，在"文件类型"下拉列表中选择"表单（*.scx）"，然后在列出的表单文件列表中选择所要打开的表单文件，单击"确定"按钮。

● 在命令窗口中输入 MODIFY FORM <表单文件名>命令，打开<表单文件名>指定的表单文件。如果指定的表单文件不存在，系统将自动启动表单设计器创建一个新表单。

● 在"项目管理器"的"文档"选项卡中也可以打开表单设计器修改表单。

**3．运行表单**

运行表单可以使用下列方法。

● 打开表单文件，在"表单设计器"环境下执行菜单命令[表单]/[执行表单]，或者单击"常用"工具栏中的"运行"按钮 ! 。

● 执行菜单命令[程序]\[运行]，弹出"运行"对话框，在"文件类型"下拉列表中选择"表单"，在列出的表单文件列表中选择要运行的表单文件，单击"运行"按钮。

● 在命令窗口中输入命令：

```
DO FORM <表单文件名> [NAME<变量名>]
WITH <实参1> [,<实参2>,…] [LINKED] [NOSHOW]
```

如果使用 NAME 子句，系统将建立指定名字的变量，并使它指向表单对象；否则，系统将建立与表单文件同名的变量指向表单对象。

如果使用 WITH 子句，那么在表单运行引发 Init 事件时，系统会将各实参变量的值传递给 Init 事件代码 PARAMETERS 或 LPARAMETERS 子句中的各形参变量。

如果使用 LINKED 关键字，表单对象将随着指向它的变量的清除而释放；否则，即使变量已经清除，表单对象依然存在。

如果包含 NOSHOW 关键字，表单运行时将不会自动显示，直到表单对象的 Visible 属性被设置为.T.，或者调用了 Show 方法。

● 在"项目管理器"的"文档"选项卡中，选中要运行的表单文件，单击"运行"按钮也可以运行表单。

## 7.2.2　表单的属性、事件和方法

表单对象作为 Visual FoxPro 的基类——Form 类的对象，有其自身的属性、事件和方法。

### 1. 表单的属性

表 7-2 所示为表单自身的常用属性，通过设置表单的属性可以设定表单的外观和行为。

表 7-2　常用的表单属性

| 属性 | 说　明 | 默认值 |
| --- | --- | --- |
| AlwaysOnTop | 指定表单是否总是位于其他打开窗口之上 | .F. |
| AutoCenter | 指定表单初始化时是否自动在 Visual FoxPro 窗口内居中显示 | .F. |
| BackColor | 指定表单窗口的颜色 | 255，255，255 |
| BorderStyle | 指定表单边框的风格 | 3-可调边框 |
| Caption | 指定表单标题栏上显示的文本 | Form1 |
| Closable | 指定表单标题栏上的关闭按钮是否可用 | .T. |
| MaxButton | 指定表单的标题栏上是否有最大化按钮 | .T. |
| MinButton | 指定表单的标题栏上是否有最小化按钮 | .T. |
| Movable | 指定表单是否能够移动 | .T. |
| Name | 指定在代码中用以引用对象的名称 | Form1 |
| ScrollBars | 指定表单的滚动条类型：0-无，1-水平，2-垂直，3-既水平又垂直 | 0 |
| WindowState | 指定表单的状态：0-普通，1-最小化，2-最大化 | 0 |
| WindowType | 指定表单是模式表单还是无模式表单。如果运行了一个模式表单，则在关闭该表单之前不能访问 Windows 窗口中的任何其他对象 | 0-无模式 |

### 2. 表单的事件和方法

表单的事件和方法有许多，但只有很少的一部分被经常用到，下面介绍表单的一些常用事件与方法。

（1）常用的表单事件

Load 事件——在表单对象建立之前引发。

Init 事件——在表单对象建立时引发。在表单对象的 Init 事件引发之前，将先引发表单中所包含的控件对象的 Init 事件，所以在表单的 Init 事件代码中可以访问表单中所包含的控件对象。

Activate 事件——当表单被激活时引发。

在打开一个表单时，上述 3 个事件的先后引发顺序为：Load、Init、Activate。

Destroy 事件——在表单被释放时引发。当表单被释放时，将先引发表单对象的 Destroy 事件，然后才引发表单所包含的控件对象的 Destroy 事件，所以在表单的 Destroy 事件代码中可以访问表单中所包含的控件对象。

Unload 事件——在表单被关闭时引发。

在关闭一个表单时，先引发表单的 Destroy 事件，然后引发表单中所包含控件的 Destroy 事件，最后引发表单的 Unload 事件。

（2）常用的表单方法

Release 方法——释放表单，将表单从内存中清除。调用该方法的命令格式为

```
ThisForm.Release
```

Refresh 方法——刷新表单，重新绘制表单并刷新它的所有值。当表单被刷新时，表单上的所有控件也被刷新。

Hide 方法——隐藏表单，该方法将表单的 Visible 属性设置为.F.。

Show 方法——显示表单，该方法将表单的 Visible 属性设置为.T.。

**例 7-1**　建立表单 Form1.scx，并按下面的要求设置表单的事件代码，然后保存并运行表单。要求如下：

```
Load 事件代码：WAIT "引发 Load 事件"WINDOW
Init 事件代码：WAIT "引发 Init 事件"WINDOW
Activate 事件代码：WAIT "引发 Activate 事件"WINDOW
Destroy 事件代码：WAIT "引发 Destroy 事件"WINDOW
Unload 事件代码：WAIT "引发 Unload 事件"WINDOW
```

（1）在命令窗口中输入命令 MODIFY FORM Form1，打开表单设计器窗口。

（2）执行菜单命令[显示]/[代码]或双击表单空白处，打开代码编辑窗口。

（3）从"过程"列表框中选择 Load，然后在编辑区中输入事件代码：

```
WAIT "引发 Load 事件" WINDOW
```

采用同样的方法输入其他 4 个事件代码，然后关闭代码编辑窗口。

（4）执行菜单命令[文件]\[保存]，保存表单文件为 Form1.scx，然后关闭表单设计器。

（5）在命令窗口中输入命令：DO FORM Form1，运行表单文件 Form1.scx。

执行命令后，首先在屏幕上出现提示信息"引发 Load 事件"，按任意键后显示提示信息"引发 Init 事件"，再次按任意键，显示提示信息"引发 Activate 事件"，同时表单显示在 Visual FoxPro 主窗口中。

单击"关闭"按钮关闭表单时，首先显示提示信息"引发 Destroy 事件"，按任意键后显示提示信息"引发 Unload 事件"，再次按任意键后关闭表单，返回命令窗口。

### 7.2.3　表单设计器

与 Visual FoxPro 提供的其他设计器一样，表单设计器是一个设计表单的可视化工具，表单的设计工作是在表单设计器中进行的。

#### 1. 表单设计器窗口

新建表单或修改已有的表单都会打开"表单设计器"窗口，参见图 7-2。表单设计器中包含

一个新创建的表单或者是待修改的表单，可以在表单上添加和修改控件。在表单设计器中可以对表单进行改变大小、移动、最大化和最小化等操作。

### 2. 表单设计器工具栏

表单设计器窗口打开后，一般会同时打开"表单设计器"工具栏。如果没有出现"表单设计器"工具栏，可以执行菜单命令[显示]\[工具栏]，在"工具栏"窗口中可以打开或关闭"表单设计器"工具栏。

"表单设计器"工具栏中包含"设置 Tab 键次序"、"数据环境"、"属性窗口"、"代码窗口"、"表单控件工具栏"、"调色板工具栏"、"布局工具栏"、"表单生成器"、"自动格式"等按钮，如图 7-3 所示。

### 3. 表单控件工具栏

在表单中可以放置各种控件对象。"表单控件"工具栏中提供了 Visual FoxPro 中常用的 21 个控件，如图 7-4 所示。要打开"表单控件"工具栏，可以单击"表单设计器"工具栏中的"表单控件工具栏"按钮，或者执行菜单命令[显示]\[表单控件工具栏]。

图 7-3　"表单设计器"工具栏

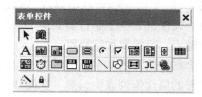

图 7-4　"表单控件"工具栏

利用"表单控件"工具栏，可以在表单上添加各种控件对象，方法如下：

单击"表单控件"工具栏中的控件按钮，然后将鼠标移至表单窗口的适当位置，按下鼠标左键并拖动鼠标的十字指针绘制出一个大小适当的控件对象。

除了各种控件外，"表单控件"工具栏中还包含以下 4 个按钮。

"选定对象"按钮。当该按钮处于按下状态时，可以选定一个或多个已创建的对象，对选定的对象进行编辑。如果在"表单控件"工具栏中单击选中了某个控件按钮，则"选定对象"按钮自动弹起，在表单中添加了控件后，"选定对象"按钮又自动转为按下状态。

"查看类"按钮。单击"查看类"按钮，出现弹出式菜单，利用弹出菜单中的"添加"命令，可以将类库中保存的用户自定义类添加到"表单控件"工具栏中，这样，用户不仅可以使用 Visual FoxPro 提供的基类，还可以使用用户自定义的类。如果选择了一个自定义类，工具栏上将只显示选定类库中的按钮，要使"表单控件"工具栏重新显示 Visual FoxPro 基类，可单价"查看类"按钮，在弹出菜单中选择"常用"命令。

"生成器锁定"按钮。按下该按钮后，向表单中添加控件时，系统将会自动打开控件的生成器对话框，用户可以使用生成器快速地设置控件的常用属性。

"按钮锁定"按钮。该按钮处于按下状态时，在"表单控件"工具栏中单击某个控件按钮后，可以在表单中连续添加多个该类型的控件，而不需要多次按此控件按钮。

### 4. 属性窗口

通过"属性"窗口，可以设置或修改表单以及表单中所包含的控件的属性值。要打开"属性"窗口，可以单击"表单设计器"工具栏中的"属性窗口"按钮，或者执行菜单命令[显示]\[属性]。

"属性"窗口如图 7-5 所示，"属性"窗口中包括对象框，属性设置框，属性、事件、方法的列表框，以及属性说明框。

对象框用来显示当前所选定的对象名称。单击对象框右端的下拉箭头，可以看到当前表单以及表单中所包含的全部对象的名称列表，从列表中可以选择要编辑的对象。也可以用鼠标左键单击表单或表单中的控件以选定要编辑的对象，选定的对象名称会显示在对象框中。

属性列表框中显示当前所选定对象的所有属性、事件和方法，这些属性、事件和方法按分类方式显示，分为全部、数据、方法程序、布局和其他等选项卡。用户可以从属性列表中选择一项进行设置。

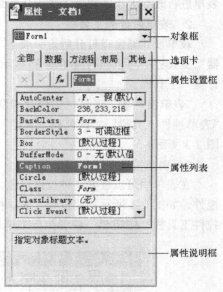

图 7-5 "属性"窗口

在属性列表框中选择对象的一个属性，窗口中将出现属性设置框，在其中可以设置对象的属性值。在属性设置框中输入属性值后按回车键，或者单击 ✓ 按钮确认对此属性的修改，单击 × 按钮取消修改，恢复原来的值。

如果要为属性设置一个字符型的值，可以在属性设置框中直接输入，不需要加定界符。

如果某个属性值需要从系统提供的一组预定义值中选择，则可以单击属性设置框右侧的下拉箭头，从打开的属性值列表中选择。在属性列表框中双击属性，也可以在各个系统预定义的属性值中切换。

有些属性的设置框右侧会出现一个 ▦ 按钮，单击该按钮将打开一个对话框，在对话框中设置属性值。

单击属性设置框左侧的"函数($f_x$)"按钮，将打开表达式生成器，可以利用其建立表达式，并将表达式的值赋给属性，也可以在设置框中先输入等号，再输入表达式。

在属性列表中选择一个属性，就会在属性说明框中显示出该属性的说明信息。

5. 代码窗口

在表单中创建控件并设置控件的属性后，就要为控件编写事件代码。事件代码就是为对象所编写的程序，事件代码是由用户事件驱动执行的。

事件代码是在代码窗口中编写的。打开代码窗口的方法是：在表单中选定需要编写代码的对象，单击"表单设计器"工具栏中的"代码窗口"按钮；或者直接用鼠标左键双击需要编写代码的对象打开对应的代码窗口。代码窗口如图 7-6 所示。

代码窗口的"对象"下拉列表框中列出了当前表单以及表单中所包含的控件名称，控件前面的缩进表示对象的包容关系。"过程"下拉列表框中列出了所选对象的事件和方法名称，从中选择一个事件，在代码编辑区中为该事件编写代码。

例 7-2 创建一个带有"关闭"按钮的表单 Form2.scx。通过该例子，说明可视化编程的一般步骤。

（1）创建表单。执行菜单命令[文件]\[新建]，在"新建"对话框中选择"表单"选项，单击"新建文件"按钮，创建表单并打开"表单设计器"窗口。

（2）添加控件。单击"表单控件"工具栏上的"命令按钮"，在表单上添加一个命令按钮，如图 7-7 所示。

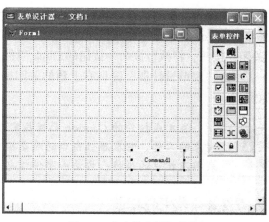

图 7-6　代码窗口

图 7-7　在表单上添加控件

（3）设置属性。在"属性"窗口的对象框中选择表单对象"Form1"，也可在表单窗口的空白处单击鼠标左键选中表单对象。在属性列表框中选择标题属性"Caption"，将其改为"我的表单"；再将"Name"属性改为"MyForm"。表单的属性设置如图 7-8 所示。

在"属性"窗口的对象框中选择命令按钮对象"Command1"，或者在表单上用鼠标左键单击选中该命令按钮，将其"Caption"属性改为"关闭"，将其"Name"属性改为"CmdClose"。设置好属性后的表单如图 7-9 所示。

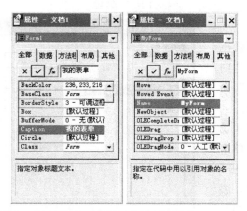

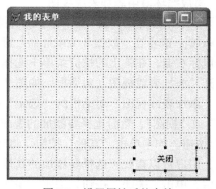

图 7-8　设置表单的属性

图 7-9　设置属性后的表单

（4）编写代码。在表单窗口中用鼠标左键双击标题为"关闭"的命令按钮 CmdClose，打开代码窗口。在代码窗口的"对象"列表框中选择"CmdClose"对象，在"过程"列表框中选择"Click"事件，在代码编辑窗口中输入事件代码：ThisForm.Release，如图 7-10 所示。单击代码窗口右上角的关闭按钮，关闭代码窗口。

图 7-10　编写事件代码

（5）保存并运行表单。执行菜单命令[文件]\[保存]，在"另存为"对话框中指定表单文件的文件名为 Form2.scx。单击"常用"工具栏上的"运行"按钮，运行表单。在运行后的表单中单击"关闭"按钮，将执行该命令按钮的 Click 事件代码，关闭表单，返回到"表单设计器"窗口。

单击"表单设计器"窗口右上角的关闭按钮，关闭表单设计器，结束 Form1 表单的建立和运行。

> 表单或控件的 Caption 属性指定显示的标题；Name 属性是在程序代码中用以引用的对象的名称，它在属性窗口的对象框中显示；表单文件名在表单保存时使用，它保存了表单及控件的属性、方法和事件信息。

## 7.2.4 数据环境

数据环境是表单的数据来源，数据环境中可以包含表单所要使用的表和视图以及表之间的联系。使用"数据环境设计器"可以为表单设置数据环境。

### 1. 打开数据环境设计器

在表单设计器中，可以使用下列方法打开"数据环境设计器"窗口。

- 单击"表单设计器"工具栏上的"数据环境"按钮。
- 执行菜单命令[显示]\[数据环境]。
- 在表单的空白处单击鼠标右键，在弹出的快捷菜单中选择"数据环境"命令。

"数据环境设计器"窗口打开时，系统菜单栏上将出现"数据环境"菜单。

### 2. 向数据环境中添加表或视图

打开"数据环境设计器"窗口，执行菜单命令[数据环境]\[添加]，或者在"数据环境设计器"窗口中的空白处单击鼠标右键，在弹出的快捷菜单中选择"添加"命令，打开"添加表或视图"对话框，如图 7-11 所示。

在"添加表或视图"对话框的"选定"按钮组中选择"表"或"视图"，然后选择要添加的表或视图，单击"添加"按钮。如果单击"其他"按钮，将弹出"打开"对话框，用户可以查找并选择要添加的其他表文件。添加完毕后，单击"关闭"按钮，关闭"添加表或视图"对话框。

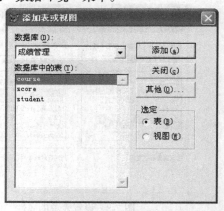

图 7-11　"添加表或视图"对话框

> 打开"数据环境设计器"时，如果数据环境中没有添加任何表或视图，系统将自动打开"添加表或视图"对话框，如图 7-11 所示，用户可以选择要添加到数据环境中的表或视图。如果数据环境是空的并且当前没有打开的数据库文件，系统还将自动弹出"打开"对话框，用户可以选择要添加到数据环境中的表文件。

### 3. 从数据环境中移去表或视图

在数据环境设计器中，可以使用下列方法从数据环境中移去不需要的表或视图。

- 单击选中要移去的表或视图，然后执行菜单命令[数据环境]\[移去]。
- 在要移去的表或视图上单击鼠标右键，在弹出的快捷菜单中选择"移去"命令。

当表从数据环境中移去时，与这个表有关的所有关系也将从数据环境中消失。

#### 4. 在数据环境中编辑关系

在数据库中，表和表之间往往具有一些设置好的永久性关系。当把表添加到数据环境中时，这些关系也将自动添加到数据环境中。

如果表之间没有关系，也可以在数据环境中为表设置关系，方法是：将关联字段从主表拖动到子表中相匹配的索引（或字段）上。在数据环境中，表之间的关系以一条连线表示，如图 7-12 所示。

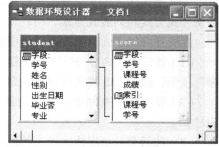

如果要删除数据环境中表之间的关系，可以用鼠标单击选中该关系的连线，然后按 Delete 键。

图 7-12　"数据环境"中表之间的关系

数据环境中表之间的关系可以看作是数据环境中的对象，因而它具有自己的属性、事件和方法。要设置关系的属性，可以单击选中表示关系的连线，然后在"属性"窗口中设置其属性。

## 7.2.5　表单对象的操作与布局

在设计表单时，经常要根据实际情况对表单中控件的摆放位置、大小进行改变，或者对控件进行复制、删除等操作。

#### 1. 表单中控件的基本操作

（1）控件的选定

要操作表单中的控件，首先要选定控件。用鼠标单击一个控件，就可以选定该控件，被选定的控件周围出现 8 个黑色控点。在表单上用鼠标拖动出的框围住多个控件，可以实现选定多个相邻控件的操作。如果控件不相邻，可以按住 Ctrl 键，再用鼠标单击选定多个控件。

（2）控件的缩放和移动

拖动被选定的控件周围的控点可以改变控件的大小。要移动控件，只需用鼠标指向控件内部，按下鼠标左键并拖动控件到表单中的任何位置。

另外，改变控件的 Width、Height、Top 和 Left 属性也可以改变控件的大小和位置。

（3）控件的复制与删除

选定控件，利用"复制"（Ctrl+C）和"粘贴"（Ctrl+V）命令可以在表单中复制控件。要删除控件，只需先选定控件，然后按 Delete 键，或使用"剪切"（Ctrl+X）命令。

（4）在表单上添加多个同类控件

如果需要在表单上添加多个同类的控件，可以利用"按钮锁定"功能。在"表单控件"工具栏中单击"按钮锁定"按钮使其处于按下状态，然后在"表单控件"工具栏中单击所需控件的图标，就可以在表单上连续画出控件，直到再次单击"按钮锁定"按钮取消该功能。

#### 2. 布局工具栏

当表单中有多个控件时，利用"布局"工具栏可以方便地设置多个选定控件的相对位置和大小。在"表单设计器"工具栏中单击"布局工具栏"按钮可以打开"布局"工具栏。

要利用"布局"工具栏调整控件之间的相对位置和大小，首先要选定多个需要进行设置的控件，只有选定多个控件后，"布局"工具栏上的按钮才会变成可用状态。

"布局"工具栏上共有 13 个按钮，如图 7-13 所示。

图 7-13　"布局"工具栏

### 3. 设置 Tab 键次序

当表单运行时，用户可以反复按 Tab 键来依次选择表单中的控件，使焦点在控件间移动。控件的 Tab 键次序决定了反复按 Tab 键时控件的选择次序。可以通过两种方式来设置 Tab 键次序，即交互式方式和列表式方式。

在交互方式下，设置 Tab 键次序的步骤如下。

（1）执行菜单命令[显示]/[Tab 键次序]，或者单击"表单设计器"工具栏中的"设置 Tab 键次序"按钮，进入 Tab 键次序设置状态。此时，控件左上角显示该控件的 Tab 键次序号码。

（2）双击某个控件可以将其设置为 Tab 键次序中的第一个控件，该控件的 Tab 键次序号码为"1"。

（3）按需要的顺序依次单击其他控件，控件的 Tab 键次序号码将按照单击的顺序变化。

（4）单击表单的空白处，确认 Tab 键次序的设置，退出 Tab 键次序设置状态。

# 7.3  常用表单控件的应用

表单是 Visual FoxPro 的可视化编程的主要工具。设计表单就是通过在表单中放置各种所需的控件对象，并设置控件的属性、编写控件的相关事件代码、调用控件的方法，通过用户与表单控件的交互，调用控件的事件代码，完成系统功能。因此，掌握 Visual FoxPro 提供的常用表单控件，以及熟悉控件的常用属性、事件和方法是进行可视化编程的关键。

"表单控件"工具栏中提供了 Visual FoxPro 中常用的 21 个控件，参见图 7-4。每个控件都有自己的属性、事件和方法。

### 1. 控件的属性

在表单设计器中利用"属性"窗口可以设置表单控件的属性。另外，也可以将属性的设置以程序语句的形式写在某个控件的事件代码中，在程序运行时动态地改变控件的属性值。在程序中设置控件对象的属性值的一般形式为

对象名.属性名=属性值

### 2. 控件的事件和方法

事件是由对象识别的动作，当某个事件由用户或系统触发时，对象会对事件做出响应，并执行相应的事件代码。例如，用户用鼠标单击表单上的一个命令按钮，将触发命令按钮的 Click 事件，命令按钮响应该事件，执行预先编写好的 Click 事件代码。

方法用于完成某种特定的功能，方法只能在运行中由程序调用。在程序中调用对象方法的格式为

[[变量名]=]对象名.方法名[(…)]

表 7-3 所示为 Visual FoxPro 中控件的常用事件和方法。

表 7-3　　　　　　　　　　　控件的常用事件和方法

| 事件或方法 | 说　　明 |
| --- | --- |
| Click 事件 | 用鼠标单击对象时发生 |
| DblClick 事件 | 用鼠标双击对象时发生 |
| RightClick 事件 | 用鼠标右键单击对象时发生 |

续表

| 事件或方法 | 说　　明 |
|---|---|
| GotFocus 事件 | 当对象获得焦点时发生 |
| InteractiveChange 事件 | 当用键盘或鼠标改变控件的值时发生 |
| KeyPress 事件 | 当按下并释放一个键时发生 |
| MouseDown 事件 | 当按下鼠标时发生 |
| Valid 事件 | 在控件失去焦点前发生 |
| Init 事件 | 创建一个对象时发生 |
| Refresh 方法 | 重新绘制表单或控件并刷新它的所有值 |
| SetFocus 方法 | 让控件获得焦点，使之成为活动对象 |

#### 3. 对象的引用

由于表单和控件之间、控件和控件之间具有相互包含的层次关系，因而在程序中引用对象时，必须指明对象在容器层次中的位置。表 7-4 中所示的属性或关键字经常用来指明对象的引用位置。

表 7-4　　　　　　　　　　在容器中引用对象的属性或关键字

| 属性或关键字 | 引　　用 |
|---|---|
| Parent | 包容当前对象的直接容器对象 |
| This | 当前对象 |
| ThisForm | 当前对象所在的表单 |
| ThisFormSet | 当前对象所在的表单集 |

表 7-5 所示为利用上述属性和关键字设置对象属性的示例。

表 7-5　　　　　　　　　　在容器中引用对象的示例

| 命　　令 | 命令功能及命令可以出现的位置 |
|---|---|
| ThisFormSet.frm1.cmd1.Caption="关闭" | 设置本表单集中名为 frm1 的表单中的 cmd1 对象的 Caption 属性为"关闭"。此引用可以出现在表单集的任意表单中的任意对象的事件或方法代码中 |
| ThisForm.cmd1.Caption="关闭" | 设置本表单的名为 cmd1 对象的 Caption 属性为"关闭"。此引用可以出现在 cmd1 所在表单的任意对象的事件或方法代码中 |
| This.Caption="关闭" | 设置当前对象的 Caption 属性为"关闭"。此引用可以出现在该对象的事件或方法代码中 |
| This.Parent.Caption="关闭" | 设置当前对象的父对象的 Caption 属性为"关闭"。此引用可以出现在该对象的事件或方法代码中 |

Visual FoxPro 基本控件提供了可视化编程的基本对象。本节将主要介绍标签、命令按钮、文本框、选项按钮组、复选框、列表框、组合框等控件的用法。

## 7.3.1　标签

标签（Label）控件通常用来显示文本，通过设置标签的 Caption 属性来指定标签上显示的文本内容。

标签的常用属性如下。

- Caption 属性：指定标签的标题文本。很多控件都具有 Caption 属性。

所有控件都具有 Name 属性，Name 属性用来指定控件的名称。在表单上添加一个控件时，控件的 Caption 属性和 Name 属性默认值是相同的。但是，在编写代码时，应该用 Name 属性值而不是 Caption 属性值来引用对象。同一表单内的两个控件不能有相同的 Name 属性。

- Alignment 属性：指定标题文本在控件区域中的对齐方式。对于标签来说，该属性有以下 3 个取值：

0–（默认值）左对齐，文本显示在标签区域的左侧；

1–右对齐，文本显示在标签区域的右侧；

2–中央对齐，文本显示在标签区域的中央。

- AutoSize 属性：指定控件的大小是否随着控件的内容自动改变，该属性值为一个逻辑值，其默认值为假.F.。如果将标签的 AutoSize 属性设置为.T.，则标签的大小将恰好容纳标签上的文字内容，并随文字内容自动改变。

## 7.3.2　命令按钮的应用

命令按钮（CommandButton）是表单上的一个经常使用的控件，通过单击命令按钮来引发某个事件，执行事件代码，完成特定的功能。

命令按钮的常用属性如下。

- Caption 属性：指定按钮上显示的文本。在为控件设置 Caption 属性时，可以将某个字符设置为控件的访问键。设置的方法是：在字符前面加上 "\<"。如果设置按钮的 Caption 属性为 "\<Q 关闭"，则为按钮指定了一个访问键 "Q"。设置访问键后按钮上的文本显示如图 7-14 所示。

- Visible 属性：指定对象是可见的还是隐藏的。绝大多数控件都具有该属性，其默认值为.T.，即对象是可见的。

- Enabled 属性：指定表单或控件能否响应用户引发的事件，即设定对象是否处于可用状态。大多数控件都具有该属性，其默认值为.T.。

**例 7-3**　设计一个表单 Form3.scx，通过单击 "清除" 或 "显示" 按钮，清除或显示表单上的文本。表单运行结果如图 7-14 所示，单击 "C 清除" 按钮后，表单如图 7-15 所示。

图 7-14　例 7-3 运行结果（1）

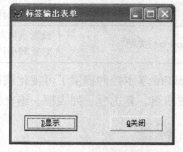

图 7-15　例 7-3 运行结果（2）

（1）创建表单。新建表单，打开 "表单设计器" 窗口。

（2）添加控件。在表单上添加一个标签 Label1，两个命令按钮 Command1 和 Command2。

（3）设置控件相关属性值。将界面中的各个控件属性值按表 7-6 所示设置。

表 7-6　　　　　　　　　　　　　　　　　　设置控件属性

| 控件名 | 属性名 | 属性值 |
|---|---|---|
| Form1 | Caption | 标签输出表单 |
| Label1 | Caption | 欢迎使用 Viusal FoxPro |
|  | FontName | 隶书 |
|  | FontBold | .T. −真 |
|  | FontSize | 16 |
|  | AutoSize | .T. −真 |
|  | Name | LblWelcome |
| Command1 | Caption | \<C 清除 |
| Command2 | Caption | \<Q 关闭 |

（4）编写代码。

命令按钮 Command1 的 Click 事件代码为

```
IF This.Caption="\<C 清除"
    ThisForm.LblWelcome.Caption=""        &&清除标签上的文字内容
    This.Caption="\<D 显示"               &&更改命令按钮上的文字内容
Else
ThisForm.LblWelcome.Caption="欢迎使用 Visual FoxPro"
    This.Caption="\<C 清除"
ENDIF
```

命令按钮 Command2 的 Click 事件代码为

```
ThisForm.Release                          &&关闭并释放表单
```

（5）保存并运行表单。将表单保存为 Form3.scx 并运行表单，运行结果如图 7-14 所示。单击 C清除 按钮后，欢迎信息被清除，同时 C清除 按钮上的文字变为 D显示，如图 7-15 所示。不断单击该按钮，欢迎信息在显示与清除之间变换，按钮上的文字也在 C清除 和 D显示 之间切换。

## 7.3.3　文本框的应用

文本框（TextBox）是输入和编辑数据时经常使用的控件。在文本框中可以编辑任何类型的数据，如字符型、数值型、逻辑型、日期型、日期时间型等。文本框中一般只包含一行数据。

文本框的常用属性如下。

● ControlSource 属性：指定与文本框相联系的数据源。可以利用该属性为文本框指定一个相联系的字段或内存变量，在表单运行时，文本框将显示该变量的内容，如果用户在文本框中进行编辑，编辑的结果也将保存到相联系的字段或内存变量中。

● Value 属性：设置或返回文本框中的当前内容，默认值是空串。

● PasswordChar 属性：指定文本框中是显示用户输入的字符还是显示占位符，并设定用作占位符的字符。指定了占位符后，文本框中将只显示占位符，而不会显示用户输入的实际内容。

● InputMask 属性：指定在文本框中如何输入和显示数据，其值通常是由模式符组成的字符串。模式符及功能说明如表 7-7 所示，其中每个模式符规定了其所在位置上数据的输入和显示方式。

表 7-7            InputMask 属性值的设置及功能说明

| 模式符 | 功能 | 模式符 | 功能 |
|---|---|---|---|
| X | 可以输入任何字符 | $$ | 在数值前面显示当前货币符号 |
| 9 | 可以输入数字和正负号 | * | 在数值左边显示星号 |
| # | 可以输入数字、空格和正负号 | . | 指定十进制小数点的位置 |
| $ | 在固定位置上显示当前货币符号 | , | 分隔十进制数的整数部分 |

● ReadOnly：设定控件是否为只读的，即指定用户是否能够编辑控件。很多控件都具有该属性，默认值为.F.。

例 7-4   设计表单 Form4.scx，计算圆的面积。

（1）创建表单。新建表单，打开"表单设计器"窗口。

（2）添加控件。在表单上添加 2 个标签 Label1 和 Label2，2 个文本框 Text1 和 Text2，3 个命令按钮 Command1、Command2 和 Command3，如图 7-16 所示。

（3）设置控件相关属性值。将界面中的各个控件属性值按表 7-8 所示设置。

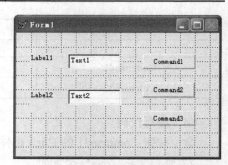

图 7-16   计算圆面积表单设计器窗口

表 7-8            设置控件属性

| 控 件 名 | 属 性 名 | 属 性 值 |
|---|---|---|
| Form1 | Caption | 计算圆的面积 |
| Label1 | Caption | 请输入圆的半径： |
| | FontBold | .T.–真 |
| | FontSize | 10 |
| | AutoSize | .T.–真 |
| | Name | Label1 |
| Label2 | Caption | 圆的面积为： |
| | FontBold | .T.–真 |
| | FontSize | 10 |
| | AutoSize | .T.–真 |
| | Name | Label2 |
| Text1 | InputMask | 999.99 |
| | Value | 0 |
| Text2 | InputMask | 9999999.99 |
| | Value | 0 |
| | ReadOnly | .T. |
| | TabStop | .F. （光标不停留） |
| Command1 | Caption | 计算 |
| Command2 | Caption | 清除 |
| Command3 | Caption | 关闭 |

144

（4）编写代码。

表单 Form1 的 Activate 事件代码为

```
This.Text1.SetFocus            &&表单运行后文本框 Text1 首先得到光标
```

命令按钮 Command1 的 Click 事件代码为

```
r=ThisForm.Text1.Value
ThisForm.Text2.Value=r*r*3.14
ThisForm.Text1.SetFocus        &&设置光标停留在文本框 Text1 上
```

命令按钮 Command2 的 Click 事件代码为

```
ThisForm.Text1.Value=0
ThisForm.Text2.Value=0
ThisForm.Text1.SetFocus
```

命令按钮 Command3 的 Click 事件代码为

```
ThisForm.Release               &&关闭并释放表单
```

（5）保存并运行表单。将表单保存为 Form4.scx 并运行表单，运行结果如图 7-17 所示。

**例 7-5** 设计学生管理系统的登录表单 Start.scx，表单运行结果参见图 1-11。

（1）创建表单。新建表单，打开"表单设计器"窗口。

（2）添加控件。在表单上添加 5 个标签 Label1～Label5，2 个文本框 Text1 和 Text2，1 个命令按钮 Command1，1 个形状控件 Shape1 和 1 个图像控件 Image1，如图 7-18 所示。

图 7-17　例 7-4 运行结果

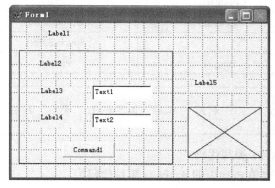

图 7-18　系统登录表单设计器窗口

（3）设置控件相关属性值。将界面中的各个控件属性值按表 7-9 所示设置。

表 7-9　　　　　　　　　　　　设置控件属性

| 控 件 名 | 属 性 名 | 属 性 值 |
|---|---|---|
| Form1 | Caption | 系统登录 |
|  | MaxButton | .F.－假 |
|  | MinButton | .F.－假 |
| Label1 | Caption | 学生管理系统 |
|  | FontName | 楷体_GB2312 |
|  | FontSize | 20 |
|  | AutoSize | .T.－真 |
| Label2 | Caption | 请输入用户名和密码: |

续表

| 控 件 名 | 属 性 名 | 属 性 值 |
|---|---|---|
| | FontName | 仿宋_GB2312 |
| | FontSize | 12 |
| | AutoSize | .T. -真 |
| Label3 | Caption | 用户名： |
| Label4 | Caption | 密码： |
| Label5 | Caption | （无） |
| | AutoSize | .T.-真 |
| | FontName | 楷体 |
| | FontSize | 11 |
| | Name | lblResult |
| Text1 | Name | txtUser |
| | Value | （无） |
| Text2 | Name | txtPassword |
| | Value | （无） |
| | PasswordChar | * |
| Command1 | Caption | 登录 |
| Shape1 | BorderStyle | 1-实线 |
| | SpecialEffect | 0-3 维 |
| Image1 | Picture | 设置为磁盘上的某个图片文件 |

利用"布局"工具栏上"置后"按钮，将形状控件放在其他控件的后面。

（4）编写代码。

表单 Form1 的 Activate 事件代码为

```
PUBLIC n                                      &&定义全局变量 n 用来记录登录信息输入错误的次数
n=0                                           &&给变量赋初值
```

命令按钮 Command1 的 Click 事件代码为

```
***正确的用户名"user1"，正确的密码"pass"
IFALLTRIM(ThisForm.txtUser.Value)= "user1".AND.;
ALLTRIM(ThisForm.txtPassword.Value)="pass"
    ThisForm.Label5.Caption="登录成功！    "    &&Label5 用来显示登录成功或失败的信息
    WAIT "" TIMEOUT 1                              &&等待 1s
    DO FORM main_form                             &&调用系统主表单 main_form
    ThisForm.RELEASE
ELSE                                             &&输入的用户名或密码不正确
    ThisForm.Label5.Caption=" 用户名或密码错误！ "
    ThisForm.txtPassword.Value=" "
    ThisForm.txtUser.Value=" "                  &&将用户名和密码框清空
n=n+1
```

```
    IF n=3                                    &&连续 3 次输入错误
        ThisForm.Label5.Caption=" 对不起，您无权使用！ "
        ThisForm.txtPassword.Enabled=.F.
        ThisForm.Enabled=.F.
        WAIT " " TIMEOUT 1
&&退出应用程序前，恢复系统环境设置
        CLOSE ALL
        CLEAR WINDOWS
        CLEAR EVENTS
        CANCEL
        ThisForm.RELEASE
    ENDIF
ENDIF
```

（5）保存并运行表单。将表单保存为 Start.scx 并运行表单，运行结果参见图 1-11。如果输入的用户名和密码都正确，单击"登录"按钮后，系统显示提示信息"欢迎使用本系统！"，然后进入主表单 main_form；如果用户名或密码不正确，系统提示"用户名或密码错误！"；如果连续 3 次输入错误，则系统提示"对不起，您无权使用！"，同时密码文本框和登录按钮变为不可用状态。

① 记录登录错误次数的变量 $n$ 在表单的 Load 事件中定义并初始化为 0。表单的 Load 事件只执行 1 次，则变量 $n$ 只会被初始化 1 次。变量 $n$ 在表单的 Load 事件中被定义为全局变量，这样在命令按钮的 Click 事件中也能访问该变量。

② 每输错一次用户名或密码，变量 $n$ 就加 1，当输错 3 次后表单将停止使用。

③ 指定控件的 Enabled 属性为 .F.可将控件设置为不可用状态。

## 7.3.4　选项按钮组的应用

选项按钮组（OptionGroup）是容器类对象，一个选项按钮组中包含若干个选项按钮（Option）。用户可以用鼠标单击选中其中的一个选项，但一个选项按钮组中只能有一个选项被选中。

选项按钮组的常用属性如下。

● ButtonCount 属性：指定选项按钮组中选项按钮的数目。其默认值为 2，即向表单中添加一个选项按钮组时，默认带有两个选项。

● Value 属性：指定选项按钮组中哪一个选项按钮被选中。其值可以是选项按钮组中被选中的选项的序号（数值型），也可以是被选中项的 Caption 属性（字符型）。

● ControlSource：指定与选项按钮组相联系的数据源。

例 7-6　设计投票表单 Form6.scx。选择喜欢的体育运动，单击"投票"按钮，则所选项对应的投票数累加一次。表单运行结果如图 7-19 所示。

（1）创建表单。新建表单，打开"表单设计器"窗口。

（2）添加控件。在表单上添加 2 个标签 Label1 和 Label2，3 个文本框 Text1、Text2 和 Text3，1 个选项按钮组 Optiongroup1，2 个命令按钮 Command1 和 Command2。

（3）设置控件相关属性值。将界面中的各个控件属性值按表 7-10 所示设置。

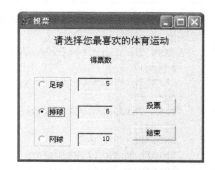

图 7-19　例 7-6 运行结果

表 7-10                                   设置控件属性

| 控 件 名 | 属 性 名 | 属 性 值 |
|---|---|---|
| Form1 | Caption | 投票 |
| Label1 | Caption | 请选择您最喜欢的体育运动 |
|  | FontSize | 12 |
|  | AutoSize | .T. –真 |
| Label2 | Caption | 得票数 |
|  | AutoSize | .T. –真 |
| Optiongroup1 | ButtonCount | 3 |
|  | Value | 1 |
| Option1 | Caption | 足球 |
| Option2 | Caption | 排球 |
| Option3 | Caption | 网球 |
| Text1 | ReadOnly | .T. |
|  | Value | 0 |
| Text2 | ReadOnly | .T. |
|  | Value | 0 |
| Text3 | ReadOnly | .T. |
|  | Value | 0 |
| Command1 | Caption | 投票 |
| Command2 | Caption | 结束 |

（4）编写代码。

表单 Form1 的 Load 事件代码为

```
public zq,pq,wq   &&定义 3 个全局变量，用来保存每个选项的投票数
zq=0
pq=0
wq=0
```

注意

将保存投票数的三个变量 zq、pq、wq 定义在表单的 Load 事件中并初始化为 0，使得变量的初始化只会被执行 1 次。变量被定义为全局变量，使得在表单的其他控件的事件中也能访问这些变量。

命令按钮 Command1 的 Click 事件代码为

```
DO CASE
CASE ThisForm.Optiongroup1.Value=1
zq=zq+1
CASE ThisForm.Optiongroup1.Value=2
pq=pq+1
CASE ThisForm.Optiongroup1.Value=3
wq=wq+1
ENDCASE
ThisForm.Text1.Value=zq
ThisForm.Text2.Value=pq
ThisForm.Text3.Value=wq
```

命令按钮 Command2 的 Click 事件代码为

```
ThisForm.Release
```

（5）保存并运行表单。将表单保存为 Form6.scx 并运行表单，运行结果如图 7-19 所示。

利用"选项组生成器"可以方便地修改选项按钮组的属性值并设置其外观。在选项按钮组 Optiongroup1 上单击鼠标右键，在弹出的快捷菜单中选择"生成器"命令，打开"选项组生成器"。在"1.按钮"选项卡中可以设置按钮的数目、标题和选项的显示样式，如图 7-20 所示。在"2.布局"选项卡设置按钮布局、按钮间隔和边框样式，如图 7-21 所示。

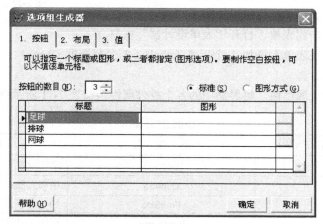

图 7-20　选项组生成器的"1.按钮"选项卡

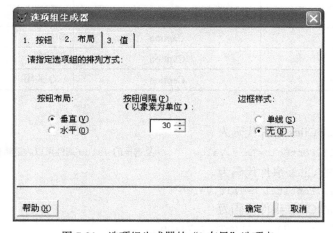

图 7-21　选项组生成器的"2.布局"选项卡

## 7.3.5　复选框的应用

复选框（CheckBox）用来标识是否选定某个选项。如果用户单击复选框左侧的方框，使得方框中出现"√"号，表示已选取该选项。复选框与选项按钮组的功能类似，不同的是，在选项按钮组的一系列选项按钮中只允许选择一个，而在一系列复选框中可以选择多个或都不选。

复选框的常用属性如下。

● Caption 属性：指定复选框旁显示的文字内容。

● Value 属性：指明复选框的状态。其值有如下 3 种
情况：

0（或.F.）：未被选中（默认值）；

1（或.T.）：被选中；

2（或 null）：不确定，只在代码中有效。

● Alignment 属性：指定文本的对齐方式，即文本显
示在复选框控件的左侧或右侧。

**例 7-7** 设计表单 Form7.scx，利用复选框控制表单中
标签文本的字体风格。表单运行结果如图 7-22 所示。

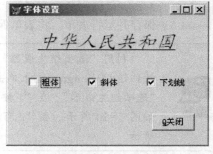

图 7-22 例 7-7 运行结果

（1）创建表单。新建表单，打开"表单设计器"窗口。

（2）添加控件。在表单上添加 1 个标签 Label1，3 个复选框 Check1、Check2 和 Check3，1
个命令按钮 Command1。

（3）设置控件相关属性值。将界面中的各个控件属性值按表 7-11 所示设置。

表 7-11                                         设置控件属性

| 控 件 名 | 属 性 名 | 属 性 值 |
|---|---|---|
| Form1 | Caption | 字体设置 |
| Label1 | Caption | 中华人民共和国 |
|  | FontSize | 20 |
|  | FontName | 楷体_GB2312 |
|  | AutoSize | .T.－真 |
| Check1 | Caption | 粗体 |
| Check2 | Caption | 斜体 |
| Check3 | Caption | 下划线 |
| Command1 | Caption | \<Q 关闭 |

（4）编写代码。

复选框 Check1 的 Click 事件代码为

```
ThisForm.Label1.FontBold=This.Value        &&复选框的 Value 属性可以为逻辑值
```

复选框 Check2 的 Click 事件代码为

```
ThisForm.Label1.FontItalic=This.Value
```

复选框 Check3 的 Click 事件代码为

```
ThisForm.Label1.FontUnderline=This.Value
```

命令按钮 Command1 的 Click 事件代码为

```
ThisForm.Release
```

（5）保存并运行表单。将表单保存为 Form7.scx 并运行表单，运行结果如图 7-22 所示。

## 7.3.6 列表框的应用

列表框（ListBox）中提供一组数据项，用户可以从中选择一个或多个选项。

列表框的常用属性如下。

● RowSourceType 属性和 RowSource 属性：RowSourceType 属性指定列表框中条目的数据源

的类型，而 RowSource 属性指定列表框中条目的数据源。设计时通常先设定 RowSourceType 属性指定数据源类型，再根据数据源类型设定 RowSource 属性。这两个属性也适用于组合框。

- List 属性：用来存取列表框或组合框中条目的字符串数组。
- ListIndex 属性：指定列表框或组合框中选定条目的索引值。
- ListCount 属性：指定列表框或组合框的列表部分的条目的数目。
- ColumnCount 属性：指定列表框、组合框或表格中列的数目。
- Value 属性：返回列表框中被选中的条目。其值可以是被选条目在列表中的顺序号（数值型）或者是被选条目的内容（字符型）。
- Selected 属性：指定列表框或组合框中的某个条目是否处于选定状态。
- MultiSelect 属性：指定用户能否在列表框中进行多重选定。其值为.T.（或 1）或.F.（或 0）。

**例 7–8**　设计一个用于选举代表的表单 Form8.scx。可以从候选人列表中选择，或者在文本框中输入代表姓名并按回车键，所选代表显示在下部的文本框中，同时文本框中输入的代表名称被添加到候选人列表中。运行结果如图 7-23 和图 7-24 所示。

（1）创建表单。新建表单，打开"表单设计器"窗口。

（2）添加控件。在表单上添加 2 个标签 Label1 和 Label2，2 个文本框 Text1 和 Text2，1 个列表框 List1，1 个命令按钮 Command1。

（3）设置控件相关属性值。将界面中的各个控件属性值按表 7-12 所示设置。

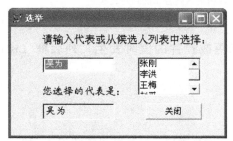

图 7-23　例 7-8 运行结果（1）
——在文本框中输入代表姓名

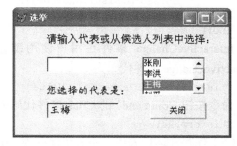

图 7-24　例 7-8 运行结果（2）
——从列表框中选择代表

表 7-12　　　　　　　　　　　　　　　设置控件属性

| 控 件 名 | 属 性 名 | 属 性 值 |
| --- | --- | --- |
| Form1 | Caption | 选举 |
| Label1 | Caption | 请输入代表或从候选人列表中选择： |
|  | AutoSize | .T. –真 |
|  | FontSize | 12 |
| Label2 | Caption | 您选择的代表是： |
|  | AutoSize | .T. –真 |
|  | FontSize | 11 |
|  | FontName | 楷体_GB2312 |
| List1 | FontSize | 10 |
|  | RowSourceType | 1-值 |

续表

| 控 件 名 | 属 性 名 | 属 性 值 |
|---|---|---|
| | RowSource | 张刚,李洪,王梅,赵平,方文,孙丽 |
| Text1 | FontSize | 10 |
| Text2 | FontSize | 11 |
| | FontName | 楷体_GB2312 |
| | ReadOnly | .T. −真 |
| Command1 | Caption | 关闭 |

如果将列表框的 RowSourceType 属性设定为"1−值"，则在 RowSource 属性编辑框中可以依次输入想要显示在列表框中的条目内容。注意，各条目之间以半角逗号进行分隔。

（4）编写代码。

KeyPress 事件在用户按下并释放一个键时发生，文本框 Text1 的 KeyPress 事件代码为

```
LPARAMETERS nKeyCode, nShiftAltCtrl
IF nKeyCode=13          &&如果按下了回车键
    ThisForm.Text2.Value=This.Value          &&将输入内容显示到文本框 Text2 中
IF !EMPTY(This.Value) &&如输入的内容不为空
        ThisForm.List1.AddItem(This.Value)  &&将输入内容添加到列表框
ENDIF
ENDIF
```

InteractiveChange 事件在用户使用键盘或鼠标更改控件的值时发生，列表框 List1 的 InteractiveChange 事件代码为

```
ThisForm.Text2.Value=This.Value
```

命令按钮 Command1 的 Click 事件代码为

```
Thisform.Release
```

（5）保存并运行表单。将表单保存为 Form8.scx 并运行表单，运行结果如图 7-23 和图 7-24 所示。

例 7-9  设计简易的便利店收银机表单 Form9.scx。在表单中的商品清单列表中选择某个商品，在文本框中自动显示品名与单价，输入购买数量后，单击"确定"按钮，系统自动计算出应付金额，如图 7-25 所示。单击"清除"按钮后，清除文本框中的内容。

（1）创建表单。新建表单，打开"表单设计器"窗口。

（2）添加控件。在表单上添加 6 个标签 Label1 ~ Label6，4 个文本框 Text1 ~ Text4，一个列表框 List1，3 个命令按钮 Command1 ~ Command3。

（3）设置控件相关属性值。将界面中的各个控件属性值按表 7-13 所示设置。

图 7-25   例 7-9 运行结果

表 7-13 设置控件属性

| 控 件 名 | 属 性 名 | 属 性 值 |
|---|---|---|
| Form1 | Caption | 收银机 |
| Label1 | Caption | 便利店收银机 |
|  | AutoSize | .T. —真 |
|  | FontSize | 18 |
|  | FontName | 楷体_GB2312 |
| Label2 | Caption | 商品清单 |
|  | AutoSize | .T. —真 |
| Label3 | Caption | 品名： |
|  | AutoSize | .T. —真 |
| Label4 | Caption | 单价： |
|  | AutoSize | .T. —真 |
| Label5 | Caption | 数量： |
|  | AutoSize | .T. —真 |
| Label6 | Caption | 金额： |
|  | AutoSize | .T. —真 |
| List1 | RowSourceType | 5-数组 |
|  | RowSource | product |
| Text1 | ReadOnly | .T. —真 |
| Text2 | ReadOnly | .T. —真 |
|  | Value | 0.0 |
| Text3 | Value | 0.0 |
| Text4 | Value | 0.0 |
|  | ReadOnly | .T. —真 |
| Command1 | Caption | 确定 |
| Command2 | Caption | 清除 |
| Command3 | Caption | 结束 |

（4）编写代码。

表单 Form1 的 Load 事件代码为

```
PUBLIC DIMENSION product(4),price(4)      &&定义数组分别保存商品名称和单价
product(1)="可口可乐"
product(2)="汉堡"
product(3)="鲜奶"
product(4)="香肠"
price(1)=2.5
price(2)=9.0
price(3)=2.0
price(4)=7.6
```

列表框 List1 的 Click 事件代码为

```
ThisForm.Text1.Value=This.List(This.ListIndex)
```

```
ThisForm.Text2.Value=price(This.ListIndex)
ThisForm.Text3.SetFocus
```

命令按钮 Command1 的 Click 事件代码为

```
ThisForm.Text4.Value=ThisForm.Text2.Value*ThisForm.Text3.Value
```

命令按钮 Command2 的 Click 事件代码为

```
ThisForm.Text1.Value=""
ThisForm.Text2.Value=0.0
ThisForm.Text3.Value=0.0
ThisForm.Text4.Value=0.0
```

命令按钮 Command3 的 Click 事件代码为

```
ThisForm.Release
```

（5）保存并运行表单。将表单保存为 Form9.scx 并运行表单，运行结果如图 7-25 所示。

## 7.3.7 组合框的应用

组合框的功能与列表框类似，不同的是组合框一般只有一个条目是可见的，用户可以单击组合框的下拉箭头打开下拉列表，从中进行选择。列表框的绝大多数属性组合框也同样具有，但组合框不提供多重选择功能，组合框没有 MultiSelect 属性。

组合框有两种形式，下拉组合框和下拉列表框。通过设置 Style 属性可以设置组合框的两种形式，Style 有如下两种取值：

0-下拉组合框，用户既可以从列表中选择，也可以在编辑区域内输入；

2-下拉列表框，用户只能从列表中选择。

例 7-10  设计表单 Form10.scx，用下拉组合框完成例 7-8 中的代表选举功能。用户可以在下拉组合框中输入或选择代表，并显示选择结果，如图 7-26 所示。

（1）创建表单。新建表单，打开"表单设计器"窗口。

（2）添加控件。在表单上添加 2 个标签 Label1 和 Label2，1 个文本框 Text1，1 个组合框 Combo1，1 个命令按钮 Command1。

（3）设置控件相关属性值。将界面中的各个控件属性值按表 7-14 所示设置。

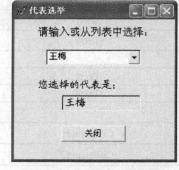

图 7-26  例 7-10 运行结果

表 7-14 设置控件属性

| 控 件 名 | 属 性 名 | 属 性 值 |
|---|---|---|
| Form1 | Caption | 代表选举 |
| Label1 | Caption | 请输入或从列表中选择： |
|  | AutoSize | .T. –真 |
|  | FontSize | 12 |
| Label2 | Caption | 您选择的代表是： |
|  | AutoSize | .T. –真 |
|  | FontName | 楷体_GB2312 |
|  | FontSize | 12 |
| Combo1 | Style | 0-下拉组合框 |

续表

| 控 件 名 | 属 性 名 | 属 性 值 |
|---|---|---|
| | FontSize | 10 |
| | RowSourceType | 1-值 |
| | RowSource | 张刚，李洪，王梅，赵平，方文，孙丽 |
| Text1 | ReadOnly | .T.-真 |
| | FontName | 楷体_GB2312 |
| | FontSize | 12 |
| Command1 | Caption | 关闭 |

（4）编写代码。

组合框 Combo1 的 KeyPress 事件代码为

```
LPARAMETERS nKeyCode, nShiftAltCtrl
IF nKeyCode=13                    &&如果按下了回车键
    ThisForm.Text1.Value=This.DisplayValue&&DisplayValue 的值为组合框中选定项的内容
ENDIF
```

组合框 Combo1 的 Click 事件代码为

```
ThisForm.Text1.Value=This.DisplayValue
```

命令按钮 Command1 的 Click 事件代码为

```
ThisForm.Release
```

（5）保存并运行表单。将表单保存为 Form10.scx 并运行表单，运行结果如图 7-26 所示。

**例 7-11**　设计商品库存查询的表单 Form11.scx。在商品清单下拉列表中选择商品名称，显示其库存量和单价，如图 7-27 所示。

（1）创建表单。新建表单，打开"表单设计器"窗口。

（2）添加控件。在表单上添加 4 个标签 Label1～Label4，2 个文本框 Text1 和 Text2，1 个组合框 Combo1，1 个命令按钮 Command1。

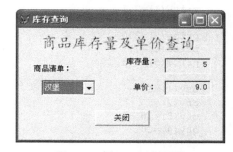

图 7-27　例 7-11 运行结果

（3）设置控件相关属性值。将界面中的各个控件属性值按表 7-15 所示设置。

表 7-15　　　　　　　　　　　　设置控件属性

| 控 件 名 | 属 性 名 | 属 性 值 |
|---|---|---|
| Form1 | Caption | 库存查询 |
| Label1 | Caption | 商品库存量及单价查询 |
| | FontName | 楷体_GB2312 |
| | FontSize | 18 |
| | AutoSize | .T.-真 |
| Label2 | Caption | 商品清单： |
| | AutoSize | .T.-真 |
| Label3 | Caption | 库存量： |
| | AutoSize | .T.-真 |

续表

| 控 件 名 | 属 性 名 | 属 性 值 |
|---|---|---|
| Label4 | Caption | 单价： |
| | AutoSize | .T. −真 |
| Combo1 | Sytle | 2-下拉列表框 |
| | RowSourceType | 5-数组 |
| | RowSource | product |
| Text1 | ReadOnly | .T. −真 |
| Text2 | ReadOnly | .T. −真 |
| Command1 | Caption | 关闭 |

（4）编写代码。

表单 Form1 的 Load 事件代码为

```
&&定义数组 product、price、qty 分别保存商品名称、单价和数量
PUBLIC DIMENSION product(5),price(5),qty(5)
product(1)="可口可乐"
product(2)="汉堡"
product(3)="香肠"
product(4)="鲜奶"
product(5)="面包"

price(1)=2.5
price(2)=9.0
price(3)=2.0
price(4)=7.6
price(5)=3.5

qty(1)=10
qty(2)=5
qty(3)=16
qty(4)=20
qty(5)=32
```

组合框 Combo1 的 InteractiveChange 事件代码为

```
ThisForm.Text1.Value=qty(This.ListIndex)
ThisForm.Text2.Value=price(This.ListIndex)
```

命令按钮 Command1 的 Click 事件代码为

```
ThisForm.Release
```

（5）保存并运行表单。将表单保存为 Form11.scx 并运行表单，运行结果如图 7-27 所示。

其他常用的表单控件还有计时器、容器、编辑框、微调器以及与图形图像有关的控件等，表格控件、页框控件、命令按钮组控件将在下一节介绍。

# 7.4　数据表的表单设计

在 Visual FoxPro 的应用程序中，经常要利用表单显示、编辑表或视图中的记录。实际应用中，多数表单都是基于数据表的，建立基于数据表的表单可以使用表单向导或表单设计器两种方式进行。

## 7.4.1　使用表单向导建立数据表的表单

Visual FoxPro 的表单向导有"表单向导"和"一对多表单向导"两种。使用"表单向导"创建的表单中的数据取自一个表。使用"一对多表单向导"创建的表单中的数据取自两个具有一对多关系的表。

### 1. 使用"表单向导"创建表单

例 7–12　利用表单向导建立学生基本情况表单 Form12.scx。

（1）执行菜单命令[文件]/[新建]，或者直接单击"常用"工具栏上的"新建"按钮，弹出"新建"对话框，选择"表单"选项，单击"向导"按钮，弹出"向导选取"对话框，如图 7-28 所示。

（2）在"向导选取"对话框中选择"表单向导"，然后单击"确定"按钮，出现表单向导的"步骤 1-字段选取"对话框，在该对话框的"数据库和表"列表中选择数据库表或自由表，这里选择"成绩管理"数据库中的 STUDENT 表。在"可用字段"列表框中选择需要在表单中添加的字段，单击其旁边的单箭头将所选字段添加到"选定字段"列表中，单击双箭头可以将所有字段添加到"选定字段"中，如图 7-29 所示。

图 7-28　"向导选取"对话框

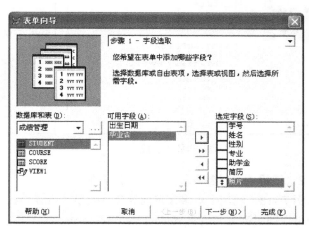

图 7-29　步骤 1-字段选取

（3）单击"下一步"按钮，出现表单向导的"步骤 2-选择表单样式"对话框，在该对话框的"样式"列表中选择一个样式，如选择"浮雕式"，在"按钮类型"选项组中选择表单按钮的类型，如选择"文本按钮"，如图 7-30 所示。

（4）单击"下一步"按钮，出现表单向导的"步骤 3-排序次序"对话框，在该对话框的"可用的字段或索引标识"列表中选择排序记录所用的字段或索引，选定"升序"或"降序"，然后添加到"选定字段"列表中，最多可以选择 3 个字段或 1 个索引标识。这里选择"学号"升序作为排序依据，如图 7-31 所示。

（5）单击"下一步"按钮，出现表单向导的"步骤 4-完成"对话框，在该对话框中输入表单标题，并选择保存方式，如图 7-32 所示。

（6）单击"完成"按钮，在弹出的"另存为"对话框中输入保存的表单文件名 Form12.scx，单击"保存"按钮。

（7）运行表单，如图 7-33 所示，可以在表单中对学生表进行浏览、查询、添加、删除、编辑、打印等操作。

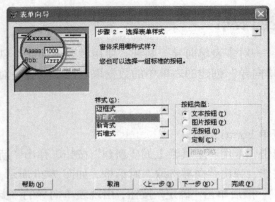

图 7-30　步骤 2-选择表单样式

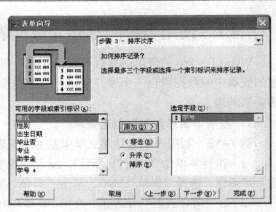

图 7-31　步骤 3-排序次序

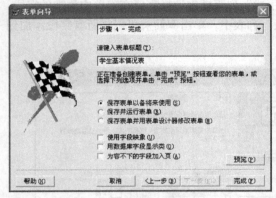

图 7-32　步骤 4-完成

图 7-33　学生基本情况表

### 2. 使用"一对多表单向导"创建表单

例 7-13　利用一对多表单向导建立表单 Form13.scx，在表单中可以同时浏览和编辑 student 表和 score 表。

（1）执行菜单命令[文件]/[新建]，或者直接单击"常用"工具栏上的"新建"按钮，弹出"新建"对话框，选择"表单"选项，单击"向导"按钮，弹出"向导选取"对话框，如图 7-34 所示。

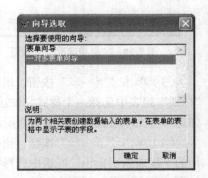

图 7-34　一对多表单向导

（2）在"向导选取"对话框中选择"一对多表单向导"，单击"确定"按钮，出现表单向导的"步骤 1-从父表中选定字段"对话框，在该对话框中选择一对多表单的父表，这里选择"成绩管理"数据库中的 STUDENT 表。然后选择需要在表单中添加的字段，如图 7-35 所示。

（3）单击"下一步"按钮，出现表单向导的"步骤 2-从子表中选定字段"对话框，在该对话框中选择一对多表单的子表，这里选择"成绩管理"数据库中的 SCORE 表。然后选择希望在表单中添加的字段，如图 7-36 所示。

（4）单击"下一步"按钮，出现表单向导的"步骤 3-建立表之间的关系"对话框，在该对话框中设定两个表相关联的字段，如图 7-37 所示。

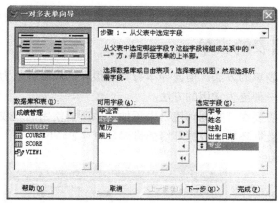

图 7-35　步骤 1-从父表中选定字段　　　　图 7-36　步骤 2-从子表中选定字段

（5）单击"下一步"按钮，出现表单向导的"步骤 4-选择表单样式"对话框，在该对话框中设置表单样式和按钮类形，如图 7-38 所示。

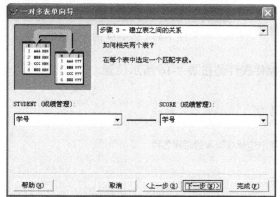
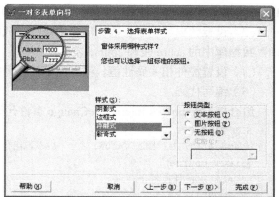

图 7-37　步骤 3-建立表之间的关系　　　　图 7-38　步骤 4-选择表单样式

（6）单击"下一步"按钮，出现表单向导的"步骤 5-排序次序"对话框，在该对话框中设置排序次序，这里选择"学号"升序作为排序依据。

（7）单击"下一步"按钮，出现表单向导的"步骤 6-完成"对话框，在该对话框中输入表单标题"学生情况一览表"，单击"完成"按钮，保存表单文件为 Form13.scx。

（8）运行表单，如图 7-39 所示。在表单中可以同时浏览、编辑 student 表和 score 表中的记录。

图 7-39　学生情况一览表

使用表单向导建立的表单可以在"表单设计器"中进一步修改。

## 7.4.2 使用表单设计器建立数据表的表单

表单向导提供了一种快速建立基于数据表的表单的方法，但向导本身具有很大的局限性。为了满足用户的要求，使用表单设计器建立表单是一种更为常用的方法。

使用表单设计器建立基于数据表的表单时，需要在"数据环境"中添加表单所要使用的表或视图。使用"数据环境设计器"可以为表单设置数据环境。数据环境的设置参见 7.2.4 小节。

**例 7-14** 设计课程成绩信息统计表单 Compute_Score.scx，表单运行结果如图 7-40 所示。

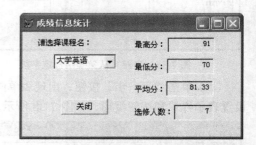

图 7-40 例 7-14 的运行结果

（1）创建表单。新建表单，打开"表单设计器"窗口。

（2）添加控件。在表单上添加 5 个标签 Label1 ～ Label5，4 个文本框 Text1 ～ Text4，1 个组合框 Combo1，1 个命令按钮 Command1。

（3）设置数据环境。在数据环境中添加"成绩管理"数据库中的 score 表和 course 表。

（4）设置控件相关属性值。将界面中的各个控件属性值按表 7-16 所示设置。

（5）编写代码。

组合框 Combo1 的 InteractiveChange 事件代码为

```
SET TALK OFF
cname=ALLTRIM(This.Value)          &&获取组合框中选择或输入的课程名称
SELECT course
LOCATE FOR 课程名=cname
IF FOUND()
      cnum=课程号                    &&获取课程名称对应的课程号
      SELECT score
      CALCULATE MAX(成绩),MIN(成绩),AVG(成绩),COUNT() FOR 课程号=cnum to a,b,c,d
      ThisForm.Text1.Value=a
      ThisForm.Text2.Value=b
      ThisForm.Text3.Value=c
      ThisForm.Text4.Value=d
ENDIF
```

表 7-16                                              设置控件属性

| 控 件 名 | 属 性 名 | 属 性 值 |
| --- | --- | --- |
| Form1 | Caption | 成绩信息统计 |
| Label1 | Caption | 请选择课程名： |
| Label2 | Caption | 最高分： |
| Label3 | Caption | 最低分： |
| Label4 | Caption | 平均分： |
| Label5 | Caption | 选修人数： |
| Text1 | ReadOnly | .T. |
|  | Value | 0 |

续表

| 控　件　名 | 属　性　名 | 属　性　值 |
|---|---|---|
| Text2 | ReadOnly | .T. |
|  | Value | 0 |
| Text3 | ReadOnly | .T. |
|  | Value | 0 |
| Text4 | ReadOnly | .T. |
|  | Value | 0 |
| Combo1 | Style | 0-下拉组合框 |
|  | RowSourceType | 6-字段 |
|  | RowSource | Course.课程名 |
| Command1 | Caption | 关闭 |

表单 Form1 的 Destroy 事件代码为

```
CLOSE DATABASE
```

命令按钮 Command1 的 Click 事件代码为

```
ThisForm.Release
```

（6）保存并运行表单。将表单保存为 Compute_Score.scx 并运行表单，运行结果如图 7-40 所示。

## 7.4.3　表格控件的应用

建立数据表的表单时，经常要用到表格控件。表格（Grid）是一种容器类对象，经常用于显示数据表中的记录。一个表格对象由若干个列对象（Column）组成，每个列对象包含一个标头对象（Header）和若干控件。

要编辑表格中的列对象，可在表格上单击鼠标右键，在弹出的快捷菜单中选择"编辑"命令，此时表格周围出现淡绿色边框。用鼠标单击列的标头可选中列的 Header 对象。

利用表格生成器可以方便地设计表格。在表格上单击鼠标右键，在弹出的快捷菜单中选择"生成器"命令，打开"表格生成器"对话框，如图 7-41 所示。

表格的常用属性如下。

● RecordSourceType 属性与 RecordSource 属性：RecordSourceType 属性指定表格数据源的类型，RecordSource 属性指定表格的数据源。设计时通常先设定 RecordSourceType 属性指定表格的数据源类型，再根据数据源类型设定 RecordSource 属性指定表格数据源的内容。

● ColumnCount 属性：指定表格的列数。

● LinkMaster 属性：指定与表格中所显示子表相链接的父表。该属性在父表和表格中的子表之间建立了一对多联系。

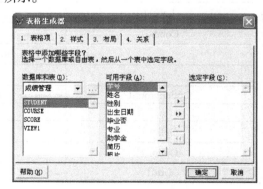

图 7-41　表格生成器

● ChildOrder 属性：指定为了建立父表和子表之间的一对多联系，子表需要用到的索引标识。

● RelationalExpr 属性：指定基于父表的字段而又与子表中的索引相关的表达式。

为了在父表和表格中的子表建立一对多联系，通常需要设置 LinkMaster、ChildOrder 和 RelationalExpr 3 个属性。这 3 个属性可以利用"表格生成器"的"4.关系"选项卡进行设置。

表格中列 Column 的常用属性如下。

● ControlSource：指定要在列中显示的数据源，通常是数据表中的一个字段。

● CurrentSource：指定列对象中的控件，该控件用于显示或接收单元格的内容。默认为文本框控件。

表格中标头 Header 的常用属性如下。

● Caption：指定表格表头显示的文本。

**例 7-15** 设计课程成绩查询表单 search_course_ score.scx，选择要查询的课程号和成绩的排序方式，单击"显示"按钮，在表格中显示查询结果。表单运行结果如图 7-42 所示。

（1）创建表单。新建表单，打开"表单设计器"窗口。

（2）添加控件。在表单上添加 2 个标签 Label1 和 Label2，1 个组合框 Combo1，1 个选项按钮组 Optiongroup1，1 个表格 Grid1，2 个命令按钮 Command1 和 Command2。

（3）设置数据环境。在数据环境中添加"成绩管理"数据库中的 score 表和 course 表。

（4）设置控件相关属性值。将界面中的各个控件属性值按表 7-17 所示设置。

图 7-42 例 7-15 的运行结果

表 7-17　　　　　　　　　　　　设置控件属性

| 控 件 名 | 属 性 名 | 属 性 值 |
| --- | --- | --- |
| Form1 | Caption | 课程成绩查询 |
| Label1 | Caption | 请选择课程号： |
| Label2 | Caption | 请选择排序方式： |
| Combo1 | Style | 2-下拉列表框 |
| | RowSourceType | 6-字段 |
| | RowSource | Course.课程号 |
| Optiongroup1 | ButtonCount | 2 |
| | Value | 1 |
| Option1 | Caption | 升序 |
| Option2 | Caption | 降序 |
| Grid1 | ColumnCount | 3 |
| | ReadOnly | .T. |
| | RecordSourceType | 4-SQL 说明 |
| Header1 | Caption | 学号 |
| Header2 | Caption | 课程号 |

续表

| 控 件 名 | 属 性 名 | 属 性 值 |
|---|---|---|
| Header3 | Caption | 成绩 |
| Command1 | Caption | 显示 |
| Command2 | Caption | 关闭 |

（5）编写代码。

命令按钮 Command1 的 Click 事件代码为

```
cnum=ThisForm.Combo1.Value        &&获取下拉列表框中选择的课程号
IFThisForm.Optiongroup1.Value=1
    ThisForm.Grid1.RecordSource="SELECT * FROM score WHERE 课程号=cnum;
    ORDER BY 成绩 ASC INTO CURSOR TEMP"
ELSE
    ThisForm.Grid1.RecordSource="SELECT * FROM score WHERE 课程号=CNUM;
    ORDER BY 成绩 DESC INTO CURSOR TEMP"
ENDIF
ThisForm.Refresh                  &&刷新表单使表格显示更新后的值
```

将某个 SQL-Select 语句的查询结果显示在表格中是一种常用的操作。为此，需要先将表格的 RecordSourceType 属性设置为"4-SQL 说明"，然后在事件代码中将 SQL-Select 语句以字符串形式赋值给表格的 RecordSource 属性。需要注意的是，此时 Select 语句中应使用子句"into cursor 文件名"的形式将查询结果保存在临时表中。

表单 Form1 的 Destroy 事件代码为

```
CLOSE DATABASE
```

命令按钮 Command2 的 Click 事件代码为

```
ThisForm.Release
```

（6）保存并运行表单。将表单保存为 Search_Course_Score.scx 并运行表单，运行结果如图 7-42 所示。

## 7.4.4　命令按钮组控件的应用

命令按钮组（CommandGroup）是包含一组命令按钮的容器控件，可以操作其中的一个按钮，也可以将其作为一组来操作。

为了选择命令按钮组中的一个按钮进行操作，可以从属性窗口的"对象"下拉列表中选择一个命令按钮，或者在命令按钮组上单击鼠标右键，从弹出的快捷菜单中选择"编辑"命令，此时按钮组的周围出现淡绿色边框，用鼠标单击即可选择其中的某个按钮。这种操作方法同样适用于其他的容器控件。

命令按钮组的常用属性如下。

● ButtonCount 属性：指定一个命令按钮组中命令按钮的数目。

● Buttons 属性：用于存取命令按钮组中各按钮的数组，如设置命令按钮组 Commandgroup1 中第 2 个按钮为不可用状态的代码是：

ThisForm.Commandgroup1.Buttons(2).Enabled=.F.。

● Value 属性：指定命令按钮组的状态。该属性可以为数值型，也可以为字符型。如果为数值型值 n，则表示命令按钮组中第 *n* 个按钮被选中；如果为字符型值 c，表示命令按钮组中 Caption 属性为 c 的命令按钮被选中。

### 7.4.5 页框控件的应用

页框（PageFrame）是一种容器类对象，页框中包含若干个页面（Page），而页面本身也是容器，可以在页面中放置各种控件。利用页框可以做出对话框中常见的选项卡，从而扩展表单窗口的可用区域。

在表单中添加页框控件后，页框中默认包含两个页面，要想往页面中添加控件，需要在页框上单击鼠标右键，在弹出的快捷菜单中选择"编辑"命令，此时页框的周围出现淡绿色边框，再单击要编辑的页面标签，就可以在该页面上添加和编辑控件了。

页框的常用属性如下。

- PageCount 属性：指定一个页框对象中包含的页面的数量。
- Pages 属性：用于存储页框中各个页的数组。

例 7-16 制作浏览学生成绩信息的表单 browse_score.scx，浏览方式分为单记录浏览和多记录浏览两种。运行结果分别如图 7-43 和图 7-44 所示。

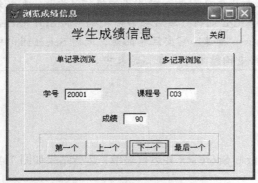

图 7-43 单记录浏览学生成绩

图 7-44 多记录浏览学生成绩

（1）创建表单。新建表单，打开"表单设计器"窗口。

（2）添加控件。在表单上添加 1 个标签 Label1，1 个命令按钮 Command1，1 个页框 Pageframe1。

（3）设置数据环境。在数据环境中添加"成绩管理"数据库中的 score 表。

（4）设置控件相关属性值。将界面中的各个控件属性值按表 7-18 所示设置。

表 7-18　　　　　　　　　　　　　设置控件属性

| 控 件 名 | 属 性 名 | 属 性 值 |
| --- | --- | --- |
| Form1 | Caption | 浏览成绩信息 |
| Label1 | Caption | 学生成绩信息 |
|  | FontSize | 16 |
| Command1 | Caption | 关闭 |
| Pageframe1 | PageCount | 2 |
| Page1 | Caption | 单记录浏览 |
| Page2 | Caption | 多记录浏览 |

（5）编辑 Pageframe1 页框。

在页框 Pageframe1 上单击鼠标右键，在弹出的快捷菜单中选择"编辑"命令，此时页框的周围出现淡绿色边框，单击选中页框中的第一个页面 Page1，打开数据环境设计器，将 score 表中的各个字段依次拖到 Page1 上，则会自动在 Page1 上创建相应的标签和文本框，并使文本框与表中的记录相联系。在 Page1 上添加一个命令按钮组控件 Commandgroup1，设置其 ButtonCount 属性值为 4，在 Commandgroup1 上单击鼠标右键，在弹出的快捷菜单中选择"编辑"命令，按照图 7-44 所示设置每一个按钮的 Caption 属性。

单击页框中的第 2 个页面 Page2，打开数据环境设计器，将鼠标放在 score 表的标题栏位置，按住鼠标左键拖动到 Page2 上，此时，在 Page2 上出现与 score 表相联系的表格控件 grdScore。

（6）编写代码。

命令按钮组中"第一个"按钮的 Click 事件代码为

```
GO TOP              &&记录指针指向第一条记录
ThisForm.Refresh
```

命令按钮组中"上一个"按钮的 Click 事件代码为

```
SKIP -1             &&记录指针向前移动一个位置
IF BOF()            &&到了表中的第一条记录后，转向最后一条记录
 GO BOTTOM
ENDIF
ThisForm.Refresh
```

命令按钮组中"下一个"按钮的 Click 事件代码为

```
SKIP                &&记录指针向后移动一个位置
IF EOF()            &&到了表中的最后一条记录后，转向第一条记录
 GO TOP
ENDIF
ThisForm.Pageframe1.Refresh
```

命令按钮组中"最后一个"按钮的 Click 事件代码为

```
GO BOTTOM           &&记录指针指向最后一条记录
ThisForm.Refresh
```

表格 grdScore 的 AfterRowCloChange 事件代码为

```
ThisForm.Pageframe1.Page1.Refresh
&&在表格控件中用鼠标选择不同的记录时，使 Page1 中的记录与 Page2 一致
```

表单 Form1 的 Destroy 事件代码为

```
CLOSE DATABASE
```

（7）保存并运行表单。将表单保存为 browse_score.scx 并运行表单，运行结果如图 7-43 和图 7-44 所示。

# 小　结

尽管 Visual FoxPro 仍然支持传统的结构化的程序设计，但同时提供了功能更为强大和更加灵活的面向对象的程序设计。

本章首先介绍了面向对象编程的基本概念，包括对象的概念，对象的属性、事件、方法，类和子类，以及类的继承性等，深刻理解和掌握这些基本概念，有利于我们在实际编程中灵活运用。

面向对象的程序设计，不是从程序代码的第一行写到最后一行，而是考虑如何创建对象，利用对象简化程序设计并提供可重用的代码。为此，Visual FoxPro 提供了较为丰富的基类，用户可以直接创建这些基类的对象，也可以通过类的继承机制扩充基类创建自己的新类（子类）。

表单是 Visual FoxPro 中进行面向对象编程的基础，是建立应用程序界面的最主要工具之一。表单中可以包含各种图形控件，利用这些控件可以快速地开发出应用程序的输入输出界面，构建系统与用户之间友好的交互平台。表单设计器是进行表单设计的可视化工具，掌握其使用方法是建立符合系统要求的表单的必要前提。

Visual FoxPro 的基类提供了常用的表单控件，通过设置控件的属性、编写控件的相关事件代码，构建完整的应用系统界面。熟悉 Visual FoxPro 常用控件的属性、事件和方法是进行可视化编程的关键。

在大多数 Visual FoxPro 的应用系统中，都要利用表单来显示、编辑数据表或视图中的记录。本章还介绍了基于数据表的表单设计方法以及相关控件的使用。

本章完成了学生管理系统中登录表单、统计表单和浏览表单的设计，在下一章中学习菜单设计，利用菜单调用这些程序模块。

# 思考与练习

## 一、问答题

1. 什么是对象？什么是类？

2. 对象的属性、事件和方法有什么区别？

3. 在 Visual FoxPro 中有哪些方法可以打开"表单设计器"建立新表单？

4. 在容器控件中用于引用对象的关键字有哪几个？各是什么含义？

## 二、选择题

1. 以下属于非容器类控件的是（　　　　）。

    A. 表单　　　　　　　　B. 页面　　　　　　　　C. 标签　　　　　　　　D. 页框

2. 设计表单时，可以用来向表单中添加控件的工具栏是（　　　　）。

    A. 表单控件　　　B. 表单设计器　　　C. 布局　　　D. 调色板

3. 在表单中为表格控件指定数据源的属性是（　　　　）。

    A. DataSource　　　B. RecordSource　　　C. Datafrom　　　D. Recordfrom

4. 如果在运行表单时，要使表单的标题显示"登录窗口"，则可以在 Form1 的 Load 事件中加入的语句是（　　　　）。

    A. THISFORM.CAPTION=" 登录窗口 "

    B. FORM1.CAPTION=" 登录窗口 "

    C. THISFORM.NAME=" 登录窗口 "

    D. FORM1.NAME=" 登录窗口 "

5. 在默认状态下，把表单数据环境中的一个表的字段拖动到表单上，会自动在表单上产生（　　　　）。

    A. 一个表格对象

    B. 一个标签对象和一个文本控件对象

C. 一个列表框对象

D. 一个命令按钮对象

6. 关于表单数据环境中的表与表单之间关系的正确叙述是（　　　）。

A. 当表单运行时，自动打开表单数据环境中的表

B. 当表单关闭时，不能自动关闭表单数据环境中的表

C. 当表单运行时，表单数据环境中的表处于只读状态，只能显示不能修改

D. 以上几种说法都不对

7. 如果想在运行表单时，向 Text2 中输入字符，回显字符显示的是 "*"，则可以在 Form1 的 Init 事件中加入语句（　　　）。

A. FORM1.TEXT2.PASSWORDCHAR= " * "

B. FORM1.TEXT2.PASSWORD= " * "

C. THISFORM.TEXT2.PASSWORD= " * "

D. THISFORM.TEXT2.PASSWORDCHAR= " * "

8. 控件获得焦点，使其成为活动对象的方法是（　　　）。

A. Show　　　　　　B. Release　　　　　　C. SetFocus　　　　D. GotFocus

9. 下面对表单若干常用事件的描述中，正确的是（　　　）。

A. 释放表单时，Unload 事件在 Destroy 事件之前引发

B. 运行表单时，Init 事件在 Load 事件之前引发

C. 单击表单的标题栏，引发表单的 Click 事件

D. 上面的说法都不对

10. 如果文本框的 InputMask 属性值是#99999，允许在文本框中输入的是（　　　）。

A. +12345　　　　B. abc123　　　　　　C. $12345　　　　D. abcdef

11. 新创建的表单默认标题为 Form1，为了修改表单的标题，应设置表单的（　　　）。

A. Name 属性　　　　　　　　　　　B. Caption 属性

C. Closable 属性　　　　　　　　　　D. AlwaysOnTop 属性

**三、填空题**

1. Visual FoxPro 中运行表单的命令是＿＿＿＿。

2. 表单文件的扩展名是＿＿＿＿。

3. 可以通过＿＿＿＿工具栏对表单中多个控件的摆放位置、大小进行设置。

4. 组合框有两种形式：＿＿＿＿和＿＿＿＿。

5. 用户单击命令按钮时，会引发命令按钮的＿＿＿＿事件。

6. 用来确定复选框是否被选中的属性是＿＿＿＿。

7. 在表单中创建表格控件时，用来指定表格列数目的属性是＿＿＿＿。

8. 在 Visual FoxPro 中释放和关闭表单的方法是＿＿＿＿。

9. 在 Visual FoxPro 的表单设计中，为表格控件指定数据源的属性是＿＿＿＿。

10. 在将设计好的表单存盘时，系统生成扩展名分别是 SCX 和＿＿＿＿的两个文件。

11. 在 Visual FoxPro 中表单的 Load 事件发生在 Init 事件之＿＿＿＿。

**四、操作题**

1. 设计一个浏览学生信息的表单 myform1.scx，如图 7-45 所示。表单的数据源是 "成绩管理" 数据库中的 student 表。

2. 设计表单计算电费 myform2.scx。如果是家庭用电，电费=用电度数*2.0 元，如果是营业用电，电费=用电度数*2.5 元。如果选中了"按优惠价计价"，则电费打九折。表单如图 7-46 所示。

图 7-45　浏览学生信息表单

3. 设计一个数据维护表单 edit_score.scx，维护成绩信息，表单的运行结果如图 7-47 所示，表单的数据源是"成绩管理"数据库中的 score 表。

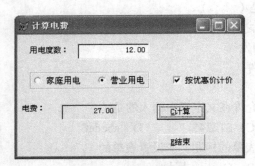

图 7-46　计算电费表单

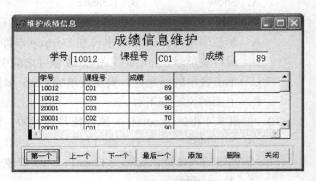

图 7-47　维护成绩信息

4. 设计数据浏览表单 browse_course.scx，浏览课程信息，表单的运行结果如图 7-48 和图 7-49 所示，表单的数据源是"成绩管理"数据库中的 course 表。

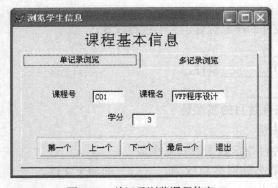

图 7-48　单记录浏览课程信息

图 7-49　多记录浏览课程信息

5. 设计数据查询表单 search_stu_score.scx，查询学生成绩，表单的运行结果如图 7-50 所示，表单的数据源是"成绩管理"数据库中的 course 表。

6. 设计数据统计表单 compute_stu.scx，统计学生信息，表单的运行结果如图 7-51 所示，表单的数据源是"成绩管理"数据库中的 student 表。

图 7-50　查询学生成绩

图 7-51　学生信息统计

# 第8章 菜单设计

应用系统通常由若干个功能相对独立的程序模块组成，通过菜单，将这些程序模块组成一个系统。一个良好的菜单会给用户一个友好的操作界面，菜单设计的优劣也直接影响应用系统的控制和流程。菜单设计在应用系统开发中占有重要地位，本章完成学生管理系统菜单的设计，介绍下拉菜单和快捷菜单的设计方法。

## 8.1 菜单设计概述

### 8.1.1 菜单的结构

常规的菜单系统一般是一个下拉式菜单，由一个条形菜单和一组弹出式菜单组成。其中，条形菜单作为主菜单，弹出式菜单作为子菜单。当选择一个条形菜单选项时，激活相应的弹出式菜单；当用户选择弹出式菜单的某个选项时，系统会执行一定的动作。图 8-1 所示的学生管理系统菜单是一个下拉式菜单，Visual FoxPro 的系统菜单也是一个典型的下拉式菜单系统。

快捷菜单一般由一个或一组上下级的弹出式菜单组成。

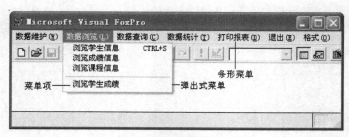

图 8-1 学生管理系统菜单

### 8.1.2 菜单设计的步骤

为应用系统设计菜单，通常按照以下步骤进行。

（1）菜单规划与设计。根据应用系统功能与使用的要求，确定需要的条形菜单选项、各菜单选项在界面上出现的先后顺序及各菜单选项包括的子菜单项等。

（2）启动菜单设计器，建立条形菜单项和弹出式子菜单。使用菜单设计器可以完成条形菜单项和弹出式子菜单的建立。

（3）定义菜单功能，根据应用需求为菜单系统指定任务。指定菜单所要执行的任务，可以是一条命令或一个过程。菜单建立好之后将其保存为一个以.mnx 为扩展名的菜单文件和以.mnt 为扩展名的菜单备注文件。

（4）利用已建立的菜单文件，生成扩展名为.mpr 的菜单程序文件。

（5）运行生成的菜单程序文件。

菜单设计的基本步骤如图 8-2 所示。

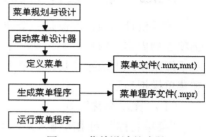

图 8-2 菜单设计的步骤

# 8.2 下拉菜单的设计

下拉菜单是最常见的一种菜单。在 Visual FoxPro 中，利用菜单设计器可以很方便地设计下拉菜单。

## 8.2.1 启动菜单设计器

无论建立新菜单或者修改已有的菜单，都需要打开菜单设计器窗口。可以通过以下几种方法打开菜单设计器。

● 在 Visual FoxPro 主窗口中，执行菜单命令[文件]\[新建]\[菜单]，然后单击"新建文件"按钮，打开"新建菜单"对话框，如图 8-3 所示。在弹出的"新建菜单"对话框中选择"菜单"按钮，即可打开"菜单设计器"窗口，如图 8-4 所示。

● 通过命令方式建立或打开菜单，建立菜单的命令是 CREATE MENU <菜单文件名>或 MODIFY MENU <菜单文件名>。其中，CREATE MENU 是新建菜单文件，MODIFY MENU 可以创建菜单，也可以打开已有的菜单。

● 通过项目管理器的"其他"选项卡也可以创建或打开菜单。

图 8-3 "新建菜单"对话框

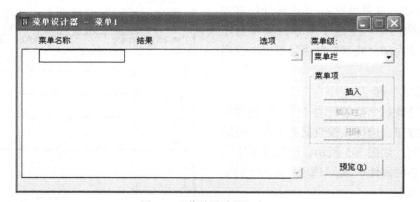

图 8-4 "菜单设计器"窗口

## 8.2.2 菜单设计器窗口

菜单设计器窗口左侧是一个列表框，它的每一行可定义一个菜单项，包括菜单名称、结果和选项3列内容。窗口右侧包括一个下拉列表框和4个按钮，其中的"菜单级"下拉列表框用于实现下级菜单到上级菜单切换，插入、插入栏、删除和预览按钮分别用于插入菜单项、删除菜单项和菜单模拟显示。

（1）"菜单名称"列

"菜单名称"列用来输入菜单项的名称，该名称也称为菜单标题。

Visual FoxPro 允许用户在指定菜单项名称时，为该菜单项定义热键。定义热键的方法是在要作为热键的字符之前加上"\<"两个字符。

可以根据各菜单项功能的相似性或相近性，将弹出式菜单的菜单项分组。在相应行的"菜单名称"列上输入"\-"两个字符，可以在两菜单项之间插入一条水平分组线，该水平分组线在预览时可以看到。

（2）"结果"列

"结果"列的下拉列表框用于定义菜单项的动作，单击该列将出现一个下拉列表框，包括命令、过程、子菜单和填充名称4个选项。

● 命令。该选项用于为菜单项定义一条命令，菜单项的动作即是执行用户定义的命令。定义时，只需将命令输入到下拉列表框右方的文本框内即可。如果所要执行的动作需多条命令才能完成，那么在这里应该选择"过程"。

● 过程。该选项用于为菜单项定义一个过程，过程是包含一个或多个命令语句的程序段，菜单项的动作即是执行用户定义的过程。定义时一旦选择了过程选项，下拉列表框右边就会出现一个"创建"按钮或"编辑"按钮（建立时显示"创建"，修改时显示"编辑"），选择相应按钮后将出现一个文本编辑窗口，供用户编辑所需的过程。

● 子菜单。该选项供用户定义当前菜单的子菜单。选择子菜单选项后，下拉列表框的右边会出现一个"创建"按钮或"编辑"按钮。选择相应按钮后，菜单设计器窗口就切换到子菜单设计窗口，供用户建立或修改子菜单。菜单设计器窗口右侧的菜单级下拉列表框显示当前所处的菜单级别，并用于从下级菜单切换到上级菜单。下拉列表框中的"菜单栏"选项表示第一级菜单。

● 填充名称或菜单项#。该选项让用户定义条形菜单的内部名字或子菜单的菜单项序号，这个菜单内部名或菜单项序号可以在程序中引用。

（3）"选项"列

菜单设计器每个菜单行的"选项"列含有一个无符号按钮，选择该按钮就会出现"提示选项"对话框，如图8-5所示，可以在其中为菜单项设置各种属性。"提示选项"对话框的主要内容说明如下。

● 快捷方式：定义菜单项快捷键。其中"键标签"用于定义快捷键；"键说明"用于定义菜

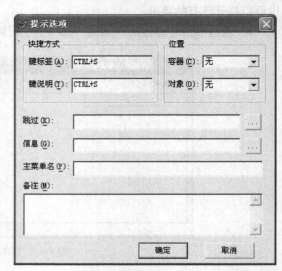

图8-5 "提示选项"对话框

单项后显示的快捷键名称。例如，定义快捷键为 Ctrl + S，当按 Ctrl + S 组合键时，"键标签"文本框出现 Ctrl + S，"键说明"文本框内也出现相同内容，但"键说明"文本框的内容可以根据需要修改。快捷键通常是 Ctrl 或 Alt 键与另一个字符键的组合。

- 跳过：定义菜单项禁用条件。可以在文本框输入一个表达式，或单击右侧按钮进入"表达式生成器"对话框生成一个表达式，定义允许或禁用菜单项的条件。当表达式值为"假"时，菜单项为可用状态；否则为禁止状态，运行时菜单项以灰色显示。
- 信息：定义菜单项说明信息。当鼠标指向菜单或菜单项时，在 Visual FoxPro 状态栏显示说明其功能及用途的文字信息。这些信息必须用引号括起来。
- 主菜单名或菜单项#：指定条形菜单的内部名或弹出式菜单菜单项的序号。此选项仅在"菜单设计器"窗口的"结果"列显示"命令"、"子菜单"或"过程"时可用。
- 备注：指定菜单注释信息，运行菜单程序时 Visual FoxPro 忽略所有注释。

（4）"菜单级"下拉列表框

菜单系统是分级的，最高一级是菜单栏，其次是每个菜单的子菜单。从该下拉列表框选择某菜单级，可以进行相应级别菜单的设计。

（5）"菜单设计器"窗口中的其他按钮

- 插入：在当前菜单项前面插入一个新菜单项目，默认名称为"新菜单项"。
- 删除：删除当前菜单项。
- 插入栏：插入标准的 Visual FoxPro 系统菜单中的某些项目。单击该按钮打开"插入系统菜单栏"对话框，如图 8-6 所示，其中列出了 Visual FoxPro 所有标准菜单项目供选择。当菜单级处于"菜单栏"时，该项不可用。

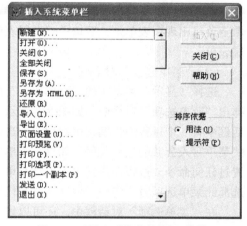

图 8-6　"插入系统菜单栏"对话框

- 预览：用于显示所创建的菜单。

### 8.2.3　设置菜单的常规选项与菜单选项

菜单设计器窗口打开时，Visual FoxPro 的"显示"菜单中会包含"常规选项"和"菜单选项"两个命令，这两个命令都配有对话框。它们与菜单设计器窗口相结合，可使菜单设计更加完善。

（1）"常规选项"对话框

在"显示"菜单中选择"常规选项"命令，弹出"常规选项"对话框，如图 8-7 所示。在这个对话框中，可以定义菜单系统的总体属性。该对话框主要由以下几部分组成。

- 过程：为整个菜单系统指定过程代码。如果菜单系统中某条形菜单项没有规定具体操作，当选择此菜单选项时，将执行该默认过程代码。可以在"过程"列表框中直

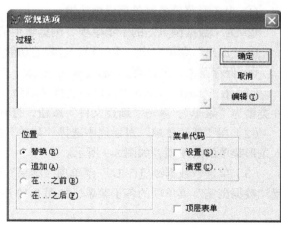

图 8-7　"常规选项"对话框

接输入过程代码，也可以单击"编辑"按钮打开代码编辑窗口，编辑、输入过程代码。

● 位置：在这个选项组中有 4 种选择，决定用户菜单与系统菜单之间的位置关系。

替换：将用户定义菜单替换 Visual FoxPro 系统菜单，这是默认的选择。

追加：将用户定义菜单附加在 Visual FoxPro 系统菜单之后。

在…之前：将用户定义菜单插入指定 Visual FoxPro 某个系统菜单项前面。选择该选项后，右边出现下拉列表框，其中列出 Visual FoxPro 系统菜单的各个菜单项。从中选择一项，将用户菜单置于该菜单项之前。

在…之后：意义与上面类似，只是用户菜单将置于所选择菜单项之后。

● 菜单代码：它包括设置和清理两个复选框。

设置：向菜单系统添加初始化代码定制菜单系统。初始化代码可以包含环境设置、变量定义、相关文件的打开等。该代码在菜单代码执行之前执行。单击选中"设置"复选框，在打开的代码编辑窗口中输入初始化代码即可。

清理：清理代码位于初始化代码和菜单定义代码之后，在菜单显示出来之后执行。

● 顶层表单：菜单设计器创建的菜单系统默认位置是在 Visual FoxPro 系统窗口之中，如果希望菜单出现在表单中，需选中"顶层表单"复选框，同时还必须将包含菜单的表单设置为"顶层表单"。

（2）"菜单选项"对话框

选择"显示"菜单中的"菜单选项"命令，弹出"菜单选项"对话框，如图 8-8 所示。该对话框中有一个过程编辑框，可供用户为当前弹出式菜单写入公共的过程代码，如果某菜单项未设置过任何命令或过程动作，也无下级菜单，那么选择此菜单选项时，将执行该默认过程代码。

在"菜单选项"对话框中，还可以修改菜单项的名称。

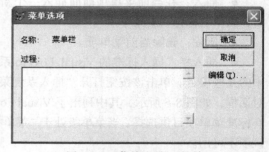

图 8-8 "菜单选项"对话框

## 8.2.4 一个下拉菜单实例

例 8-1 设计如图 8-1 所示的下拉菜单。要求：

① 为条形菜单各菜单项设置热键；

② 为"数据浏览"的子菜单项"浏览学生信息"设置快捷键 Ctrl+S；

③ "退出"菜单对应一个过程，过程的功能是返回 Visual FoxPro 系统菜单；

④ 保存菜单，文件名为 main_menu.mnx，并生成菜单程序文件 main_menu.mpr。

（1）在 Visual FoxPro 主窗口中选择菜单命令[文件]\[新建]，然后在"新建"对话框中选择文件类型为"菜单"，单击"新建文件"按钮，打开"新建菜单"对话框，参见图 8-3。

（2）在"新建菜单"对话框中选择"菜单"按钮，打开"菜单设计器"窗口，在该窗口中输入条形菜单的菜单项，如图 8-9 所示。

（3）单击"数据浏览(\<L)"菜单项"结果"列上的"创建"按钮，切换到对应的子菜单，设置"数据浏览"菜单项的各子菜单，如图 8-10 所示。类似地，可以输入其他各菜单项的内容。

如果要回到上级菜单对其他各子菜单进行编辑，可以从"菜单级"列表框中选择"菜单栏"，返回到系统主菜单，此时主菜单中各菜单项"结果"列上的按钮标题为"新建"或"编辑"，单击此按钮可以编辑各菜单项。

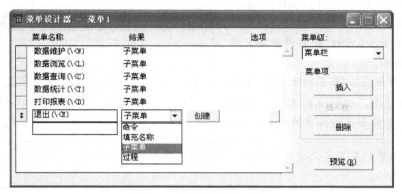

图 8-9 "菜单设计器"窗口

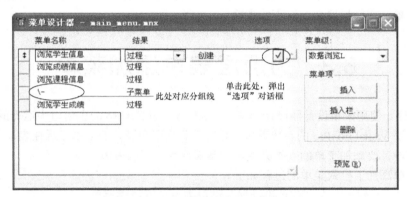

图 8-10 设置"数据浏览"子菜单选项

（4）为"浏览学生信息"子菜单设置快捷键。单击"选项"列上的按钮，打开"提示选项"对话框，如图 8-5 所示。单击"键标签"文本框，然后在键盘上按组合键 Ctrl+S，则在"键标签"和"键说明"文本框中同时出现字符"Ctrl+S"，单击"确定"按钮，返回"菜单设计器"窗口。

（5）在"菜单级"列表框中选择"菜单栏"，返回到条形"菜单设计器"窗口，单击"退出(\<E)"菜单项，在"结果"下拉列表，设置其内容为"过程"，单击旁边的"创建"按钮，打开过程编辑窗口，输入"退出"菜单项的过程代码：

SET SYSMENU TO DEFAULT

① SET SYSMENU TO DEFAULT 命令的功能是将系统菜单恢复成标准配置，在这里即是将菜单恢复成 Visual FoxPro 的默认菜单。

② 当"结果"选择为"过程"时，过程中可以输入一条或多条 Visual FoxPro 命令；若"结果"选择为"命令"，则在命令框中只可以输入一条命令。

（6）根据需要，为各子菜单项设置命令或过程，例如，在菜单设计器的"浏览成绩信息"菜单项中调用第 7 章中的浏览成绩信息表单 Browse_Score.scx，只需要在对应的结果列中选择"过程"选项，单击旁边的"创建"按钮，在打开的"过程编辑"窗口中输入命令：

```
DO FORM Browse_Score.scx
```
关闭"过程编辑"窗口，即完成在菜单中调用表单的设置。

类似地，可以为其他菜单项添加过程或命令。

（7）执行菜单命令[文件]\[保存]，输入菜单文件名 main_menu，则菜单保存在菜单定义文件 main_menu.mnx 和菜单备注文件 main_menu.mnt 中。

图 8-11 "生成菜单"对话框

（8）执行菜单命令[菜单]\[生成]，弹出"生成菜单"对话框，如图 8-11 所示，单击"生成"按钮，生成菜单程序文件 main_menu.mpr。

　　　　如果对菜单定义进行了修改，在保存菜单后必须要使用"生成"命令重新生成菜单程序文件。

（9）单击工具栏上的"运行"按钮，运行菜单。也可以在命令窗口中使用 DO main_menu.mpr 命令来运行菜单，文件扩展名.mpr 不能省略。

# 8.3　为顶层表单添加菜单

一般情况下，使用菜单设计器设计的菜单，是在 Visual FoxPro 的主窗口中运行的，也就是说，用户菜单替换了 Visual FoxPro 的系统菜单。有时需要把用户设计的菜单显示在表单中，这就需要为表单添加菜单，要添加菜单的表单必须设置其属性为"顶层表单"。

为顶层表单添加下拉式菜单的过程如下。

（1）按照 8.2 节叙述，在"菜单设计器"窗口中设计下拉式菜单。

（2）在"菜单设计器"中设计菜单时，必须在"常规选项"对话框中选择"顶层表单"复选框，然后生成菜单程序文件。

（3）将要添加菜单的表单 ShowWindow 属性值设置为 2，使其成为顶层表单。

（4）在顶层表单的 Init 或 Load 事件代码中添加调用菜单程序的命令，格式如下：

```
DO <菜单文件名> WITH This [, "菜单名"]
```

其中，<菜单文件名>指定被调用的菜单程序文件，其扩展名.mpr 不能省略。This 表示当前表单对象的引用。通过"菜单名"为添加的下拉式菜单的条形菜单指定一个内部名字，该内部名可供清除菜单时调用。

（5）在表单的 Destroy 事件代码中添加清除菜单的命令，使得在关闭表单时能同时清除菜单，释放其所占用的内存空间。命令格式如下：

```
RELEASE MENU <菜单名> [EXTENDED]
```

其中，EXTENDED 表示在清除条形菜单时一起清除其下属的所有子菜单。

**例 8-2**　将例 8-1 的下拉菜单添加到表单 main_form 中，即完成"学生管理系统"中主表单的设计。

（1）打开"菜单设计器"窗口，建立完成例 8-1 中的下拉菜单。

（2）在菜单设计器打开的情况下，选择[显示]\[常规选项]命令，在打开的"常规选项"窗口中选择"顶层表单"复选框。

（3）保存菜单文件为 main_menu.mnx，并生成菜单程序文件 main_menu.mpr。

（4）新建表单 main_form，设置表单的 Caption 属性为"学生管理系统"，ShowWindow 属性值为"2-作为顶层表单"。

（5）设置表单的 Init 事件代码，调用菜单程序文件 main_menu.mpr：

```
DO main_menu.mpr WITH This, 'aaa'
```

其中"aaa"代表菜单内部名，可以设置为任意合法的菜单名。

（6）设置表单的 Destroy 事件代码清除菜单。代码为

```
RELEASE MENU aaa EXTENDED
```

（7）运行表单，结果如图 8-12 所示。

图 8-12 显示在顶层表单中的菜单

① 建立在顶层表单中的菜单，只有在表单运行时才能看到菜单显示在表单中的效果，如图 8-12 所示。

② 将菜单添加到顶层表单以后，原来的退出命令"SET SYSMENU TO DEFAULT"的功能是恢复 Visual FoxPro 系统菜单，此时不再起作用，需要在设计菜单时将"退出"命令对应的过程改为"表单文件名.RELEASE"，本例中即为 main_form.RELEASE。

# 8.4 快捷菜单的设计

在 Windows 环境中，快捷菜单的应用非常广泛，它给软件的使用带来很多方便。在对象上单击鼠标右键时所弹出的菜单就是快捷菜单，这种菜单可以快速展示对象可用的所有功能。

Visual FoxPro 支持创建快捷菜单，并可以将这些菜单添加到对象中。和下拉菜单相比，快捷菜单没有条形菜单，只有弹出式菜单。例如，可创建包含"剪切"、"复制"和"粘贴"命令的快捷方式菜单，使得当用户在文本框控件内所包含的数据上单击右键时出现快捷菜单，从而实现快速操作。

创建快捷菜单的方法和创建下拉菜单的方法基本是一样的，区别是快捷菜单需要被对象调用。

为了使对象能够在单击鼠标右键时激活快捷菜单，需要在对象的 RightClick 事件（过程）中增加执行菜单的语句。执行快捷菜单文件的命令如下：

```
DO <快捷菜单.mpr>
```

其中，扩展名.mpr 是不能省略的。

另外，快捷菜单使用完后应该及时清理，释放其所占用的内存空间，相应的命令为

```
RELEASE POPUPS <快捷菜单名> [EXTENDED]
```

例 8-3 建立一个表单 Form1，向表单中添加一个文本框控件，为该文本框控件建立快捷菜单 kjcd，菜单选项有：剪切、粘贴、放大、缩小。剪切、粘贴菜单项使用标准的 Visual FoxPro 系统菜单命令，选中"放大"或"缩小"时，将文本框中的字体放大或缩小。运行结果如图 8-13 所示。

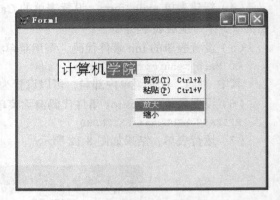

图 8-13 例 8-3 的运行结果

（1）新建菜单，从"新建菜单"对话框中选择"快捷菜单"，打开"快捷菜单设计器"。

（2）在"快捷菜单设计器"窗口中，单击"插入栏"按钮，利用"插入系统菜单栏"对话框插入"剪切"和"粘贴"菜单项，输入"放大"、"缩小"菜单项。

（3）执行菜单命令[显示]\[菜单选项]，在"名称"框中输入快捷菜单的内部名字：kjcd，完成（2）、（3）步骤后的菜单设计器如图 8-14 所示。

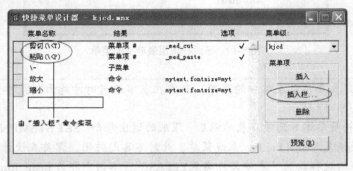

图 8-14 "快捷菜单设计器"窗口

（4）执行菜单命令[显示]\[常规选项]，打开"常规选项"对话框，选中"设置"和"清理"复选框，单击"确定"按钮，弹出"设置"编辑窗口和"清理"编辑窗口。

（5）在打开的"设置"编辑窗口中输入命令，用来接收所引用的文本框对象：PARAMETERS mytext；在"清理"编辑窗口中输入命令，清除快捷菜单：RELEASE POPUPS kjcd。结果如图 8-15 所示。

（6）定义快捷菜单的各菜单项功能。

"剪切"和"粘贴"是标准的系统菜单命令，不需要定义。

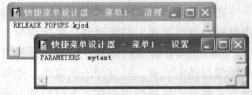

图 8-15 快捷菜单的设置和清理代码窗口

"\-"用来分隔上部和下部的菜单项。

"放大"选项的命令代码为：mytext.fontsize=mytext.fontsize+2

"缩小"选项的命令代码为：mytext.fontsize=mytext.fontsize-2

（7）执行菜单命令[文件]\[保存]，将菜单保存在菜单定义文件 kjcd.mnx 和菜单备注文件 kjcd.mnt 中，执行菜单命令[菜单]\[生成]，生成快捷菜单程序文件 kjcd.mpr。

（8）建立表单 Form1，在表单上添加一个文本框控件，NAME 属性改为 mytext，设置文本框控件的 RightClick 事件代码如下：

```
DO kjcd.mpr WITH This
```

（9）保存并运行表单，结果如图 8-13 所示。

# 小　　结

本章介绍了 Visual FoxPro 菜单的概念和菜单的设计方法，主要内容如下。

- 利用菜单设计器创建菜单，保存为扩展名为.mnx 的菜单定义文件，然后生成扩展名为.mpr 的菜单程序文件。
- 在菜单中定义热键、分组线及菜单项的其他选项等。
- 将菜单添加到顶层表单中，在表单的 Load 或 Init 事件中调用菜单程序文件。
- 创建快捷菜单，并在对象的 RightClick 事件中调用快捷菜单。

本章完成了学生管理系统中主菜单的创建，在菜单中调用第 7 章中创建的输入表单、查询表单等，学生管理系统的基本雏型已经构建。下一章，我们完成学生管理系统的数据输出工作，创建报表。

# 思考与练习

**一、问答题**

1. 菜单由哪几部分组成？

2. 简述菜单文件与菜单程序文件的区别与联系。

3. 简述菜单设计的一般步骤。

4. 要将菜单应用于顶层表单，一般需要哪些步骤？

**二、选择题**

1. 为表单建立了快捷菜单 mymenu，调用快捷菜单的命令代码 DO mymenu.mpr WITH THIS 应该放在表单的（　　　）中。

　　A. Destory 事件　　　B. Init 事件　　　　　C. Load 事件　　　　　D. RightClick 事件

2. 在"菜单设计器"中设计菜单时，如果菜单项的名称为"统计"，热键是 T，在菜单名称一栏中应输入（　　　）。

　　A. 统计（\<T）　　　B. 统计（Ctrl+T）　　C. 统计（Alt+T）　　　D. 统计（T）

3. 在 Visual FoxPro 中，使用"菜单设计器"定义菜单，最后生成的菜单程序的扩展名是（　　　）。

　　A. MNX　　　　　　B. PRG　　　　　　　C. MPR　　　　　　　D. SPR

4. 菜单设计器的"结果"一列的列表框中可供选择的项目包括（　　　）。

　　A. 命令、过程、子菜单、函数

　　B. 填充名称、过程、子菜单、快捷键

　　C. 命令、过程、子菜单、菜单项#或填充名称

　　D. 命令、过程、填充名称、函数

5. 用户可以在"菜单设计器"窗口右侧的（　　　）列表框中查看菜单所属的级别。

　　A. 菜单项　　　　　B. 菜单级　　　　　　C. 预览　　　　　　　D. 插入

6. 利用"菜单设计器"窗口建立菜单，菜单名为 TEST，存盘后将会在磁盘上出现的文件是（　　）。

    A．TEST.MPR 和 TEST.MNT　　　　　　B．TEST.MNX 和 TEST.MNT

    C．TEST.MPX 和 TEST.MPR　　　　　　D．TEST.MNX 和 TEST.MPR

7. 要将用户设计的菜单恢复成 Visual FoxPro 系统标准配置菜单，需要执行（　　）命令。

    A．SET SYSMENU DEFAULT　　　　　　B．SYSMENU=DEFAULT

    C．SET DEFAULT TO SYSMENU　　　　　D．SET SYSMENU TO DEFAULT

8. 启动菜单设计器后，执行"显示"菜单下的"常规选项"命令，出现"常规选项"对话框，下面不属于"常规选项"对话框中设置的功能是（　　）。

    A．设置菜单位置　　　　　　　　　　　B．设置"顶层表单"选项

    C．书写"设置"或"清理"代码　　　　　D．设置菜单的热键

### 三、填空题

1. 弹出式菜单可以分组，插入分组线的方法是在"菜单名称"项中输入＿＿＿＿＿两个字符。

2. 为了从用户菜单恢复成 Visual FoxPro 系统标准菜单应该使用命令 SET＿＿＿＿＿TO DEFAULT。

3. 在命令窗口中输入＿＿＿＿＿命令，可以打开菜单设计器创建菜单。

4. 执行菜单程序的命令是＿＿＿＿＿，但必须带扩展名。

5. 如果将菜单添加到顶层表单中，调用菜单程序的命令一般应该在表单的＿＿＿＿＿事件中。

### 四、操作题

1. 利用菜单设计器建立一个菜单 mymenu1，功能要求如下。

（1）主菜单包括"统计"和"退出"两个菜单项。

（2）"统计"菜单项下有"平均分"、"最高分"和"最低分" 3 个子菜单项。

（3）子菜单项"平均分"、"最高分"和"最低分"的功能（程序代码写在过程中）分别是计算各门课程的"平均分"、"最高分"和"最低分"，计算结果中包括"课程名称"和"计算成绩"两个字段，并将计算结果分别存储到表 avgdbf、maxdbf 和 mindbf 中。

（4）"退出"菜单项的功能是返回到 Visual FoxPro 的系统菜单。

**提示：**

① 数据来自于"成绩管理"数据库中的 student 表、score 表和 course 表；

② 菜单建立完成后，必须生成菜单程序，然后运行，并分别计算各门课程的平均分、最高分和最低分。

2. 建立如图 8-16 所示的学生管理系统主菜单 main_menu.mnx，要求：

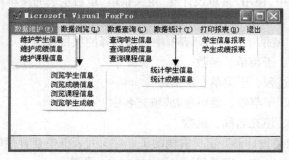

图 8-16　学生管理系统主菜单

（1）各子菜单中需要调用第 7 章中完成的表单，如表 8-1 所示，调用表单的方法如图 8-17 所示；

表 8-1　　　　　　　　　　　　各菜单项调用的表单

| 序　　号 | 菜　单　项 | 表　单　名 |
|---|---|---|
| 1 | 维护成绩信息 | edit_score.scx |
| 2 | 浏览成绩信息 | browse_score.scx |
| 3 | 浏览课程信息 | browse_course.scx |
| 4 | 查询课程信息 | search_course_score.scx |
| 5 | 查询成绩信息 | search_stu_score.scx |
| 6 | 统计成绩信息 | compute_score.scx |
| 7 | 统计学生信息 | Compute_stu.scx |

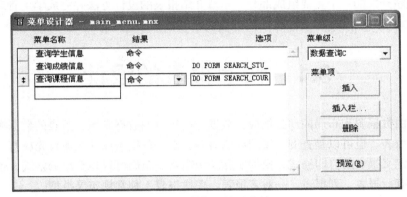

图 8-17　数据查询子菜单

（2）"退出"菜单项的功能是返回到 Visual FoxPro 的系统菜单；

（3）生成并运行可执行的菜单程序 main_menu.mpr。

# 第9章
# 报表设计

表中的数据可以通过浏览窗口显示,也可以利用表单查看和管理。报表是数据输出的另外一种形式,它具有总结、汇总等功能,并能根据需要设置显示和打印格式,特别适合于打印输出数据,是应用程序开发的一个重要组成部分。本章介绍报表的设计方法并完成学生管理系统中报表的设计。

## 9.1　快速报表的设计

报表主要由数据源和布局两部分组成。数据源是报表的数据来源,报表的数据源可以是数据库中的表或自由表,也可以是查询、视图或临时表。在进行报表设计之前首先应打开报表的数据源。报表布局定义报表的打印格式,根据实际应用需要,布局可以是简单的格式,也可以是复杂的格式,通常有行报表、列报表、一对多报表、多栏报表4种常规布局类型。

Visual FoxPro 提供了 3 种创建报表的方法:使用报表向导创建报表、利用快速报表方法创建报表和利用报表设计器设计报表。

### 9.1.1　使用报表向导创建报表

创建报表最简单的一种方法是使用报表向导,只要在"报表向导"对话框中根据提示回答一系列问题即可创建报表。

例 9-1　使用报表向导建立报表。

要求报表中包含 student 表中的学号、姓名、性别、专业和助学金字段,按照性别对记录进行分组,报表样式为"账务式",报表布局方向为"纵向",报表记录按助学金升序排序,报表标题为"学生情况表",将报表保存为文件 report1.frx。

(1)启动报表向导。在 Visual FoxPro 主窗口中,执行菜单命令[文件]/[新建],在出现的"新建"对话框中选择文件类型为"报表",单击"向导"按钮,弹出"向导选取"对话框,如图 9-1 所示。

(2)选择向导类型。在"向导选取"对话框中选择"报表向导"选项,单击"确定"按钮,出现"报表向导"对话框。

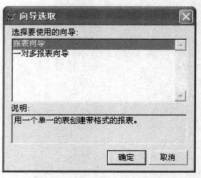

图 9-1　"向导选取"对话框

本例中，只要求对 student 表创建报表，故选取"报表向导"选项，若建立的报表是包含父表记录和子表记录的报表，需要选择"一对多报表向导"选项。

（3）字段选取。在报表向导的"步骤 1-字段选取"对话框中，选择"成绩管理"数据库中的 student 表，然后在"可用字段"列表框中选定输出字段，添加到"选定字段"列表框中，如图 9-2 所示。

需要注意的是，如果在"数据库和表"列表框中没有所需要的数据库和表，可以单击旁边的"表达式生成器"按钮，在弹出的"打开"窗口中选择文件 student.dbf，单击"确定"按钮。

单击"下一步"按钮，进入报表向导的"步骤 2-分组记录"对话框。

（4）分组记录。在报表向导的"步骤 2-分组记录"对话框中，在第 1 个分组下拉列表框中选择分组字段"性别"，如图 9-3 所示。

单击"下一步"按钮，进入报表向导的"步骤 3-选择报表样式"对话框。

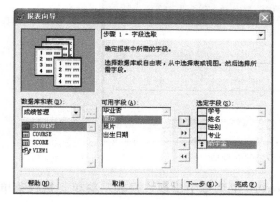

图 9-2　在"报表向导"中完成字段选取操作

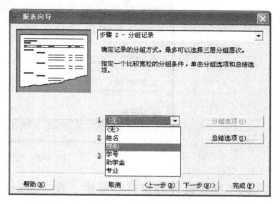

图 9-3　在"报表向导"中完成设置分组字段

（5）设置报表的样式、布局和记录的排序。与步骤 2 类似，在报表向导的"步骤 3-选择报表样式"对话框中选择"账务式"；在"步骤 4-定义报表布局"对话框中选择方向为"纵向"。在"步骤 5-排序记录"对话框中选择排序字段为"助学金"，顺序为"升序"。

（6）报表完成。在报表向导的"步骤 6-完成"对话框中，输入报表标题"学生情况表"，如图 9-4 所示。单击"预览"按钮进入预览窗口，如图 9-5 所示，可以在屏幕上查看生成的报表，也可以返回前面各步骤重新设计报表格式。

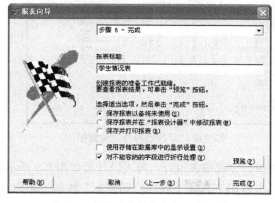

图 9-4　在报表向导中完成报表设计

图 9-5　报表预览效果

预览完毕，关闭预览窗口，单击"完成"按钮保存报表，文件名为 report1，报表保存在以.frx为扩展名的报表格式文件中。

## 9.1.2 利用快速报表方法创建报表

除了使用报表向导创建报表外，还可以用"快速报表"功能来建立简单的报表。在快速报表中，Visual FoxPro 根据用户选择的布局，选择最基本的报表组件，自动建立简单的报表布局。

**例 9-2** 使用快速报表方法建立学生情况报表 report2.frx，报表包括 student 表的学号、姓名、性别、专业、助学金字段。

（1）在 Visual FoxPro 主窗口中，执行菜单命令[文件]\[新建]，在弹出的"新建"对话框中选择文件类型为"报表"，单击"新建文件"按钮，弹出"报表设计器"窗口，如图 9-6 所示。

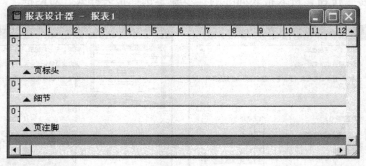

图 9-6 "报表设计器"窗口

（2）报表设计器窗口打开后，在 Visual FoxPro 主菜单中出现"报表"菜单，执行菜单命令[报表]\[快速报表]，在"打开"对话框中选择 student 表，弹出"快速报表"对话框，如图 9-7 所示。

（3）在"快速报表"对话框中设置报表的字段布局为默认左侧的列布局，使字段在报表页面上从左向右排列。

若选择字段布局为右侧的行布局，将使字段在报表页面上从上到下排列。

（4）在"快速报表"对话框中单击"字段"按钮，打开"字段选择器"对话框，选择要添加到报表中的字段，如图 9-8 所示。单击"确定"按钮，返回"快速报表"对话框。

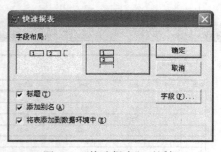

图 9-7 "快速报表"对话框

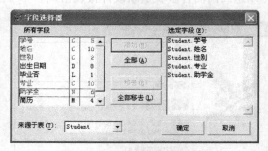

图 9-8 "字段选择器"对话框

（5）在"快速报表"对话框中单击"确定"按钮，完成报表设计。报表设计器如图 9-9 所示。
（6）执行菜单命令[显示]\[预览]，或者直接单击常用工具栏上的"打印预览"按钮，可以查看生成的报表。

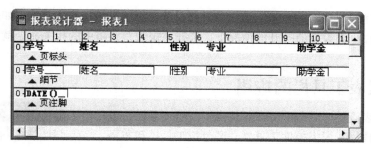

图 9-9　设计完成的快速报表

（7）关闭报表设计器，保存报表文件为 report2.frx。

该报表还需要在报表设计器中进行修改，最后设计出满足用户需要的报表。创建报表的另外两种方式是：

- 在项目管理器中的"文档"选项卡下创建报表；
- 在命令窗口中执行命令 CREATE REPORT 也可以启动报表设计器创建报表。

# 9.2　使用报表设计器设计报表

使用"报表向导"和"快速报表"生成的报表样式比较简单，往往不能满足实际要求，需要进行修改、完善。Visual FoxPro 提供的报表设计器允许用户通过直观的操作来直接设计报表，或者修改已有的报表。

使用报表设计器设计报表涉及带区、报表控件和数据源等概念。

## 9.2.1　报表设计器中的带区

在报表设计器中将报表的不同部分分成不同的带区，在这些带区中可以插入各种报表控件，可以根据需要修改带区或添加新的带区。带区的主要作用是控制数据在页面上的显示位置，在打印或预览报表时，系统会以不同的方式处理不同带区的数据。对于"页标头"带区，系统将在每页上打印一次该带区所包含的内容；而对于"标题"带区，则只是在报表开始时打印一次该带区的内容。表 9-1 所示为一些常用带区的名称和作用。

表 9-1　　　　　　　　　　　　　　报表带区的名称和作用

| 带 区 名 称 | 作　　用 |
| --- | --- |
| 标题 | 每张报表开头打印一次，如报表名称 |
| 页标头 | 报表的每页打印一次，如报表的字段名称 |
| 细节 | 报表的每个记录打印一次，如表中的每条记录 |
| 页注脚 | 报表的每页下面打印一次，如页码或打印日期 |
| 总结 | 每张报表最后打印一次 |
| 组标头 | 数据分组时，报表的每组打印一次 |
| 组注脚 | 数据分组时，报表的每组打印一次 |
| 列标头 | 在分栏报表时，每列打印一次 |
| 列注脚 | 在分栏报表时，每列打印一次 |

"页标头"、"细节"和"页注脚"这 3 个带区是快速报表默认的基本带区。如果要设置报表的其他带区，只要在报表设计器打开的情况下，选择"报表"菜单中的相关命令就可以添加或删除带区。

## 9.2.2 报表工具栏的应用

为了方便报表设计，Visual FoxPro 提供了一组工具栏，包括报表设计器工具栏、报表控件工具栏、调色板工具栏和布局工具栏等。

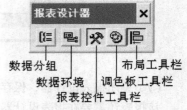

图 9-10 "报表设计器"工具栏

### 1. 报表设计器工具栏

"报表设计器"工具栏在打开报表设计器时自动显示，如图 9-10 所示，该工具栏各按钮的功能如表 9-2 所示。

表 9-2            "报表设计器"工具栏各按钮的功能

| 按 钮 名 称 | 功 能 |
| --- | --- |
| 数据分组 | 显示"数据分组"对话框，用于实现报表中的数据分组 |
| 数据环境 | 显示数据环境设计器窗口 |
| 报表控件工具栏 | 显示或隐藏报表控件工具栏 |
| 调色板工具栏 | 显示或隐藏调色板工具栏 |
| 布局工具栏 | 显示或隐藏布局工具栏 |

### 2. 报表控件工具栏

可以使用"报表控件"工具栏在报表上创建控件，"报表控件"工具栏如图 9-11 所示。单击需要的控件按钮，将鼠标指针移到报表上，然后用鼠标单击报表来放置控件或拖动鼠标将控件拖曳到合适大小。

在报表上放置了控件以后，可以双击报表上的控件，在出现的"属性"对话框中设置、修改控件的属性。

"报表控件"工具栏各按钮的功能如表 9-3 所示。

图 9-11 "报表控件"工具栏

表 9-3            "报表控件"工具栏各按钮的功能

| 按 钮 名 称 | 功 能 |
| --- | --- |
| 选定对象 | 移动或改变控件的大小 |
| 标签 | 在报表上创建标签控件，显示与记录无关的数据 |
| 域控件 | 在报表上创建字段控件，显示字段、内存变量或其他表达式的内容 |
| 线条、矩形、圆角矩形 | 用于在报表上绘制相应的图形 |
| 图片/ActiveX 绑定控件 | 显示图片或通用型字段的内容 |
| 按钮锁定 | 允许添加多个同种类型的控件，而不需要多次按此控件的按钮 |

### 3. 其他工具栏

布局工具栏用于在报表上对齐或调整控件的位置，和表单中布局工具栏的使用方法相同。调色板工具栏用于设定报表或表单上控件的前景或背景的颜色。

## 9.2.3　报表的数据源和报表的布局

### 1. 报表的数据源

报表总是从数据库中提取数据，所以报表必须有数据源。在使用"快速报表"和"报表向导"创建报表时，直接指定了数据表作为数据源。在使用报表设计器设计报表时，往往需要为报表指定数据源。使用报表设计器设计报表的一般步骤如下。

（1）打开"报表设计器"，建立一个空报表。

（2）单击"报表设计器"工具栏中的数据环境图标或执行菜单命令[显示]/[数据环境]，打开"数据环境设计器"窗口。

（3）在"数据环境设计器"窗口中单击鼠标右键，选择快捷菜单中的"添加"命令，打开"添加表或视图"对话框，依次将要使用的表或视图添加到数据环境中。

（4）如果在数据库中存在表或视图之间的联系，该联系自动添加到数据环境中，也可以在数据环境中建立表或视图之间的联系。

（5）在"数据环境设计器"中，将字段拖动到报表设计器窗口中（一般是"细节"带区）。

（6）修改报表布局，完成报表设计。

数据环境为报表管理数据源，在打开和运行报表时自动打开表或视图，并提取相关数据；在关闭或释放报表时自动关闭表或视图。

### 2. 报表的布局

报表布局的设计主要包括以下几方面内容。

（1）添加或减少带区

在报表设计器打开的情况下，选择"报表"菜单中的相关命令可以添加或删除带区。例如，执行菜单命令[报表]\[标题/总结]，可以添加"标题"带区或"总结"带区；执行菜单命令[报表]\[数据分组]，可以添加"组标头"或"组注脚"带区。而设置"列标头"和"列注脚"带区需要执行菜单命令[文件]\[页面设置]。

（2）调整带区的空间。

用鼠标左键拖曳带区即可改变带区空间的大小，在调整带区的大小时执行"预览"命令，能看到明显的效果。

（3）添加或删除控件。

使用"报表控件"工具栏可以方便地添加报表控件，比较常用的控件是标签控件和域控件。选中控件后，按下键盘上的 Delete 键可以删除控件。

（4）设置控件的格式。

调整控件的大小或对齐效果通过"布局"工具栏可以实现，执行菜单命令[格式]\[字体]设置控件上的文字字体、字型、大小等。

### 3. 使用报表设计器创建报表的实例

**例 9-3**　使用报表设计器建立报表 report_student.frx，如图 9-12 所示。其中，报表的数据来自成绩管理数据库中的 student 表，报表标题由标签控件实现，报表日期由域控件实现，横线由线条控件实现。合理设置页面布局。

（1）新建报表，打开报表设计器。

（2）在"报表设计器"窗口中单击鼠标右键，在弹出的快捷菜单中选择"数据环境"命令，打开数据环境设计器。在数据环境设计器窗口中单击鼠标右键，选择"添加"命令，系统打开"添

加表或视图"对话框，选择要添加的 student
表，单击"添加"按钮，然后单击"关闭"
按钮关闭窗口。

图 9-12　例 9-3 的预览效果

　　打开数据环境也可以通过单击"报表设
计器"工具栏中的"数据环境"按钮实现。

　　（3）将数据环境设计器中 student 表的学
号、姓名、性别、专业、助学金字段拖曳到
报表设计器的"细节"带区。

　　（4）单击"报表设计器"工具栏上的"报
表控件"按钮，打开"报表控件"工具栏。
在"报表控件"工具栏中单击"标签"按钮，然后在"页标头"带区中的适当位置单击鼠标左键，出现一个插入点，输入字段名"学号"。用同
样的方法，建立每个字段名对应的标签。

---

① 利用"报表控件"工具栏上的"锁定"按钮，可以一次放置多个相同控件。
② 执行菜单命令[格式]\[字体]，可以设置控件的字体、字型等。
③ 利用"布局"工具栏可以方便地设置控件的布局。

---

　　（5）单击"报表控件"工具栏上的"线条"按钮，在"页标头"带区中放置的标签的上方和
下方各画一条横线。

　　（6）执行菜单命令[报表]\[标题/总结]，系统打开"标题/总结"对话框，如图 9-13 所示，选中
"标题带区"复选框，单击"确定"按钮，在报表设计器中出现"标题"带区。

　　（7）在"标题"带区中添加一个标签控件，输入文字"学生情况一览表"，并设置字体、大小。
在标签上方添加一条横线。

　　（8）单击"报表控件"工具栏上的"域控件"按钮，然后在"标题"带区中的适当位置单击
鼠标，系统打开"报表表达式"对话框，在表达式框中输入显示日期的函数 DATE()，如图 9-14
所示。单击"确定"按钮完成日期设置。

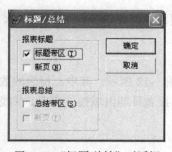

图 9-13　"标题/总结"对话框

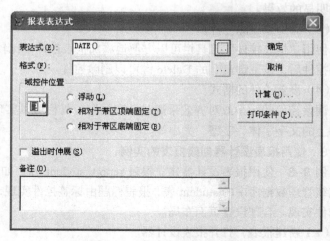

图 9-14　"报表表达式"对话框

日期函数的输入也可以通过单击"表达式"文本框旁边的"表达式生成器"按钮，在"表达式生成器"对话框中选择"日期"列表中的DATE()函数来实现。

（9）调整各个带区的大小和控件的布局。设计完成的报表设计器窗口如图 9-15 所示。

（10）执行菜单命令[显示]\[预览]，或者直接单击"常用"工具栏上的"打印预览"按钮，可以查看生成的报表。

（11）关闭报表设计器，保存报表文件为report_student.frx。

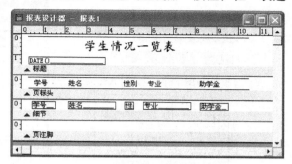

图 9-15 "报表设计器"窗口

# 9.3 数据分组报表的设计与应用

报表中的数据分组类似于 Excel 中的分类汇总，数据分组使数据表中的数据在报表中分组显示，通过分组可以明显地分隔每组记录，并在各组之间添加总结性数据。组的划分是基于表达式进行的，该表达式通常由表中的字段生成。和 Excel 分类汇总类似，数据分组前需要先按分组表达式进行排序或索引。

## 9.3.1 设计数据分组报表

实现报表的数据分组是在报表设计器中进行的，包括设置报表的记录顺序、添加分组表达式、编辑"组标头"和"组注脚"带区 3 个步骤。

### 1. 设置报表的记录顺序

报表的数据源一般来自于表、视图和查询，为了使数据源适合于分组处理记录，必须对数据源进行适当的排序或索引。视图和查询一般在建立时进行排序，使其满足分组的条件。

在对数据表分组时，一般在表设计器中建立索引，一个表可以有多个索引，在将表添加到报表的数据环境之前应当设置当前索引，设置的方法可以在命令窗口执行 SET ORDER TO <索引名> 命令。

在数据环境设计器中也可以设置当前索引，设置方法如下。

（1）打开数据环境设计器。

（2）在"数据环境设计器"中单击鼠标右键，在弹出的快捷菜单中选择"属性"命令，打开属性窗口。

（3）在属性窗口中选择对象，向数据环境中添加的第 1 个表在属性窗口中的对象名为"Cursor1"，选择 Cursor1。

（4）在"Cursor1"的属性列表中选定"Order"属性，在属性值的索引列表中选择一个索引，如图 9-16 所示，该索引被设置为当前索引。

### 2. 添加分组表达式

在报表设计器打开的情况下，执行菜单命令[报表]\[数据分组]，打开"数据分组"对话框，在"分组表达式"列表框中可以添加一个或多个分组表达式，如图 9-17 所示。

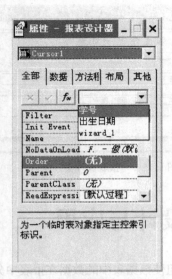

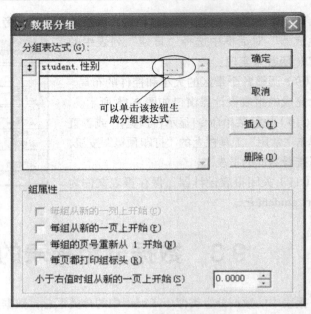

图 9-16　数据源属性窗口　　　　　图 9-17　"数据分组"对话框

**3. 编辑"组标头"和"组注脚"带区**

添加分组表达式之后，报表布局中增加了"组标头"和"组注脚"带区，但此时这两个带区中无任何信息，需要向"组标头"和"组注脚"带区添加控件，以增加报表的可读性。一般来说，"组标头"带区包含分组字段的域控件，"组注脚"带区通常包含组的统计和总结性信息。

**4. 分组报表示例**

**例 9-4**　利用报表设计器建立学生信息报表 report3.frx，如图 9-18 所示。其中，报表的数据源来自于成绩管理数据库中的 student 表，报表按照"性别"分组，并计算每组记录的助学金最大值以及所有记录助学金的最大值。

（1）新建报表，打开"报表设计器"窗口。

（2）打开"数据环境设计器"，向数据环境中添加 student 表。在 student 表上单击鼠标右键，选择"属性"命令，打开属性窗口，设置 Order 属性为"性别"字段的索引，参见图 9-16。需要注意的是，如果要对报表中

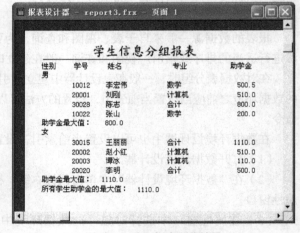

图 9-18　分组报表预览结果

的记录按照"性别"字段分组，必须对"学生"表按照"性别"字段建立索引。

将数据环境设计器中 student 表的学号、姓名、专业、助学金字段拖动到报表设计器的"细节"带区。

（3）在"页标头"带区中添加标签"学号"、"姓名"、"专业"、"助学金"，分别对应细节带区中的相应字段。

（4）执行菜单命令[报表]\[标题/总结]，系统打开"标题/总结"对话框，选中"标题带区"和"总结带区"，单击"确定"按钮，在报表设计器中出现"标题"带区和"总结"带区。

（5）在"标题"带区中添加一个标签控件，输入"学生信息分组报表"，在标签下方利用"线条"控件添加一条横线。

（6）执行菜单命令[报表]\[数据分组]，弹出"数据分组"对话框，参见图 9-17。在"数据分组"对话框中设置分组表达式为"student.性别"，单击"确定"按钮，则在报表设计器中出现"组标头 1：性别"和"组注脚 1：性别"带区。

（7）将数据环境中的"性别"字段拖曳到"组标头"带区中，在"页标头"带区对应位置添加一个"性别"标签，适当调整报表布局。

（8）在"组注脚"带区中添加标签"助学金最大值："，再添加域控件，打开"报表表达式"对话框，设置表达式为"student.助学金"。

　单击"计算"按钮，在"计算字段"对话框中选择"最大值"，如图 9-19 所示。单击"确定"按钮，返回"报表表达式"对话框，再单击"报表表达式"对话框中的"确定"按钮后，返回报表设计器窗口。

（9）在"总结"带区中添加标签"所有学生助学金的最大值："，再添加域控件，设置表达式为"student.助学金"，单击"计算"按钮，在"计算字段"对话框中选择

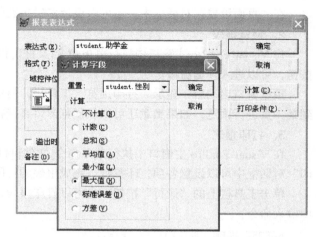

图 9-19　在"报表表达式"对话框中设置"助学金"的最大值

"最大值"，单击"确定"按钮，然后单击"报表表达式"对话框中的"确定"按钮。

（10）调整各个带区的大小和控件的布局，设计完成的报表设计器如图 9-20 所示。

（11）预览报表，如图 9-18 所示。关闭报表设计器，保存报表文件为 report3.frx。

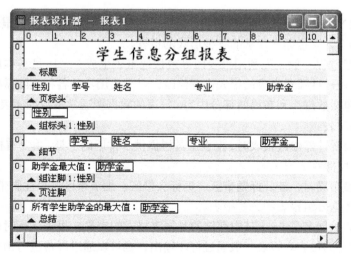

图 9-20　设计完成分组报表后的"报表设计器"窗口

### 9.3.2 报表的输出

设计报表的最终目的是按照一定的格式输出符合要求的数据，报表的格式信息存储在以.frx为扩展名的报表格式文件中。同时，每个报表还自动产生扩展名为.frt 的报表备注文件。报表文件只保存了报表的格式信息，报表的数据信息存储在报表的数据源中。报表的输出包括页面设置、预览报表和打印报表 3 个步骤。

#### 1. 页面设置

在 Visual FoxPro 主窗口中执行菜单命令[文件]\[页面设置]，在"页面设置"对话框中设置页边距、纸张大小、打印方向等。

在"页面设置"对话框中，还可以设计多栏报表版式。

#### 2. 预览报表

在 Visual FoxPro 主窗口中执行菜单命令[文件]\[打印预览]或者单击工具栏上的"打印预览"按钮，可以进入预览窗口。

预览窗口启动后，显示"打印预览"工具栏，使用其中的按钮可以分页浏览，也可以直接转到某一页进行预览，如果满意还可以从预览窗口直接打印报表。

#### 3. 打印报表

在 Visual FoxPro 主窗口中执行菜单命令[文件]\[打印]，系统将弹出"打印"对话框，在"打印"对话框中可以设置各项打印参数，完成报表的打印功能。

单击工具栏上的"运行"按钮，也可以打印报表，这种方法不能设置打印参数。在命令窗口中输入命令：

```
REPORT FORM <报表文件名> [PREVIEW]
```

可以打印或预览指定的报表。

# 小　结

本章介绍了在 Visual FoxPro 中创建报表的方法，主要包括利用向导生成报表、快速创建报表和使用报表设计器设计满足用户需求的各种形式的报表。

● 报表的创建过程一般是先利用报表向导或快速报表生成一个满足基本数据或信息要求的报表，然后利用报表设计器对生成的报表进行修改，以满足用户的各种实际需要。

● 报表主要包括数据源和布局两部分内容。报表的数据源通常是数据库表或自由表，也可以是查询、视图或临时表。

● 在利用报表设计器修改报表时，报表工具栏提供了常用的工具，主要有标签控件、域控件、图片\ActiveX 绑定控件等。

● 在设计报表布局时，涉及标题带区、页标头带区、细节带区、页注脚带区等内容。

● 可以设计数据分组报表和分栏报表。

● 报表文件的扩展名是.frx，其中存储的是报表格式的定义，报表运行时动态从数据表中提取数据并形成格式化的报表。报表一般通过打印输出，也可以通过屏幕进行预览。

本章完成了学生管理系统中报表的设计工作，实现了数据库应用系统的格式化输出，下一章完成整个应用系统的开发工作。

# 思考与练习

## 一、问答题

1. 在 Visual FoxPro 中创建报表有哪几种方法？
2. 简述报表设计器中各带区的作用。
3. 报表设计器中常用的控件有哪几种？功能是什么？
4. 简述利用报表设计器创建报表的过程。

## 二、选择题

1. 为了在报表中显示当前时间，这时应该插入一个（　　　）。

　　A. 表达式控件　　　　B. 域控件　　　　C. 标签控件　　　D. 文本控件

2. Visual FoxPro 的报表文件.frx 中保存的是（　　　）。

　　A. 打印报表的预览格式　　　　　　　B. 已经生成的完整报表

　　C. 报表的格式和数据　　　　　　　　D. 报表设计格式的定义

3. 调用报表格式文件 PP1 预览报表的命令是（　　　）。

　　A. REPORT FROM PP1 PREVIEW　　　B. DO FROM PP1 PREVIEW

　　C. REPORT FORM PP1 PREVIEW　　　D. DO FORM PP1 PREVIEW

4. 打开报表设计器创建报表的命令是（　　　）。

　　A. NEW REPORT　　　　　　　　　　B. PRINT REPORT

　　C. CREATE REPORT　　　　　　　　　D. RUN REPORT

5. 在快速创建报表时，基本带区包括（　　　）。

　　A. 标题、细节和总结　　　　　　　　B. 页标头、细节和页注脚

　　C. 组标头、细节和组注脚　　　　　　D. 报表标题、细节和总结

6. 在"报表设计器"中，可以使用"预览"功能查看报表的打印效果。下列操作中不能实现预览功能的是（　　　）。

　　A. 执行菜单命令[显示]\[预览]

　　B. 直接单击常用工具栏上的"打印预览"按钮

　　C. 在"报表设计器"中单击鼠标右键，在弹出的快捷菜单中选择"预览"命令

　　D. 执行菜单命令[报表]\[运行报表]

7. 下列各选项中，不属于报表控件的是（　　　）。

　　A. 标签　　　　　　B. 线条　　　　　　C. 矩形　　　　D. 命令按钮控件

8. 可以在报表或表单上对齐和调整控件的位置的工具栏是（　　　）。

　　A. 调色板　　　　　B. 布局　　　　　　C. 表单控件　　　D. 表单设计器

## 三、填空题

1. 报表中可以用来加入图片对象的控件是_____。
2. 如果对报表设定分组，报表中将增加的带区是_____和_____。
3. 在程序中或命令窗口中，可以预览报表的命令是_____。
4. 为了保证分组报表中的数据正确，在报表数据源中的数据应事先按照某种顺序索引或_____。

5. 为了在报表中加入一个文字说明，应该插入的控件是_____。

四、操作题

1. 使用一对多报表向导建立报表 report_score.frx，输出 student 表中学生的基本情况和 score 表中学生的各门课程成绩信息。要求：

（1）父表为 student 表，从父表中选择学号、姓名、专业字段；子表为 score 表，从子表中选择课程号和成绩字段；

（2）按"专业"升序排序，报表样式为"经营式"，方向为"纵向"；

（3）报表标题为"学生成绩表"。

2. 利用"成绩管理"数据库中的 student 表和 score 表，使用报表设计器建立一个报表，具体要求如下。

（1）在"成绩管理"数据库中建立视图 V1，视图中包括学号、姓名、课程号、成绩字段，按"学号"升序排序。

（2）报表的数据源是视图 V1，报表的内容（细节带区）来自视图 V1 中的学号、姓名、课程号和成绩 4 个字段。

（3）增加数据分组，分组表达式是视图 V1 中的学号字段，组标头带区的名称是"学号"，组注脚带区的内容是该组学号的"成绩"平均值。

（4）增加标题带区，标题是"学生成绩分组汇总表"，要求 3 号黑体。

（5）增加总结带区，该带区的内容是所有记录的平均成绩。

（6）在页注脚处设置当前的日期。

（7）最后将建立的报表文件保存为 myreport2.frx。

# 第 10 章
# 项目管理

Visual FoxPro 的项目是文件、数据、文档等对象的集合，保存在以.pjx 为扩展名的项目文件中。应用系统开发时，通常首先要建立一个项目文件，然后在项目文件中建立或添加数据库、表、程序、表单、菜单等对象，最后对项目文件进行编译（连编），生成一个单独的.app 应用程序文件或.exe 可执行程序文件。本章介绍项目文件的相关操作及在项目管理器中构造应用程序的一般过程。

## 10.1　项目管理器

项目的创建和管理在"项目管理器"中进行，"项目管理器"是 Visual FoxPro 数据和对象的主要组织工具。在"项目管理器"中可以建立和管理数据库、表、查询、表单、报表以及应用程序等文件。

### 10.1.1　创建项目

建立项目文件同建立其他类型的文件一样，可以通过菜单或命令进行。

**例 10-1**　建立项目文件 project1.pjx。

（1）执行菜单命令[文件] \ [新建]，在"新建"对话框中选定"文件类型"为"项目"，然后单击"新建文件"按钮，弹出"创建"对话框。

（2）在"创建"对话框中，输入项目文件名，并确定项目文件的存放路径，单击"保存"按钮，弹出"项目管理器"对话框，如图 10-1 所示。

（3）此时项目文件已经建立完成，生成扩展名为.pjx 的项目文件和扩展名为.pjt 的项目备注文件，但该项目文件不包含任何信息，是一个空文件，也称为空项目。关闭该项目时将出现系统提示对话框，如图 10-2 所示。若单击提示框中的"删除"按钮，系统将从磁盘上删除该空项目文件；若单击提示框中的"保持"按钮，系统将保存该空项目文件，可以在项目中建立或添加其他类型的文件。

要打开已有的项目文件，执行菜单命令[文件] \ [打开]，在"打开"对话框中，选择或输入项目文件的路径和文件名，单击"确定"按钮将打开项目文件。可以通过命令方式建立或打开项目文件，建立项目文件的命令如下：

```
CREATE PROJECT <项目文件名>
```

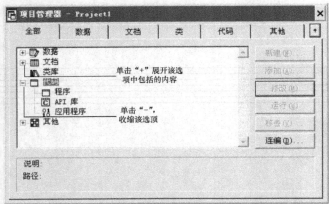

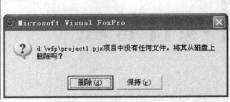

图 10-1 "项目管理器"对话框        图 10-2 删除或保持空项目提示对话框

打开项目文件的命令是：

MODIFY PROJECT <项目文件名>

## 10.1.2 项目管理器窗口

在项目管理器中，用树状视图来组织、管理各类文件，可以展开或收缩各类文件。用鼠标左键单击代表某一类文件的图标左侧的加号"+"可以展开该类文件，此时加号变成减号；单击图标左侧的减号"−"可以收缩展开的内容，此时减号变成加号，如图 10-1 所示。

项目管理器窗口主要由选项卡和命令按钮组成。

### 1. 项目管理器的选项卡

"项目管理器"窗口共包括 6 个选项卡，其中"数据"、"文档"、"类"、"代码"、"其他" 5 个选项卡用于分类显示各种文件，"全部"选项卡用于集中显示该项目中的所有文件。若要处理项目中某一特定类型的文件或对象可选择相应的选项卡。

● "数据"选项卡

该选项卡包含了项目中的所有数据：数据库、自由表、查询和视图。

● "文档"选项卡

该选项卡包含了处理数据时所用的 3 类文件，即输入和查看数据所用的表单、打印和查询结果所用的报表以及标签。

● "类"选项卡

该选项卡显示和管理由类设计器建立的类库文件。

● "代码"选项卡

该选项卡包含 3 类程序：扩展名为.prg 的程序文件、函数库 API 库文件和扩展名为.app 的应用程序文件。

● "其他"选项卡

该选项卡显示和管理下列文件：菜单文件、文本文件、由 OLE 工具建立的其他文件（如图形、图像文件）。

● "全部"选项卡

该选项卡显示和管理以上所有类型的文件。

### 2. 项目管理器的命令按钮

项目管理器窗口的右侧有 6 个命令按钮，这些按钮提供了操作项目中对象的功能。随着所选选项卡中选定对象的不同，按钮会发生变化。例如，当选择了一个具体的表时，原来的"运行"按钮就会变成"浏览"按钮。

● "新建"按钮

创建一个新文件或对象，新文件或对象的类型与当前所选定的类型相同。此按钮与"项目"菜单中"新建文件"命令的作用相同。

● "添加"按钮

把已有的文件添加到项目中。此按钮与"项目"菜单中"添加文件"命令的作用相同。

● "修改"按钮

打开设计器修改选定的文件。此按钮与"项目"菜单中"修改文件"命令的作用相同。

● "运行"按钮

运行选定的查询、表单或程序。此按钮与"项目"菜单中"运行文件"命令的作用相同。

● "移去"按钮

从项目中移去选定的文件或对象。Visual FoxPro 将询问是仅从项目中移去此文件，还是同时将其从磁盘中删除。此按钮与"项目"菜单中的"移去文件"命令的作用相同。

● "连编"按钮

连编一个项目或应用程序，还可以连编一个可执行文件。

# 10.2　项目管理器中文件的操作

在项目管理器中，用户可以创建、添加、修改、移去和运行指定的文件。

## 10.2.1　创建文件

要在项目中创建文件，首先要确定文件的类型。只有选定了文件类型后，"新建"按钮才可用。

例 10–2　在 project1 项目中建立程序文件 main.prg，程序的功能是显示当前系统的日期时间。

（1）打开项目 project1，出现项目管理器窗口，选择"代码"选项卡，如图 10-3 所示。

（2）选中"程序"项，单击"新建"按钮，出现程序编辑窗口，输入命令：

```
?datetime()
```

（3）关闭程序编辑窗口，在弹出的"另存为"对话框中输入程序文件名 main.prg，单击"保存"按钮后完成程序的建立。

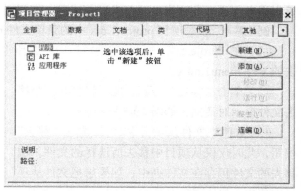

图 10-3　在"项目管理器"中建立程序

"文件"菜单中的"新建"命令可以新建一个文件，但不会自动包含在项目中。使用项目管理器中的"新建"命令，建立的文件会自动包含在项目中。

## 10.2.2 添加文件

利用项目管理器可以把一个已经存在的文件添加到项目文件中。

**例 10-3** 向 project1.pjx 项目中添加文件：成绩管理.dbc、菜单文件 menu1.mnx 和报表文件 report_score.frx。其中，成绩管理.dbc 是第 2 章建立的数据库文件，menu1.mnx 是需要用户建立的菜单文件，report_score.frx 是第 9 章操作题中建立的报表文件。

（1）打开项目 project1.pjx，出现项目管理器窗口，选择"数据"选项卡中的"数据库"选项。

（2）单击"添加"按钮，在弹出的"打开"对话框中，选择要添加的数据库文件"成绩管理"，单击"确定"按钮后完成向项目中添加数据库文件的操作。

（3）类似的，在"文档"选项卡中添加报表文件 report_score.frx，在"其他"选项卡中添加菜单文件 menu1.mnx。

（4）添加完文件的项目管理器如图 10-4 所示。

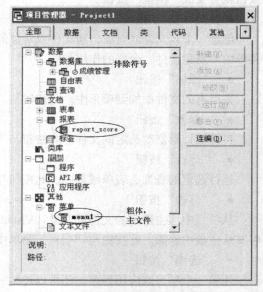

图 10-4 添加完文件的项目管理器窗口

 当把一个文件添加到项目时，项目文件中所保存的并非是该文件本身，而仅是对这些文件的引用，因此，对于项目中的任何文件，既可以利用项目管理器对其进行操作，也可以单独对其进行操作，并且一个文件可以同时属于多个项目文件。

## 10.2.3 移去文件

一般来说，项目所包含的文件是为某个应用程序服务的，如果不需要某个文件了，可以从项目中移去。

**例 10-4** 移去项目 project1.pjx 中的菜单文件 menu1.mnx。

（1）在"project1"项目管理器窗口中，选择"其他"选项卡，展开"菜单"选项，选中要移去的文件 menu1.mnx。

（2）单击"移去"按钮，此时将打开一个移去文件提示对话框，如图 10-5 所示。

（3）如想把文件从项目中移去，单击"移去"按钮，此时仅仅从项目中移去所选择的文件，被移去的文件仍存在文件夹中；如果想把文件从项目中移去，并从磁盘上删除，单击"删除"按钮，该文件将不复存在。

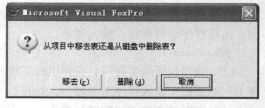

图 10-5 移去文件提示对话框

## 10.2.4 其他操作

在项目管理器中，除了新建文件、添加文件和移去文件外，还可以进行以下一些其他操作。

- 修改：根据所选择的文件类型，打开相应的设计器修改文件。
- 浏览：显示表的内容。
- 打开或关闭：打开或关闭一个数据库。
- 预览：以打印预览方式显示选定的报表或标签。
- 运行：执行选定的查询、表单或程序。当选定项目管理器中的一个查询、表单或程序时才可使用。
- 连编：连编一个项目或应用程序。

# 10.3　项目的连编与发布

连编是指将项目中的所有文件连接编译在一起，形成一个完整的应用系统，最终编译成一个扩展名为.app 的应用程序文件或扩展名为.exe 的可执行文件。项目连编涉及主文件、包含和排除等概念。

## 10.3.1　设置主文件

主文件是项目管理器的主控程序，是整个应用程序的起点。主文件的任务是初始化环境、显示初始的用户界面、控制事件循环，当退出应用程序时，恢复原始的开发环境等。

当用户运行应用程序时，首先启动主文件，然后由主文件调用所需要的各应用程序模块及其他组件。所有应用程序都必须包含一个主文件。

在 Visual FoxPro 中，程序文件、菜单程序、表单或查询都可以作为主文件。在项目管理器中，主文件以粗体显示。在项目管理器打开的情况下，选中要设置为主文件的文件后，执行菜单命令[项目]/[设置主文件]可以将其设置为主文件。

由于一个应用系统只有一个起点，系统的主文件是唯一的，所以，当重新设置主文件时，原来的设置便自动解除。

## 10.3.2　设置项目文件的"包含"与"排除"属性

"包含"的文件是指包含在项目中的文件，即在应用程序的运行过程中不需要更新，一般不会再变动的文件，主要指程序、图形、表单、菜单、报表、查询等。

"排除"是指已添加在"项目管理器"中，但又在使用状态上被排除的文件。通常，允许在程序运行过程中随意地更新它们，如数据库表。对于在程序运行过程中可以更新和修改的文件，需要将它们修改成"排除"状态。项目中被排除的文件左侧有一个排除符号"φ"。

一般地，将程序、表单、报表、菜单、查询等文件在项目中设置为"包含"，而将数据文件设置为"排除"。但可以根据需要设置任意文件的"包含"与"排除"。需要说明的是，设置为主文件的文件不能排除，被排除的文件也不能设置为主文件。将文件设置为"包含"或"排除"的操作方法如下。

（1）在项目管理器中，选中要设置为"包含"或"排除"的文件，单击鼠标右键，在弹出的快捷菜单中，选择"包含/排除"命令。

（2）在 Visual FoxPro 主菜单上的"项目"菜单中设置文件的"包含"或"排除"选项。

### 10.3.3 连编项目

项目连编是应用程序开发的最后一步，单击项目管理器的"连编"按钮，弹出"连编选项"对话框，如图 10-6 所示。项目连编包括重新连编项目、连编应用程序、连编可执行文件和连编 COM DLL（动态链接库）4 个操作选项。

#### 1. 重新连编项目

连编项目是为了对程序中的引用进行校验，同时检查所有的程序组件是否可用，通过连编项目可以对项目进行测试。

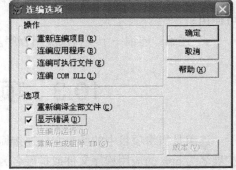

图 10-6  "连编选项"对话框

选择图 10-6 所示对话框中的"重新连编项目"单选钮，并单击"确定"按钮，可以完成对项目的连编测试工作。

也可以使用 BUILD PROJECT 命令连编项目，例如，连编项目"project1.pjx"可以使用如下命令：

```
BUILD PROJECT project1
```

#### 2. 连编应用程序

连编项目获得成功之后，在建立应用程序之前应该试着运行该项目。可以在"项目管理器"中选中主文件，然后选择"运行"命令来启动项目运行。运行项目也可以在"命令窗口"中执行 DO <主文件名>命令。

如果程序运行正确，就可以最终连编成一个应用程序文件，该应用程序文件包括项目中所有被"包含"的文件，应用程序连编结果有两种文件形式：

- 应用程序文件（.app），需要在 Visual FoxPro 中运行；
- 可执行文件（.exe），可以在 Visual FoxPro 中或 Windows 中运行。

选择图 10-6 所示对话框中的"连编应用程序"或"连编可执行文件"单选钮并单击"确定"按钮，可以将项目连编成应用程序文件或可执行文件。

连编应用程序的命令是：

BUILD APP 或 BUILD EXE

例如，要从项目"project1.pjx"连编得到一个应用程序"P1.app"，需要在命令窗口中键入：

```
BUILD APP P1 FROM project1
```

连编得到可执行文件"P2.exe"的命令是：

```
BUILD EXE P2 FROM project1
```

#### 3. 连编 COM DLL

"连编选项"对话框中的"连编 COM DLL"是连编生成动态链接库的选项，使用命令 BUILD DLL 也可以生成动态链接库程序。连编生成的动态链接库实际上是一些在应用系统开发中比较通用的程序，这些程序以动态链接库的形式提供给其他开发人员使用。

# 10.4  发布应用程序

一个项目在开发完成并经过连编测试后，就可以准备发布。所谓发布应用程序即将开发完成的项目中的所有文件打包，创建发布程序，交付用户使用。应用程序发布的过程就是将提供给用户的程序、数据进行压缩、整理，形成打包文件的过程。

在 Visual FoxPro 中可以使用安装向导进行应用程序发布，创建发布文件包和安装程序，使得用户可以很方便地把应用程序安装到自己的计算机上。具体过程如下。

（1）创建发布目录，并将项目运行所需要的所有文件（包括连编形成的可执行文件、数据文件、其他文件）复制到发布目录，注意，可执行文件必须放在发布的根目录下。

（2）使用安装向导创建发布文件。在 Visual FoxPro 主窗口中，执行菜单命令[工具]/[向导]/[安装]，启动安装向导（需要正版的 Visual FoxPro 6.0 企业版软件），根据安装向导的提示进行操作，创建发布文件包。

发布文件包创建完成后，可以在发布文件夹中找到 SETUP.EXE 文件及其他打包形成的文件，用户运行 SETUP.EXE 程序即可安装应用程序，在安装过程中所有包含在发布目录中的文件及文件夹都会被自动创建。

# 小　　结

本章介绍了在 Visual FoxPro 中利用项目管理器进行项目开发和管理的方法，主要内容如下。

● 项目是一个扩展名为.pjx 的文件，项目管理器是 Visual FoxPro 开发应用程序的平台，是管理数据和对象的主要组织工具。可以在项目中创建文件，也可以向项目中添加文件或从项目中移去文件。

● 项目中的主文件是整个应用程序的入口，一般主文件是程序文件或表单文件。

● 在项目中可以将 Visual FoxPro 的应用程序连编成 app 应用程序（在 Visual FoxPro 下运行）、exe 可执行程序（可以脱离 Visual FoxPro 直接在 Windows 环境下运行）和 DLL 动态链接库。

# 思考与练习

**一、问答题**

1. 项目管理器中包括哪些选项卡？各包含哪些选项？
2. 连编应用程序时，为什么需要在项目管理器中设置主文件？
3. 连编生成的.APP 应用程序文件和.EXE 可执行程序文件有什么区别？
4. 连编应用程序时，设置文件的包含与排除有什么意义？

**二、选择题**

1. 向项目中添加表单，应该使用项目管理器的（　　　）。

    A. "代码"选项卡　　　　　　　　　　B. "类"选项卡

    C. "数据"选项卡　　　　　　　　　　D. "文档"选项卡

2. 连编应用程序不能生成的文件是（　　　）。

    A. .app 文件　　　　B. .exe 文件　　　　C. .dll 文件　　　　D. .prg 文件

3. 在 Visual FoxPro 的项目管理器中不包括的选项卡是（　　　）。

    A. 数据　　　　　B. 文档　　　　　C. 类　　　　　D. 表单

4. 根据"职工"项目文件生成 emp_sys.exe 应用程序的命令是（　　　）。

   A. BUILD EXE emp_sys FROM 职工　　　B. BUILD APP emp_sys.exe FROM 职工

   C. LINK EXT emp_sys FROM 职工　　　　D. LINK APP emp_sys.exe FROM 职工

5. 有关连编应用程序，下面的叙述正确的是（　　　）。

   A. 项目连编以后应将主文件视做只读文件

   B. 一个项目中可以有多个主文件

   C. 数据库文件可以被设置为主文件

   D. 在项目管理器中文件名左侧带有符号"φ"的文件在项目连编以后是只读文件

6. 如果项目中的一个数据库表设置为"包含"状态，连编成应用程序后，该数据库表（　　　）。

   A. 运行时可以修改　　　　　　　　　　B. 成为一个自由表

   C. 运行时不可以修改　　　　　　　　　D. 被设置为只读

7. 下列各类文件中，不能被设置为主文件的是（　　　）。

   A. 程序　　　　　　B. 表单　　　　　　C. 查询　　　　　　D. 报表

8. 下列叙述中错误的是（　　　）。

   A. 新添加的数据库文件被设置为"排除"

   B. 不能将数据库文件设置为"包含"

   C. 在项目管理器中设置为"排除"的文件名左侧有符号"φ"

   D. 被指定为主文件的文件不能设置为"排除"

**三、填空题**

1. 在 Visual FoxPro 中项目文件的扩展名是_____。

2. 在 Visual FoxPro 中，BUILD_____命令连编生成的程序可以脱离开 Visual FoxPro 在 Windows 环境下运行。

3. 可以在项目管理器的_____选项卡下建立命令文件。

4. 如果应用程序连编后某个文件还允许修改，则应将该文件设置为_____。

# 第11章
# 综合实例

Visual FoxPro 数据库管理系统主要用于构建各种基于数据库的应用系统。学习掌握 Visual FoxPro 各类数据对象和程序设计的基本方法之后，可以在此基础上进行应用系统的开发工作。本章结合学生管理系统实例，介绍 Visual FoxPro 应用系统的开发方法，并完成数据库应用系统——学生管理系统的分析和设计过程。

## 11.1　数据库应用系统的开发过程

在掌握了如何在项目中创建和管理数据库、表、程序、表单和菜单等各类应用程序对象之后，就可以进行数据库综合应用系统的开发。Visual FoxPro 数据库应用系统的开发是一个系统复杂的过程，需要按照软件工程的方法进行。

按照软件工程的方法，数据库应用系统的开发过程主要包括需求分析、系统设计、系统实现、系统测试和维护等几个阶段。

### 11.1.1　需求分析

需求分析包括数据分析和功能分析，主要任务包括：

（1）确认用户需求、确定设计范围；

（2）收集和分析需求数据，建立数据流图、数据字典等设计文档；

（3）建立需求说明书，对所开发的系统进行全面的描述，包括任务的目标、具体需求说明、系统功能结构、性能、运行环境、系统配置等。

### 11.1.2　系统设计

需求分析结束后，将进入系统设计阶段，系统设计包括数据设计和系统结构功能设计两方面。

（1）数据设计。根据需求分析的结果构造相应的实体模型，再将实体模型转化成数据库管理系统支持的关系模型，进行数据库的性能分析并进行安全性和完整性设计。

（2）系统结构和功能设计。根据结构功能要求，按结构化程序设计原则，自顶向下划分若干子系统，并将子系统细化为若干功能独立的模块，完成系统功能模块图。

### 11.1.3　系统实现

系统实现阶段的任务包括：

（1）数据库具体实现，主要指定义表及各种约束，部分数据录入及准备工作；

（2）程序设计和各种数据对象设计，包括菜单、表单、定义表单上的各种控件对象、编写对象对不同事件的响应代码、设计报表和查询等。

### 11.1.4　系统测试和维护

应用程序设计完成之后，应对系统进行测试，以检验系统各个组成部分的正确性，这也是保证系统质量的重要手段，主要任务包括：

（1）加载数据，进行单元测试，检查模块在功能和结构方面的问题；

（2）进行综合测试，将已测试过的模块组装起来进行综合测试；

（3）按总体设计的要求，逐项进行有效性检查，检验已开发的系统是否合格，能否交付使用。

在系统投入正式运行之后，就进入了维护阶段，由于多方面原因，系统在运行中可能会出现一些错误，需要及时跟踪修改。另外，由于外部环境或用户需求的变化，也可能要对系统功能进行必要的修改。

# 11.2　"学生管理系统"的系统设计

## 11.2.1　系统功能分析

学生管理系统是一个小型的数据库应用系统，主要完成学生基本信息及成绩信息的管理和统计功能，从用户需求的角度分析，系统功能包括以下几方面。

（1）管理系统登录验证。

（2）基本信息维护，主要包括学生信息、课程信息及成绩信息的录入和编辑。

（3）数据浏览和统计功能。浏览基本信息，学生选修的课程统计、成绩统计及学生信息统计。

（4）各类检索信息的显示和打印。

## 11.2.2　系统结构设计

根据学生管理系统功能要求，按结构化程序设计原则，进行系统功能模块的划分，完成系统结构图，如图 11-1 所示。

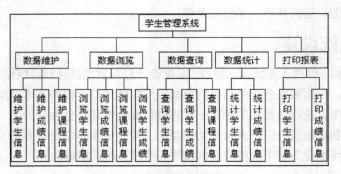

图 11-1　学生管理系统结构图

## 11.2.3 数据库设计

根据需求分析结果，以及系统功能要求，建立"学生管理系统"所需数据库，各类数据资源如表 11-1 所示。

表 11-1　　　　　　　　　　　　学生管理系统数据库结构

| 数 据 对 象 | 文 件 名 | 说　　　明 |
| --- | --- | --- |
| 数据库 | 成绩管理.dbc | |
| 表 | student.dbf | 按学号主索引 |
| | course.dbf | 按课程号主索引 |
| | score.dbf | 学号普通索引，课程号普通索引 |
| 联系 | student.dbf 和 score.dbf | 1：$n$ 联系 |
| | course.dbf 和 score.dbf | 1：$n$ 联系 |

## 11.2.4 表单设计

### 1. 系统登录表单：start.scx

登录表单的界面参见图 1-11，主要功能是用户身份验证，只有提供正确的用户名和密码才能进入系统。

登录表单的实现参见第 7 章例 7-5 的表单 start.scx。

### 2. 主表单：main_form.scx

主表单 main_form 是系统的工作界面，它被登录表单调用并调用菜单 main_menu.mnx，如图 1-15 所示。

（1）设置表单的属性，如表 11-2 所示。

表 11-2　　　　　　　　　　　　设置表单属性

| 控 件 名 | 属 性 名 | 属 性 值 |
| --- | --- | --- |
| Form1 | Caption | 学生管理系统 |
| | Name | Form1 |
| | AutoCenter | .T. |
| | ShowWindow | 2-作为顶层表单 |
| | AlwaysOnTop | .T. |

（2）主表单的 Load 事件代码：

```
DO main_menu.mpr WITH This,.T.
```

### 3. 数据维护表单

实现数据维护功能包括 3 个表单，即：维护学生信息表单 edit_stu.scx、维护成绩信息表单 edit_score.scx 和维护课程信息表单 edit_course.scx。

用于数据维护的 3 个表单实现方法类似。下面介绍学生信息维护表单 edit_stu.scx 的实现，表单的运行结果如图 11-2 所示。

（1）创建表单。新建表单，打开"表单设计器"窗口，设置表单的 Caption 属性：维护学生信息。

（2）设置数据环境。将"成绩管理"数据库中的 student 表添加到"数据环境设计器"中。在"数据环境设计器"中选中 student 表，在"属性"窗口中设置 Exclusive 属性为.T.，即设置 student 表以独占方式打开。

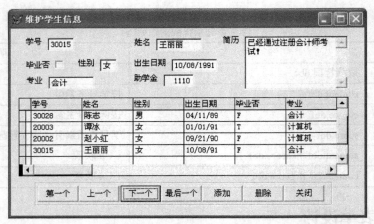

图 11-2　维护学生信息表单运行界面

（3）将"数据环境设计器"中 student 表的各字段拖曳到表单上，再把整个 student 表拖曳到表单上，生成表格控件 grdStudent。设置表格控件 grdStudent 的 DeleteMark 属性为.F.，指定在表格控件中不显示删除标记列。

（4）添加控件和设置属性。在表单上添加一个命令按钮组控件 CommandGroup1，并设置其 ButtonCount 属性为 7，表示该命令按钮组包括 7 个命令按钮。在命令按钮组 CommandGroup1 上单击鼠标右键，在弹出的快捷菜单中选择"编辑"命令，此时可以逐个编辑 CommandGroup1 中的每个命令按钮，并修改其属性。

（5）编写程序代码。

表单的 Load 事件代码：

```
SET DELETED ON                    &&操作表记录时忽略已加上删除标记的记录
```

"第一个"按钮的 Click 事件代码：

```
GO TOP                      &&记录指针指向表中的第一条记录
ThisForm.Refresh
```

"上一个"按钮的 Click 事件代码：

```
SKIP -1                     &&记录指针上移，如果到了表首，给出信息提示
IF BOF()
  GO TOP
  MESSAGEBOX("已经是第一条记录",64,"提示")
ENDIF
ThisForm.Refresh
```

"下一个"按钮的 Click 事件代码：

```
SKIP                        &&记录指针下移，如果到了表尾，给出信息提示
IF EOF()
    GO BOTTOM
    MESSAGEBOX("已经是最后一条记录",64,"提示")
ENDIF
ThisForm.Refresh
```

"最后一个"按钮的 Click 事件代码：

```
GO BOTTOM                        &&记录指针指向最后一条记录
ThisForm.Refresh
```

"添加"按钮的 Click 事件代码：

```
APPEND BLANK                     &&添加一条空记录
ThisForm.txt 学号.SetFocus        &&将光标定位在文本框 txt 学号上
ThisForm.Refresh
```

"删除"按钮的 Click 事件代码：

```
yn=MESSAGEBOX("确实要删除该记录? ",4+32+256,"删除确认")   &&删除确认窗口
IF yn=6                          &&如果用户在"删除确认"窗口中单击了"是"按钮
   DELETE                        &&给当前记录加上删除标记
   SKIP                          &&记录指针指向下一条记录
   IF EOF()
     GO BOTTOM
   ENDIF
ENDIF
ThisForm.Refresh
```

MESSAGEBOX()函数用于制作信息提示对话框。其中，第 1 个参数指定提示信息的内容，第 2 个参数由"按钮值+图标值+默认值"构成，第 3 个参数指定对话框标题栏中的文本。Messagebox()的返回值指明了对话框中选择哪一个按钮，其返回值与按钮为：1-确定；2-取消；3-终止；4-重试；5-忽略；6-是；7-否。

在删除事件的 Click 事件代码中，MESSAGEBOX 函数中第 2 个参数中的 4 代表信息提示框中包含两个按钮"是"和"否"，32 代表对话框图标为问号，256 表示光标将默认停留在第 2 个按钮上。对话框如图 11-3 所示。

图 11-3　用 MESSAGEBOX()函数实现的删除确认对话框

"关闭"按钮的 Click 事件代码：

```
PACK                             &&彻底删除加上删除标记的记录
ThisForm.Release
```

表格 grdStudent 的 AfterRowColChange 事件代码，添加如下语句：

```
ThisForm.Refresh
```

表单的 Unload 事件代码：

```
CLOSE DATABASE ALL               &&关闭数据库
```

（6）保存表单 edit_stu.scx，并运行。

**4. 数据浏览表单**

实现数据浏览功能包括 4 个表单，即：浏览学生信息表单 browse_stu.scx、浏览成绩信息表单 browse_score.scx、浏览课程信息表单 browse_course.scx 和浏览学生成绩表单 browse_stu_score.scx。

其中，浏览成绩信息表单 browse_score.scx 参见第 7 章例 7-16。

下面介绍浏览学生信息表单 browse_stu.scx 的实现，运行结果如图 11-4 所示。

（1）创建表单。新建表单，打开"表单设计器"窗口，设置表单的 Caption 属性为"浏览学生信息"。

（2）设置数据环境。将"成绩管理"数据库中的 student 表添加到"数据环境设计器"中。在"数据环境设计器"中单击 student 表，在"属性"窗口中设置 Exclusive 属性为.T.，设置 student 表以独占方式打开。

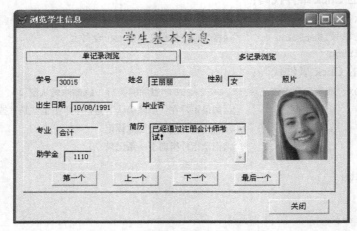

图 11-4　浏览学生信息表单运行界面

（3）在表单上添加一个页框控件 PageFrame1，并设置其 PageCount 属性为 2，使得页框包含有 2 个页 Page1 和 Page2。用鼠标右键单击页框控件，在弹出的快捷菜单中选择"编辑"命令，页框的周围出现淡绿色边界，此时可以编辑页面 Page1 或页面 Page2。

（4）将 Page1 的 Caption 属性设置为"单记录浏览"。打开"数据环境设计器"，将 student 表的各个字段拖曳到 Page1 上，并设置所有文本框及复选框的 ReadOnly 属性为.T.，然后再添加 4 个命令按钮，标题分别是"第一个"、"上一个"、"下一个"和"最后一个"，如图 11-4 所示。

① 将"数据环境设计器"中 student 表的字段拖曳到表单上，则会自动在表单上创建相应的标签和文本框，并使文本框与表中的记录相联系，这相当于设置文本框的 ControlSource 属性为表中的相应字段。
② 如果是逻辑性字段如"毕业否"，则将在表单上创建复选框。

（5）编写程序代码。

"第一个"按钮的 Click 事件代码：

```
GO TOP
This.Parent.Refresh
```

页框 PageFrame 是一个容器类控件，其包含的页 Page 也是容器，因此 this.parent 指的是当前命令按钮所在的页 Page1。

"上一个"按钮的 Click 事件代码：

```
SKIP -1
IF BOF()
    GO TOP
    MESSAGEBOX("已经是第一条记录",64,"提示信息")
ENDIF
This.Parent.Refresh
```

"下一个"按钮的 Click 事件代码:

```
SKIP
IF EOF()
    GO BOTTOM
    MESSAGEBOX("已经是最后一个记录",64,"提示信息")
ENDIF
This.Parent.Refresh
```

"最后一个"按钮的 Click 事件代码:

```
GO BOTTOM
This.Parent.Refresh
```

(6)编辑页面 Page2,设置 Page2 的 Caption 属性为"多记录浏览"。在 Page2 上添加一个表格控件 Grid1,单击鼠标右键,在弹出的快捷菜单中选择"生成器"命令,在"表格生成器"中选择表 Student 和要添加到表格控件中的字段,在表格生成器的"3.布局"选项卡中设置表格中每一列的标题,调整列宽,调整控件类型,然后单击"确定"按钮。设置表格 Grid1 的 ReadOnly 属性为.T.。

① 上述表格控件的设置也可以简化为如下操作:打开"数据环境设计器",将鼠标放在 student 表的标题栏位置,按住鼠标左键拖曳到 Page2 上,此时,在 Page2 上出现与 student 表相联系的表格控件 grdStudent。

② 上述操作相当于设置了表格控件的两个属性:RecordSourceType 为 1-别名,RecordSource 为 student,表示与表格相联系的数据源为 student 表,在属性窗口中可以看到这两个属性已经自动设置。

(7)在表单上部添加"学生基本信息"标签,并添加一个"关闭"按钮,其 Click 事件代码为:ThisForm.Release。

(8)保存表单 browse_stu.scx,运行结果如图 11-4 所示。

### 5. 数据查询表单

实现数据查询功能包括 3 个表单,即查询学生信息表单 search_stu.scx、查询学生成绩表单 search_stu_score.scx 和查询课程信息表单 search_course_score.scx。

其中,查询课程成绩表单参见第 7 章例 7-15 的 search_course_score.scx,查询学生成绩表单参见第 7 章的操作题 5 的表单 search_stu_score.scx。

下面介绍查询学生信息表单 search_stu.scx 的实现过程,运行结果如图 11-5 所示。

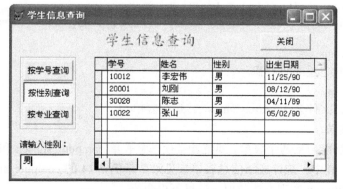

图 11-5  学生信息查询表单运行界面

（1）创建表单。打开"表单设计器"窗口，设置表单的 Caption 属性：学生信息查询。

（2）设置数据环境。将 student 表添加到"数据环境设计器"中。

（3）在表单上添加一个表格控件 Grid1，设置其 RecordSourceType 属性为"4-SQL 说明"，RecordSource 属性为"select * from student into cursor tmp"，使得表单运行后显示 student 表中的全部记录。设置表格 Grid1 的 ReadOnly 属性为.T.。

（4）在表单上添加一个选项按钮组控件 OptionGroup1，并打开生成器，设置按钮数目为 3，按钮标题分别为"按学号查询"、"按性别查询"、"按专业查询"，设置按钮显示为"图形方式"，按钮布局为"垂直"，单击"确定"按钮，完成选项按钮组的创建。

（5）在表单上添加 2 个标签 Label1 和 Label2，1 个文本框 Text1 和 1 个命令按钮 Command1。Label1 的 Caption 属性为：学生信息查询；Label2 的 Caption 属性为：请输入性别；Command1 的 Caption 属性为：关闭；Text1 用于接收用户的输入。

（6）编写程序代码。

选项按钮组 OptionGroup1 的 Click 事件代码：（根据用户选择按钮的不同，在标签 Label2 上显示相应的信息，提示用户输入查询条件）

```
DO CASE
    CASE ThisForm.optiongroup1.Value=1              &&如果用户单击了第一项
        ThisForm.label2.Caption="请输入学号："     &&在标签上显示信息，提示输入学号
    CASE ThisForm.optiongroup1.Value=2
        ThisForm.label2.Caption="请输入性别："
    CASE ThisForm.optiongroup1.Value=3
        ThisForm.label2.Caption="请输入专业："
ENDCASE
ThisForm.text1.Value=""
ThisForm.text1.SetFocus
Thisform.Refresh
```

文本框 Text1 的 InteractiveChange 事件代码：（根据用户输入的查询条件查询记录，并显示在表格中，当用户使用键盘或鼠标更改控件的值时发生该事件）

```
X==ALLTRIM(ThisForm.text1.Value)
DO CASE
    CASE ThisForm.optiongroup1.Value=1
        ThisForm.grid1.RecordSource="select * from student where 学号=x into cursor tmp"
    CASE ThisForm.optiongroup1.Value=2
        ThisForm.grid1.RecordSource="select * from student where 性别=x into cursor tmp"
    CASE ThisForm.optiongroup1.Value=3
        ThisForm.grid1.RecordSource="select * from student where 专业=x into cursor tmp"
ENDCASE
ThisForm.Refresh
```

"关闭"按钮的 Click 事件代码：

```
ThisForm.Release
```

（7）保存表单，文件名为 search_stu.scx，运行表单。

### 6. 数据统计表单

实现数据统计功能包括两个表单，即统计学生信息表单 compute_stu.scx 和统计成绩信息表单 compute_score.scx。其中，统计成绩信息表单参见第 7 章例 7-14 的 compute_score.scx，统计学生信息表单 compute_stu.scx 实现方法类似，这里不再介绍。

### 11.2.5　菜单设计

主菜单 main_menu.mnx 的实现方法在第 8 章中已经介绍。打开文件 main_menu.mnx，在"菜单设计器"窗口中，按照图 11-1 所示系统结构以及 11.2.4 小节各表单的功能，向各子菜单项添加调用的模块程序（表单或报表），完成后，重新生成菜单程序 main_menu.mpr。

### 11.2.6　报表设计

报表包括学生信息报表和学生成绩报表，其中学生信息报表 report_student.frx 已在第 9 章报表设计例 9-3 中实现，学生成绩报表 report_score.frx 已在第 9 章操作题中实现。

### 11.2.7　主程序

主程序文件 main.prg 是整个应用程序的入口，程序代码为

```
DO setup.prg                    &&调用程序建立环境设置
DO FORM start.scx               &&调用系统登录表单
READ EVENTS                     &&建立事件循环
```

（1）主程序 main.prg 中调用的 setup.prg 程序文件用来初始化系统环境，程序代码为

```
SET TALK OFF
SET SAFETY OFF
SET DEFAULT TO d:\vfp          &&文件的默认目录需要根据文件存放的实际位置来设置
SET CENTURY ON
SET DATE TO YMD
CLEAR WINDOWS
CLEAR ALL
```

（2）表单 start.scx 是系统登录表单，在主程序 main.prg 中被调用，该表单调用主表单 main_form.scx。

（3）READ EVENTS 命令的功能是建立事件循环，该命令使 Visual FoxPro 开始处理鼠标单击、按键等用户事件。为了保证连编后的应用程序可以正常运行，该命令是必须的，一般在一个初始化过程中将 READ EVENTS 命令作为最后一条命令。

（4）通过 READ EVENTS 命令启动事件循环后，必须保证在系统界面上存在一个可以执行结束事件循环 CLEAR EVENTS 命令的机制，否则系统将无法退出。在本系统中，结束事件循环的机制在主菜单 main_menu 的"退出"菜单项中实现，该菜单项的过程为

```
DO cleanup.prg
```

其中 cleanup.prg 程序文件用来恢复系统环境设置并且结束事件循环，程序代码为

```
SET SYSMENU TO DEFAULT
SET TALK ON
SET SAFETY ON
CLOSE ALL
CLEAR ALL
CLEAR WINDOWS
CLEAR EVENTS
CANCEL
```

## 11.3　项 目 实 现

完成应用系统各模块的设计后，可以使用项目管理器创建"学生管理系统"项目，构成一个

完整的项目体系，最后连编成应用程序。

## 11.3.1 构造项目

执行菜单命令[文件]/[新建]，在"新建"对话框中，选定"文件类型"为"项目"，然后单击"新建文件"按钮，在弹出的"创建"对话框中，输入项目文件名"学生管理系统"，完成项目文件创建。然后将前面建立好的数据库、表、程序、表单、菜单、报表等各种应用系统所需文件添加到项目中。

为方便项目管理和发布项目，应将应用系统中所有的文件（包括数据库、表、程序、表单、菜单、报表等）复制到一个文件夹中，然后创建并管理项目。

**1. 添加数据**

选择项目管理器的"数据"选项卡，将数据库"成绩管理.dbc"添加到其中。

**2. 添加表单**

选择项目管理器的"文档"选项卡，将登录表单、主表单、维护表单、查询表单、统计表单等添加到项目中，具体的表单见 11.2.4 小节。

**3. 添加报表**

在项目管理器的"文档"选项卡中继续添加报表：学生信息报表 report_student.frx 和学生成绩报表 report_score.frx。

**4. 添加菜单**

选择项目管理器的"其他"选项卡，将菜单"main_menu.mnx"添加到项目中。

**5. 添加程序并设置主文件**

在项目管理器的"代码"选项卡中，添加程序 main.prg, setup.prg, cleanup.prg，并设置 main.prg 为主文件。

**6. 设置项目信息**

打开项目管理器，执行菜单命令[项目]/[项目信息]，弹出"项目信息"对话框，如图 11-6 所示。在其中可设置系统开发的作者信息、系统桌面图标及是否加密等项目信息内容。

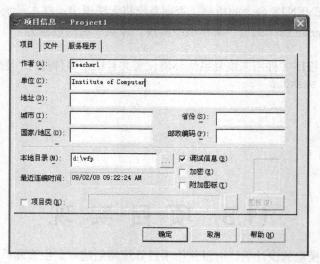

图 11-6  "项目信息"对话框

## 11.3.2　连编与发布应用程序

在项目中添加完相关文件后，就可以对项目进行连编测试，并最终发布应用系统程序了。

### 1．项目连编测试

在发布应用程序之前，首先应对程序中的引用进行校验，同时检查所有的程序组件是否可用，通过连编项目可以对项目进行测试。

单击项目管理器中的"连编"按钮，弹出"连编选项"对话框，选中"重新连编项目"单选钮，并单击"确定"按钮，就可以完成对项目的测试。该项工作可以自动将程序中一些引用的文件添加到项目中。

### 2．连编应用程序

在项目中运行应用程序的主文件，如果运行正确，就可以将项目中的所有的组件连编成一个应用程序文件。选择"连编选项"对话框中的"连编应用程序"单选钮，单击"确定"按钮，可以连编生成扩展名为.app 的应用程序文件，该程序文件需要在 Visual FoxPro 平台下运行。

选择"连编可执行文件"单选钮，可以生成直接在 Windows 环境下运行的.exe 可执行文件。

### 3．发布应用程序

应用程序项目在开发完成并经过连编测试后，就可以准备创建安装文件或安装盘了，即发布应用程序。按照下列步骤完成应用程序的发布工作。

（1）在 Visual FoxPro 主窗口中，执行菜单命令[工具]\[向导]\[安装]，启动安装向导，如图 11-7 所示。

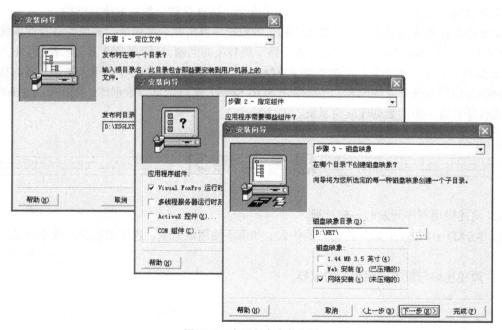

图 11-7　应用程序安装向导

（2）在安装向导的"步骤 1-定位文件"对话框中，指定发布树目录；在"步骤 2-指定组件"对话框中，选择需要的运行组件；在"步骤 3-磁盘映象"对话框中，指定磁盘映象目录或安装磁盘类型；在"步骤 4-安装选项"对话框中，定制要发布的安装对话框，包括对话框标题、版权信息及执行的应用程序名称等；在"步骤 5-默认目标目录"对话框中，指定安装程序需要创建的目录名称和程序组；在"步骤 6-改变文件位置"对话框中，可以改变文件的目标目录或更改程序组的属性；最后，在"步骤 7-完成"对话框中，单击"完成"按钮，开始执行压缩整理程序，生成磁盘映像文件。

用户可以通过运行打包生成的 SETUP.EXE 程序在用户计算机中安装数据库应用程序，安装过程和安装其他 Windows 应用程序类似。

至此，整个学生管理系统的开发过程全部完成。

# 小　　结

本章介绍了数据库应用系统"学生管理系统"的开发，详细阐述了数据库应用系统的开发过程、系统结构和主要模块的实现。

数据库应用系统"学生管理系统"的开发思路是：首先，以数据库和表为核心构造数据对象（第 2 章实现）。次之，创建菜单以实现功能调用（第 8 章实现）；再次之，实现被调用的各模块，主要有表单（第 7 章实现）、报表（第 9 章实现）、程序（第 6 章实现）；最后，构造项目（第 10 章实现），并在项目管理器中添加文件，设置主文件，连编应用程序，发布项目。

本书的第 5 章数据与数据运算是第 6 章程序设计的基础，第 6 章是第 7 章表单和控件（即面向对象程序设计）的基础，第 3 章和第 4 章是数据检索方法和 SQL 的应用，在程序中也广泛应用，第 1 章是数据库系统综述及 Visual FoxPro 环境介绍。这就是整个教材的体系结构。

至于在数据库应用系统开发中如何使构造的数据库数据冗余度最低，如何规划管理系统的功能，并非是一门 Visual FoxPro 程序设计语言课所能解决的问题，还需要参考其他书籍。另外，Visual FoxPro 虽然是一个应用非常广泛的数据库系统，但它在数据安全方面存在很大缺陷，所以有志于学习数据库应用系统开发的读者，还要学习 SQL Server 或 Oracle 等数据库，而 Visual FoxPro 一般只适合于开发小型的数据库应用系统。

# 思考与练习

1. 简述应用程序开发的一般过程。

2. READ EVENTS 命令的功能是什么？如果不使用该命令，连编成可执行程序会是怎样的效果？

3. 简述连编与发布应用程序的过程。

# 第 12 章
# 实验

学习 Visual FoxPro 离不开实验环节，实验操作是教学的核心之一。只有通过有效的上机实验，才能深入理解基本概念，掌握实际操作方法，切实提高程序设计技能。

根据教学内容需要，本章设计了 10 个实验，对书中给出的案例做了补充，并进一步丰富。实验目的指明相关章节重要的实践教学知识点，实验内容与操作提示主要给出需要完成的操作习题，多数与主教材内容相关，以强化、补充知识点为主，少量重点内容略有重复。实验围绕学生管理系统来设计，包括数据库和表的操作、查询、程序设计、表单、菜单和应用系统设计等内容，各实验内容逐渐深入，循序渐进地展示了使用 Visual FoxPro 开发管理系统的过程。

每个实验可根据内容的多少安排上机时间 2～4 学时，考虑到篇幅，实验部分给出了主要的操作提示，教学过程中可根据需要补充。

## 实验 1　数据库和表的建立与操作

**1．实验目的**

（1）掌握数据库和表的创建方法。

（2）理解数据库表和自由表的区别和联系。

（3）掌握表的基本操作，并理解和熟练应用相关命令。

（4）理解索引的概念，掌握索引的建立和使用。

（5）掌握字段有效性规则及参照完整性的设置方法。

**2．实验内容及操作提示**

【实验 1-1】　在磁盘上建立一个文件夹，如 e:\myvfp，并设置其为默认工作目录，用来保存后续建立的所有文件。在默认目录下建立数据库"成绩管理.dbc"，并在该数据库中建立数据表 student.dbf。表 student.dbf 的结构和记录参见附录 A。

**操作提示：**

执行菜单命令[工具]\[选项]，打开"选项"对话框，在"文件位置"选项卡下，选中"默认目录"选项，单击"修改"按钮，在"更改文件位置"对话框中设置默认目录。

【实验 1-2】　建立两个自由表 course.dbf 和 score.dbf。表结构和记录参见附录 A。建立完毕后分别打开并浏览两个表中的记录。

**操作提示：**

（1）建立自由表之前必须关闭数据库，可以使用 close database 命令关闭当前数据库。

（2）要浏览表中的记录，首先执行菜单命令[文件]\[打开]打开指定的表，然后执行菜单命令[显示]\[浏览]打开表的浏览窗口。

【实验1-3】 浏览"成绩管理"数据库中 student 表中的记录，并向表中添加新记录。

**操作提示：**

打开 student 表的浏览窗口，然后执行菜单命令[显示]\[追加方式]，即可在窗口中连续添加新记录。也可以通过菜单命令[表]\[追加新记录]向表中添加一条空白记录。

【实验1-4】 将上一实验中添加的新记录从表中彻底删除。

【实验1-5】 在 student 表的"毕业否"字段前增加一个字段：家庭住址 C(16)，字段值允许为空，然后再将其删除。将"专业"字段的宽度改为 10。

【实验1-6】 将 student 表中所有学生的助学金增加 10%。

**操作提示：**

打开 student 表的浏览窗口，执行菜单命令[表]\[替换字段]，打开"替换字段"对话框，在"字段"列表中选择"助学金"字段，单击"替换为"组框右侧的█按钮，构建表达式"Student.助学金*1.1"，"作用范围"选择"ALL"，单击"替换"按钮完成替换。

【实验1-7】将 student 表从"成绩管理"数据库中移出，使之成为自由表；再将自由表 student.dbf、course.dbf 和 score.dbf 全部添加到"成绩管理"数据库中。

【实验1-8】 为 student 表建立升序主索引，索引名为"学号"，索引表达式为"学号"，并设置按该索引顺序显示记录，然后再恢复记录的物理顺序。

**操作提示：**

按要求给 student 表建立索引后，打开 student 表的浏览窗口，执行菜单命令[表]\[属性]，在"工作区属性"窗口中设置索引顺序。

【实验1-9】 给 score 表建立索引，索引表达式为"学号+课程号"，索引名为"学号课程号"，索引类型为"候选索引"，并设置索引顺序为该索引。

**操作提示：**

索引表达式"学号+课程号"的含义是当按照该索引顺序索引记录时，先按照"学号"字段值索引，学号相同的记录再按照"课程号"字段值进行索引。

【实验1-10】 给 student 表的"性别"字段设置有效性规则，使性别只能取"男"或者"女"，如果不符合该规则，提示信息为"性别只能为男或女"，设置该字段的默认值为"女"。

**操作提示：**

（1）有效性规则表达式为：性别="男"OR 性别="女"。

（2）所有输入的标点必须均为西文标点。

【实验1-11】 为 course 表的"课程号"字段设置有效性规则，使得"课程号"的左边第一位必须为字母"C"，提示信息为"课程号的第一位必须是 C"。为"学分"字段设置规则，要求学分必须大于 0，提示信息为"学分必须大于 0"。

**操作提示：**

（1）"课程号"字段的有效性规则表达式为：LEFT（课程号,1）="C"。

（2）"学分"字段的有效性规则表达式为：学分>0。

【实验1-12】 通过"学号"字段为 student 表和 score 表建立永久联系。通过"课程号"字段为 course 表和 score 表建立永久联系。建立联系时，根据需要建立必要的索引。

操作提示：

（1）在为两个表建立一对多永久联系时，首先找出两个表的同名字段，根据同名字段值确定哪个表是父表，哪个表是子表。给父表在同名字段上建立主索引，给子表在同名字段上建立普通索引。在数据库设计器中可以看到主索引的左边有一个钥匙型的标志。

（2）鼠标拖动父表的主索引到子表对应的普通索引上，完成表之间永久联系的创建。

（3）本实验中，需要为 student 表的"学号"字段建立主索引，为 score 表的"学号"字段建立普通索引。为 course 表的"课程号"字段建立主索引，为 score 表的"课程号"字段建立普通索引。

【实验 1-13】 为 student 表和 score 表之间的联系设置参照完整性约束，更新和删除规则为"级联"，插入规则为"限制"。

操作提示：

（1）在设置参照完整性约束之前，先要执行菜单命令[数据库]\[清理数据库]对数据库进行清理。

（2）如果[清理数据库]命令无法使用，可以先关闭数据库，然后再次打开，注意打开数据库时要选中"独占"方式。

下列实验要求使用命令方式完成。

【实验 1-14】 打开"成绩管理"数据库设计器窗口，打开 student 表，修改表结构，在"毕业否"字段前插入一个新字段：年龄，N，2，然后关闭表，关闭数据库。

操作提示：

```
OPEN  DATABASE 成绩管理
MODIFY  DATABASE                          &&打开数据库设计器窗口
USE  student
MODIFY  STRUCTURE                         &&打开表设计器，利用"插入"按钮插入新字段
USE                                       &&关闭当前表
CLOSE  DATABASE
```

【实验 1-15】 根据要求显示 student 表中的记录：（1）显示数学专业学生的学号、姓名、专业和助学金；（2）显示 1985 年 12 月以后出生的女生记录；（3）显示未毕业学生的姓名、专业和简历。

操作提示：

（1）LIST  FOR 出生日期>={^1985-12-01} AND 性别="女" &&显示 1985 年 12 月以后出生的女生

（2）DISPLAY 姓名,专业,简历 FOR 毕业否=.F.          &&显示未毕业学生的姓名、专业和简历

【实验 1-16】 打开 student 表，分别显示最后一条记录、第一条记录、第三条记录。

【实验 1-17】 将 student 表中女同学的记录复制生成新表 girl.dbf，并浏览 girl.dbf 中的记录。

操作提示：

```
USE  student
COPY  TO girl  FOR 性别="女"
USE girl
LIST
```

【实验 1-18】 在 girl 表的尾部追加一条记录，学号为"10001"，姓名为"张小梅"，出生日期为"1986 年 1 月 1 日"。

操作提示：

```
USE girl
APPEND BLANK
REPLACE 学号 with "10001"，姓名 with "张小梅"，出生日期 with {^1986-01-01}
```

【实验 1–19】 （1）将 girl 表中所有记录的"毕业否"字段值设置为.T.，将"助学金"字段
值设置为 500 元。（2）给所有计算机专业学生的助学金增加 300 元。（3）计算 student 表中每个学
生的年龄，并写入年龄字段。

**操作提示：**

（1）REPLACE ALL 毕业否 WITH .T.，助学金 WITH 500 &&ALL 不可省略，否则只替换当前记录。

（2）REPLACE 助学金 WITH 助学金+300 FOR 专业= "计算机"。

（3）REPLACE ALL 年龄 WITH YEAR(DATE())-YEAR(出生日期)。

【实验 1–20】 给 girl 表的"出生日期"字段建立升序普通索引，索引名和索引表达式均为"出
生日期"。给"助学金"字段建立降序普通索引，索引名为 ZXJ，索引表达式为"助学金"。分别
按照上述各种索引顺序显示记录。

**操作提示：**

```
USE girl
INDEX ON 出生日期 TAG 出生日期
INDEX ON 助学金 TAG ZXJ DESC      &&索引名为"ZXJ"
SET ORDER TO 1                    &&可以用数字代表相应的索引标识名，数字与索引建立的顺序相对应
LIST
SET ORDER TO ZXJ
LIST
SET ORDER TO                      &&恢复表的物理顺序
LIST
```

【实验 1–21】 将 student 表按照专业降序排序，专业相同的再按照助学金升序排序，生成新
表 stu.dbf，要求 stu.dbf 中只包含未毕业学生的姓名、专业和助学金。

**操作提示：**

```
USE student
SORT TO stu ON 专业/D, 助学金 FOR 毕业否=.F. FIELDS 姓名,专业,助学金
LIST                              && Student 表中记录顺序并没有发生变化
USE stu
LIST                              &&新表是有序的
```

【实验 1–22】 在 student 表中检索所有计算机专业的学生信息。

**操作提示：**

```
USE student
LOCATE FOR 专业="计算机"          &&查找满足条件的第一条记录
DISPLAY
CONTINUE                          &&查找满足条件的下一条记录
DISPLAY
```

【实验 1-23】 （1）将 girl 表中助学金小于 500 元的所有记录逻辑删除，然后恢复。（2）物
理删除 girl 表中的最后一条记录。（3）物理删除 girl 表中的全部记录。

**操作提示：**

（1）
```
USE girl
DELETE FOR 助学金<500
LIST
RECALL FOR 助学金<500
LIST
```

（2）

```
GO  BOTTOM
DELETE                           &&DELETE 命令如果没有任何子句，只给当前记录加上删除标记
PACK
LIST
```

（3）ZAP

【实验 1-24】 （1）打开"成绩管理"数据库，分别在 1、2、3 号工作区中打开 student 表、score 表和 course 表。（2）分别显示 3 个工作区中已打开表的记录。（3）关闭所有表。

**操作提示：**

（1）

```
OPEN  DATABASE 成绩管理
SELECT 1                         &&或 SELECT  A
USE student                      &&上面两条命令也可写做：USE 学生 IN 1
SELECT  2                        &&或 SELECT  B
USE score
SELECT 3
USE course ALIAS  co             &&打开表的同时指定表的别名
```

（2）

```
SELECT 1
LIST                             &&显示 student.dbf 中的记录
SELECT score                     &&使用工作区中已打开的表名来指定当前工作区
LIST
SELECT co                        &&使用表的别名指定当前工作区
LIST
```

（3）

```
CLOSE  ALL                       &&关闭所有打开的文件
```

【实验 1-25】 显示"成绩管理"数据库中学号为"20001"的学生学号、姓名，"C01"课程号和该门课程的成绩。

**操作提示：**

```
OPEN  DATABASE 成绩管理
SELECT 1
USE student
LOCATE  FOR 学号="20001"
SELECT 2
USE score
LOCATE  FOR 学号="20001" AND 课程号="C01"
SELECT 1
DISPLAY OFF 学号,姓名,B.课程号,B.成绩
```

# 实验 2　查询与视图

## 1．实验目的

（1）理解查询的作用，了解查询与视图的相同和不同。

（2）掌握利用查询设计器建立查询的方法。

（3）掌握单表查询和多表查询。

（4）掌握视图的创建和使用。

2．实验内容及操作提示

【实验 2-1】 根据"成绩管理"数据库中的 student 表建立查询，查询中包括学生的学号、姓名、专业和助学金字段，要求查询结果按照"学号"降序排序，保存的查询文件名为 chaxun1.qpr。

操作提示：

（1）打开查询设计器，按照要求建立查询后，单击"常用"工具栏上的 ！ 按钮运行查询，检查一下查询结果是否正确，然后保存查询并关闭查询设计器。

（2）关闭查询设计器后，可以在命令窗口中使用 do chaxun1.qpr 命令运行查询。

【实验 2-2】 修改上题中建立的查询 chaxun1.qpr，使查询的结果先按照"专业"降序排序，再按照"助学金"升序排序。

【实验 2-3】 根据 score 表建立查询 chaxun2.qpr，查询每个学生"C01"课程的成绩，要求查询中包括学号、课程号和成绩字段，查询结果按照成绩降序排列，查询去向为表，表名是"C01成绩.dbf"。

操作提示：

（1）在查询设计器的"筛选"选项卡中设置筛选条件：课程号="C01"。

（2）运行 chaxun2 后，会生成并打开表文件"C01 成绩.dbf"，执行菜单命令[显示]\[浏览]，浏览表"C01 成绩.dbf"。

【实验 2-4】 根据 score 表建立查询 chaxun3.qpr，查询中包括课程号以及每门课程所有学生的总成绩，字段名为课程号、总成绩，保存的查询文件名为 chaxun3.qpr。

操作提示：

（1）添加"总成绩"字段时，可以在查询设计器的"字段"选项卡中，单击"函数和表达式"组框右侧的 ▦ 按钮，打开"表达式生成器"对话框，建立表达式：sum（score.成绩）as 总成绩，然后单击"添加"按钮将生成的表达式添加到"选定字段"中，如实验图 2-1 所示。

（2）在"分组依据"选项卡中选择"课程号"作为分组字段。

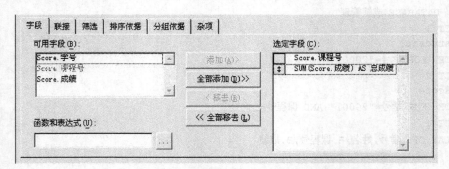

实验图 2-1 建立由函数和表达式构成的字段

【实验 2-5】 查询未毕业学生"VFP 程序设计"课程的成绩，查询中包括学号、姓名、性别、课程名和成绩，查询结果按照成绩升序排序，查询去向为表，表名为"VFP 成绩单.dbf"，保存的查询文件名为 chaxun4.qpr。

**操作提示：**

新建查询，在"添加表和视图"窗口中依次添加表：student、score、course。当查询是基于多个表时，这些表之间必须是有联系的。查询设计器会自动根据联系来提取连接条件，可以在"连接"选项卡中查看和编辑这些联接条件，如实验图 2-2 所示。如果表之间没有建立联系，则在添加表或视图时，会自动打开一个指定连接条件的对话框，由用户来设置连接条件。

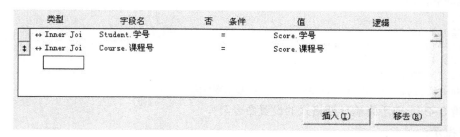

实验图 2-2　多个表之间的连接条件

**【实验 2-6】** 根据 student 表和 score 表建立查询，查询中包括学号、姓名、平均成绩字段，其中"平均成绩"是每个学生所选课程的平均成绩，查询结果按照"平均成绩"降序排序，保存的查询文件名为 chaxun5.qpr。

**操作提示：**

（1）添加"平均成绩"字段时，在"函数和表达式"组框中构建表达式：AVG（score.成绩）as 平均成绩，然后添加到"选定字段"中。

（2）在"分组依据"选项卡中选择分组字段：student.学号。

**【实验 2-7】** 建立视图 computer_score，视图中包括学号、姓名、专业、课程号、成绩字段，要求只包括计算机系学生的信息，结果按照成绩升序排序。再根据视图 computer score 建立查询，查询计算机系每个学生选修的课程数，查询中包括字段：学号，课程数。

**操作提示：**

（1）打开"成绩管理"数据库，在数据库设计器的空白位置单击鼠标右键，在弹出的快捷菜单中执行[新建本地视图]命令，打开视图设计器建立视图 computer_score。

（2）新建查询，在"添加表和视图"窗口的"选定"组中选中"视图"，然后选择要添加的视图 computer_score，单击"添加"按钮。

（3）添加"课程数"字段时，在"函数和表达式"组框中构建表达式：COUNT(Computer_score.课程号) as 课程数，并添加到"选定字段"中。

（4）在"分组依据"选项卡下设置"学号"为分组字段。

# 实验 3　数据运算与函数

## 1．实验目的

（1）掌握 Visual Foxpro 常量的类型和表示方法。

（2）熟悉各种类型内存变量的使用方法。

（3）理解数组的定义和使用。

（4）掌握常用函数的功能和使用。

2．实验内容及操作提示

【实验 3-1】 用不同类型的数据给变量赋值。

**操作提示：**

```
X=20.367
NAME="李小红"
L=.T.
D={^2012-03-29}
DT={^2012-01-26 10:15:40}
Y=$123.45
STORE 15 TO A1,A2,A3,A4
?X,NAME,L,D,DT,Y,A1,A2,A3,A4           &&显示变量值
```

【实验 3-2】 熟悉影响日期格式的设置命令。

**操作提示：**

```
SET CENTURY ON                    &&设置日期中的年份为 4 位数字
SET MARK TO "."                   &&设置日期分隔符为 "."
SET DATE TO YMD                   &&设置年月日格式
?{^2012-03-29}
SET CENTURY OFF                   &&设置日期中的年份为 2 位数字
SET MARK TO                       &&设置日期分隔符为系统默认的 "/"
SET DATE TO AMERICAN              &&设置日期格式为 "美语" 格式
?{^2012-03-29}
```

【实验 3-3】 数组的定义和赋值。

（1）定义一个有 3 个元素的一维数组 SZA，并给每个元素赋值为 5。

**操作提示：**

```
DIMENSION SZA(3)
STORE 5 TO SZA                    &&或 SZA=5
DISPLAY MEMORY LIKE SZA           &&显示数组元素信息
```

（2）定义一个 2 行 3 列的二维数组 SZB，并给第 1 个元素赋值为字符串 "hello"，给第 4 个元素赋值为日期值{^2012-12-25}。

**操作提示：**

```
DECLARE SZB(2,3)
SZB(1,1)= "hello"
SZB(4)={^2012-12-25}              &&SZB(4)与 SZB(2,1)代表同一个变量
DISPLAY MEMORY LIKE SZB           &&显示数组元素信息
```

【实验 3-4】 数值表达式。

**操作提示：**

```
?10-3*2                           &&结果为 4
?(10+20/4)*SQRT(16)               &&结果为 60.00
X=19
Y=5
?X%Y,X%(Y-10)                     &&结果为 4  -1
?2^(2+2)                          &&结果为 16.00
```

**【实验 3-5】** 字符表达式。

**操作提示：**

```
A="Visual  "
B="FoxPro"
?A+B                                        &&结果为"Visual  FoxPro"
?A-B                                        &&结果为"VisualFoxPro  "
?A+B+"程序设计"                             &&结果为"Visual  FoxPro程序设计"
? "程序"$"程序设计"                          &&结果为 .T.
? "程序设计"$"程序"                          &&结果为 .F.
```

**【实验 3-6】** 日期时间表达式。

**操作提示：**

```
?{^2012-12-01}+20,{^2012-12-01}-5
        12/21/12  11/26/12
?{^2012-03-29}-{^2011-03-29}
        366
?{^2013-01-01 09:10:10 PM}+15
        01/01/13 09:10:25 PM
?{^2012-06-17 18:20:25}-10
        06/17/12 18:20:15 PM
?{^2012-06-17 10:10:10 AM}-{^2012-06-17 09:10:10 AM}
3600
```

**【实验 3-7】** 关系表达式。

**操作提示：**

```
?-5>-1                                      &&结果为.F.
?(2*10/5)<=(3+1)                            &&结果为.T.
?{^2012-10-01}>{^2012-09-30}                &&结果为.T.
? "AB">"AC"                                 &&结果为.F.
? "男">"女"                                 &&结果为.F.
? "HELLO"<>"hello"                          &&结果为.T.
SET EXACT OFF
? "ABCD"="AB"                               &&结果为.T.
? "ABCD"=="AB"                              &&结果为.F.
SET EXACT ON
? "ABCD"="AB"                               &&结果为.F.
? "ABCD"=="AB"                              &&结果为.F.
```

**【实验 3-8】** 逻辑表达式。

**操作提示：**

```
NAME="王洪"
AGE=20
? "王"$NAME AND AGE<18                      &&结果为.F.
?((13>5) AND (5%2=0)) OR .T.>.F.            &&结果为.T., 注意逻辑值.T.大于逻辑值.F.
```

**【实验 3-9】** 数值函数。

**操作提示：**

```
?ABS(10-20),SQRT(16)
        10   4.00
?INT(-13.8),INT(13.8),INT(-0.3),INT(0.3)
```

```
            -13  13   0   0
M=38.7342
?ROUND(M,3),ROUND(M,0),ROUND(M,-1)
          38.734  39  40
?MOD(7,5),MOD(-7,5),MOD(7,-5),MOD(-21,-4)
          2   3   -3   -1
?MAX(10,20,30),MIN("A","AB","AC")
          30   A
```

【实验 3-10】 字符函数。

**操作提示：**

```
X="Visual FoxPro 程序设计"
?LEN(X),UPPER(X),LOWER(X)
          21   VISUAL FOXPRO 程序设计   visual foxpro 程序设计
?SUBSTR(X,8,6),SUBSTR(X,8)
          FoxPro   FoxPro 程序设计
?LEFT(X,3),RIGHT(X,4)
          Vis   设计
?OCCURS('o',X)
     2
?AT('o',X),AT('o',X,2),AT('f',X),ATC('f',X)
     9   13   0   8
?STUFF(X,8,6, "Basic")
     Visual Basic 程序设计
?LEN(SPACE(5))
5
Y=" Visual"
Z=" FoxPro"
?Y+Z,LTRIM(Y)+TRIM(Z),ALLTRIM(Y)+ALLTRIM(Z)
     Visual FoxPro   Visual FoxPro   VisualFoxPro
```

【实验 3-11】 日期和时间函数。

**操作提示：**

```
?DATE(),TIME(),DATETIME()
     01/12/14   09:10:58   01/12/14 09:10:58 AM
DT={^2013-01-18}
?YEAR(DT),MONTH(DT),DAY(DT),YEAR(DATE())
     2013   01   18   2014
STORE {^2013-12-28 04:22:36 PM} TO TI
?HOUR(TI),MINUTE(TI),SEC(TI)
     16   22   36
```

【实验 3-12】 数据类型转换函数。

**操作提示：**

```
X=5678.49
?STR(X,6,1),STR(X,3,1),STR(X,6),STR(X)
     5678.5  ***  5678  5678
?VARTYPE(STR(X,6,1))                    &&注意 STR() 函数值为字符型
     C
Y="5678.49"
Z=VAL(Y)
?Z,VARTYPE(Z)                           &&注意 VAL() 函数值为数值型
     5678.49        N
A=CTOD("10/15/12")
B=DTOC({^2013-01-01})
?A,VARTYPE(A)                           &&注意 CTOD() 函数值为日期型
```

```
    10/15/12  D
?B,VARTYPE(B),DTOC(DATE())          &&注意 DTOC()函数值为字符型
    01/01/13  C  01/12/14
C="TEST"
TEST=45
? "&C+56",&C+56
    TEST+56   101
HI="hello"
SA="HI"
?&SA
    hello
```

【实验 3-13】　测试函数。

**操作提示：**

```
USE student              &&USE 命令用来打开表
?RECNO()                 &&结果为 1，RECNO()函数用来测试记录指针所指向的记录号
?RECCOUNT()              &&结果为 7，RECCOUNT()函数计算表中的记录总数
GO BOTTOM                &&将记录指针指向表中的最后一条记录
?EOF()                   &&结果为.F.，EOF()函数测试记录指针是否指向表文件尾
SKIP                     &&将记录指针向下调一个位置
?EOF()                   &&结果为.T.
?RECNO()                 &&结果为 8，EOF()值为.T.时，记录指针指向最后一条记录的下一个位置
GO TOP                   &&将记录指针指向表中的第一条记录
?BOF()                   &&结果为.F.，BOF()函数用来测试记录指针是否指向表文件首
SKIP -1                  &&将记录指针向上调一个位置
?BOF()                   &&结果为.T.
?IIF(5<7, "答案一","答案二") &&结果为"答案一"
?IIF(7<5,2,1)+3          &&结果为 4
```

# 实验 4　程　序　设　计

## 1．实验目的

（1）掌握命令文件的建立及运行方法。

（2）熟悉常用的程序交互式命令：ACCEPT、INPUT、WAIT。

（3）掌握程序的 3 种基本结构，并利用其进行程序设计。

（4）理解过程的概念，掌握过程文件的建立和调用。

## 2．实验内容及操作提示

【实验 4-1】　命令文件的建立和运行。编写程序从键盘输入长方形的长和宽，求长方形的面积，并显示该长方形的长、宽和面积值。

**操作提示：**

使用命令 MODIFY COMMAND <文件名>建立命令文件 P4-1.prg，并打开编辑窗口。在编辑窗口中，输入完成程序功能所需的命令，如实验图 4-1 所示，保存并关闭文件。使用 DO <文件名>命令运行命令文件。

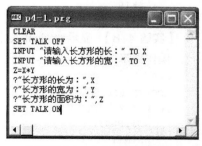

实验图 4-1　命令文件编辑窗口

**【实验 4-2】** 从键盘输入一个课程号，计算 score 表中选修该课程的所有学生的平均成绩。

**操作提示：**

```
ACCEPT "请输入课程号：" TO KCH            &&从键盘输入课程号，存入变量 KCH
AVERAGE 成绩 FOR 课程号=KCH TO PJCJ       &&计算该课程的平均成绩
```

**【实验 4-3】** 任意输入两个数，按从小到大的顺序显示。

**操作提示：**

两个数进行排序的常用方法是交换操作。

```
IF X>Y                                    &&如果 X 大于 Y，将 X 与 Y 的值互换
    T=X
    X=Y
    Y=T
ENDIF
?X,Y                                      &&X，Y 是从小到大的顺序
```

**【实验 4-4】** 从键盘输入学生姓名，在 student 表中查找该学生的记录，如果找到了，将其显示出来，如果没找到，显示"查无此人！"。

**操作提示：**

使用查询定位命令 LOCATE 在表中查找指定记录。

```
ACCEPT "请输入要查找的学生姓名：" TO NAME
LOCATE FOR 姓名=NAME
```

**【实验 4-5】** 从键盘输入一个学号，根据 score 表中该学生"C01"课程的成绩，输出其成绩等级：成绩小于 60 为"不及格"，成绩在 60 和 85 之间为"及格"，成绩大于 85 为"优秀"。

**操作提示：**

使用 DO CASE 语句，根据成绩输出相应的等级。

```
DO CASE
    CASE 成绩<60
        ? "该学生 C01 课程成绩为：不及格"
    **其他分支**
ENDCASE
```

**【实验 4-6】** 使用 DO-WHILE 循环计算 1～100 之间所有偶数的和。

**【实验 4-7】** 将 student 表中每个学生的记录从前到后逐条输出。

**操作提示：**

使用 DO WHILE .NOT. EOF()判断记录指针是否已经指向了表尾。

```
DO WHILE .NOT. EOF()
    DISPLAY
    SKIP
ENDDO
```

**【实验 4-8】** 显示 student 表中未毕业的学生记录，并统计未毕业的学生人数。

**操作提示：**

```
N=0
LOCATE FOR 毕业否=.F.               &&查找满足条件的第一条记录
DO WHILE .NOT. EOF()
    DISPLAY
    N=N+1                           &&用变量 N 累加未毕业的学生人数
    CONTINUE                        &&继续查找满足条件的下一条记录
```

```
ENDDO
?"未毕业的学生人数为: ",N
```

【实验 4-9】 从键盘输入学生姓名，在 student 表中查找该学生的记录，如果找到了，将其助学金增加 10 元，并显示该条记录，如果没找到，显示"查无此人！"。要求能够做到反复查找。每查找一个学生后，询问用户是否继续查找其他的学生记录，根据用户的选择继续查找或退出程序。

操作提示：

```
DO WHILE .T.                    &&循环条件为常量.T.,循环体中一定要有能够结束循环的语句, 如 EXIT
    ACCEPT "请输入要查找的学生姓名: " TO NAME
    LOCATE FOR 姓名=NAME
    **此处需编写代码，判断是否找到指定的记录，并执行相应操作**
    WAIT "是否继续查找(Y/N)? " TO YORN          &&询问用户是否继续查找
    IF UPPER(YORN)='N'
        EXIT                                  &&强制退出循环
    ENDIF
ENDDO
```

【实验 4-10】 分析下面程序的功能。

操作提示：

```
SET TALK OFF
USE student
DO WHILE .NOT. EOF()
    IF YEAR(出生日期)<1985          &&如果是 1985 年以前出生的学生记录
        SKIP
        LOOP
    ENDIF
    DISPLAY
    SKIP
ENDDO
USE
SET TALK ON
```

在 DO WHILE 循环中，当遇到出生日期小于 1985 年的学生记录时，就向下移动记录指针，LOOP 语句结束此循环，开始下一次循环，不会执行后面的 DISPLAY 语句。因此，程序的功能是只显示 1985 年以后出生的学生记录。

【实验 4-11】 用 FOR 语句重新实现实验 4-6，计算 1～100 之间所有偶数的和。

【实验 4-12】 求 SUM=1! +2! +3! +4! +5!。

操作提示：

使用嵌套循环：

```
FOR N=1 TO 5                    &&外层循环用来求所有阶乘的和
    M=1
    FOR K=1 TO N                &&内层循环用来求每个整数的阶乘
        M=M*K
    ENDFOR
    S=S+M
ENDFOR
?"S=",S
```

【实验 4-13】 在 student 表中查找助学金最高的男同学，输出其姓名和助学金。

操作提示：

```
MAX=0
```

```
RNO=0
USE student
SCAN FOR 性别="男"
    IF 助学金>MAX                              &&变量 MAX 保存男同学中助学金的最大值
        MAX=助学金
        RNO=RECNO()                            &&变量 RNO 保存助学金最高学生的记录号
    ENDIF
ENDSCAN
GO RNO
?"助学金最高的男生是：",姓名
?"他的助学金是："+STR(MAX,6,1)+ "元"           &&STR 函数将 MAX 变量值转换为字符型
```

【实验 4-14】 （1）编写一个过程文件 F1，其中定义两个过程：过程 P1 用来求正整数 N 的阶乘，过程 P2 用来求 1~N 的和。（2）编写一个子程序 F2，输出正整数 N 的值。（3）编写一个主程序，在主程序中给定 N=100，分别调用过程 P1 和 P2，然后调用子程序 F2。

操作提示：

**** 主程序 P4-14.PRG ****

```
SET TALK OFF
SET PROCEDURE TO F1         &&打开过程文件
N=100
DO P1                       &&也可以用 P1()调用过程
DO P2
SET PROCEDURE TO            &&关闭过程文件
DO F2                       &&也可以用 F2()调用子程序
SET TALK ON
```

**** 过程文件 F1.PRG ****

```
PROCEDURE P1                &&定义过程 P1，计算 N 的阶乘
    STORE 1 TO K,Y
    DO WHILE K<=N
        Y=Y*K
        K=K+1
    ENDDO
    ?"阶乘数为：",Y
RETURN
PROCEDURE P2                &&定义过程 P2，计算 1~N 的和
    Y=0
    I=1
    DO WHILE I<=N
        Y=Y+I
        I=I+1
    ENDDO
    ?"和数为：",Y
RETURN
```

**** 子程序 F2.PRG ****

```
?"在子程序 F2 中访问 N，N 值为：",N
RETURN
```

【实验 4-15】　编写程序计算 2! +5! -3!。将阶乘的计算设计为过程。

操作提示：

（1）方法 1：

```
**** 主程序 P4-15.PRG ****
CLEAR
SET TALK OFF
JC=1
DO JSJC WITH 2                    &&调用过程时传递参数
K2=JC
DO JSJC WITH 5
K5=JC
DO JSJC WITH 3
K3=JC
S=K2+K5-K3
?"2!+5!-3!=",S
SET TALK ON


**** 过程文件 JSJC.PRG ****
PROCEDURE JSJC
    PARAMETERS N
    JC=1
    FOR I=2 TO N
        JC=JC*I
    ENDFOR
RETURN
```

（2）方法 2：也可以利用过程的返回值实现程序要求。

```
**** 主程序 P4-15.PRG ****
SET TALK OFF
S=JSJC(2)+JSJC(5)-JSJC(3)
?"2!+5!-3!=",S
SET TALK ON


****过程文件 JSJC.PRG****
PROCEDURE JSJC
    PARAMETERS N
    P=1
    FOR I=2 TO N
        P=P*I
    ENDFOR
RETURN P                          &&返回 N 的阶乘
```

# 实验 5　表单的创建和控件的使用

## 1. 实验目的

（1）理解面向对象编程的基本思想。

（2）掌握表单的创建和管理。

（3）掌握常用表单控件的使用。

（4）熟悉表单及控件的常用事件和方法。

**2. 实验内容及操作提示**

【实验 5–1】 设计表单 form5-1.scx，如实验图 5-1 所示，单击"提取系统日期和时间"按钮，在表单上显示系统日期和时间，如实验图 5-2 所示。

实验图 5-1　运行表单　　　　　　　　实验图 5-2　单击"提取系统日期和时间"按钮

**操作提示：**

（1）建立表单，添加 2 个标签 Label1 和 Label2，2 个命令按钮 Command1 和 Command2。

（2）设计命令按钮 Command1 的 Click 事件。功能：在 Label1 上显示系统日期，在 Label2 上显示系统时间。代码如下：

```
thisform.label1.caption=str(year(date()),4)+"年"+str(month(date()),2)+"月"+str(day
(date()),2)+"日"
thisform.label2.caption=time()
```

（3）设计命令按钮 Command2 的 Click 事件。功能：关闭表单。代码如下：

```
thisform.release
```

【实验 5–2】 建立表单 form5-2.scx，输入 3 个数值，单击"计算"按钮求 3 个数中的最大值并显示，单击"清除"按钮将所有数值设为 0。表单的运行结果如实验图 5-3 所示。

操作提示：

（1）建立表单，添加 4 个标签 Label1、Label2、Label3 和 Label4，4 个文本框 Text1、Text2、Text3 和 Text4，3 个命令按钮 Command1、Command2 和 Command3。

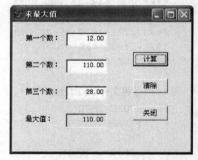

实验图 5-3　求最大值的表单

（2）可以利用"按钮锁定"功能在表单上画多个同类控件。单击"表单控件"工具栏中的"按钮锁定" 🔒，然后单击所需控件，就可以在表单上连续画出多个同类控件，直到再次单击"按钮锁定"取消该功能。

（3）设置文本框 Text1 ~ Text4 的 Value 属性为：0，这样使得表单运行时，文本框中的默认显示值为 0，同时使得文本框接收的数据类型为数值型。设置 Text1 ~ Text4 的 InputMask 属性为：999.99。设置 Text4 的 ReadOnly 为：.T.，使 Text4 为只读。

（4）设计命令按钮 Command1（计算按钮）的 Click 事件代码。功能：读取 3 个数，计算最大值，并显示在"最大值"文本框中。

```
a=thisform.text1.value
b=thisform.text2.value
c=thisform.text3.value
if a<b
    max=b
else
```

```
    max=a
endif
if max<c
    max=c
endif
thisform.text4.value=max
```

【**实验 5-3**】 设计登录表单 form5-3.scx。用户输入账户名和密码，如果验证正确，在表单上显示"欢迎使用"，否则显示"对不起，账户名或密码错误"。运行结果如实验图 5-4 和实验图 5-5 所示。

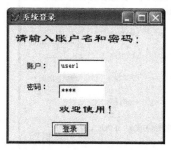

实验图 5-4　登录正确

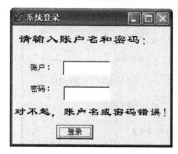

实验图 5-5　登录错误

**操作提示：**

（1）建立表单，添加 4 个标签 Label1、Label2、Label3 和 Label4，2 个文本框 Text1、Text2，1 个命令按钮 Command1。

（2）设置标签 Label4 的 Caption 属性为：（无），准备用来显示登录信息；AutoSize 属性为：.T.。设置文本框 Text1 的 Name 属性为：txtUser。设置文本框 Text2 的 Name 属性为：txtPassword；PasswordChar 属性为：*。

（3）设计命令按钮 Command1（登录按钮）的 Click 事件。功能：验证账户名和密码是否正确，正确的账户名和密码分别是"user1"和"pass"。代码如下：

```
if alltrim(thisform.txtUser.value)="user1" .and. alltrim(thisform.txtPassword.value)="pass"
    thisform.label4.caption="欢迎使用! "
else
    thisform.label4.caption="对不起，账户名或密码错误! "
    thisform.txtUser.value=""
    thisform.txtPassword.value=""
endif
```

【**实验 5-4**】 设计简易的计算器表单 form5-4.scx，如实验图 5-6 所示。

**操作提示：**

（1）+、-、*、/ 4 个选项利用选项按钮组控件实现。设置选项按钮组 Optiongroup1 的 ButtonCount 属性为：4，选项按钮 Option1 ~ Option4 的 Caption 属性分别为：+、-、*、/。

（2）在选项按钮组 Optiongroup1 上单击鼠标右键，弹出快捷菜单，执行"生成器"命令，在"选项组生成器"中可以方便地设置选项按钮的数目、标题、显示样式以及按钮的布局。

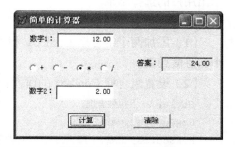

实验图 5-6　简易计算器

（3）设计命令按钮 Command1（计算按钮）的 Click 事件代码：

```
do case
    case thisform.Optiongroup1.value=1        &&选项按钮组的 Value 属性值代表哪个按钮被选中
        thisform.text3.value=thisform.text1.value+thisform.text2.value
    **其他分支**
endcase
```

【实验 5-5】 设计如实验图 5-7、实验图 5-8 所示的答题表单 form5-5.scx。

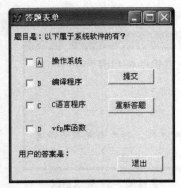

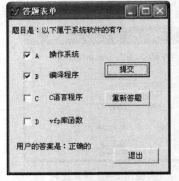

实验图 5-7　运行表单　　　　　　　　　实验图 5-8　提交答案后的结果

操作提示：

（1）4 个选项使用 4 个复选框来实现。

（2）标签 Label7 用来显示用户的答案是正确或错误的信息，设置其 Caption 属性为：（无）。

（3）设计命令按钮 Command1（提交按钮）的 Click 事件代码：

```
if thisform.check1.value=1 .and.thisform.check2.value=1;
        .and.thisform.check3.value=0 .and.thisform.check4.value=0
    thisform.label7.caption="正确的"
else
    thisform.label7.caption="错误的"
endif
```

复选框控件的 Value 属性值代表其是否被选中，Value 值为 1 表示选中，Value 值为 0 表示未被选中。

【实验 5-6】 设计一个调查表 form5-6.scx，如实验图 5-9 所示。用户选择喜欢的城市和期望的月薪，单击"提交"按钮后显示出用户的选择结果。

实验图 5-9　调查表表单

操作提示：

（1）添加两个组合框 Combo1 和 Combo2，作为供选择的城市和月薪列表。

（2）设置组合框 Combo1 的属性：

```
Style: 2-下拉列表框；
RowSourceType: 1-值；
RowSource: 北京,上海,大连,广州,西安,杭州；
Value: 1
```

（3）设置组合框 Combo2 的属性：

`Style`：2-下拉列表框；　　`RowSourceType`：5-数组；　　`RowSource`：salary
`Value`：0

设置组合框的 Value 属性为 1 表示默认选项为第一项，Value 属性为 0 表示没有默认的选中项。

（4）设计表单的 Load 事件代码：

```
public salary(3)                        &&定义组合框 Combo2 的 RowSource 数组
salary(1)="1000 元到 3000 元"
salary(2)="3000 元到 5000 元"
salary(3)="5000 元以上"
```

（5）命令按钮 Command1（提交按钮）的 Click 事件代码：

```
thisform.text1.value="您最喜欢的城市是："+thisform.combo1.displayvalue;
    +",您期望的月薪是："+thisform.combo2.list(thisform.combo2.listindex)
```

使用 thisform.combo1.displayvalue 或 thisform.combo1.list(thisform.combo1.listindex) 都可以获得组和框中被选中项的值。

# 实验 6　数据表的表单设计

## 1. 实验目的

（1）掌握利用表单管理数据库中信息的方法。
（2）掌握使用表单输入、编辑、查询数据表的方法。
（3）掌握使用表单对数据表进行统计计算的方法。
（4）熟悉页框、表格等控件的使用。

## 2. 实验内容及操作提示

【实验 6-1】 设计表单 form6-1.scx，实现两个数据表 student 和 score 中信息的同步浏览，如实验图 6-1 所示，单击各按钮逐条浏览 student 表中每个学生的记录，同时在表格中显示 score 表中该学生的成绩信息。

**操作提示：**

（1）在表单的数据环境中添加 student 表和 score 表，如果两个表事先已经建立了关联，则关联将会自动添加到"数据环境设计器"中，否则需要在"数据环境设计器"中手工设置两表之间的关联。

（2）将"数据环境设计器"中 student 表的各字段拖动到表单上，再把整个 score 表拖曳到表单上，生成表格对象 grdScore。

（3）在表格 grdScore 上单击鼠标右键，弹出快捷菜单，选择"生成器"命令，在"表格生成器"窗口中选择"4.关系"选项卡，设置父表中的关键字段为"student.学号"，子表中的相关索引为"学号"，单击"确定"按钮，将父表 student 和子表 score 关联起来，从而实现数据浏览时双表联动。

【实验 6-2】 设计成绩查询表单 form6-2.scx，如实验图 6-2 所示，从组合框中选择要查询的课程号，输入查询的成绩范围，单击"查找"按钮，在表格中显示符合条件的成绩信息。

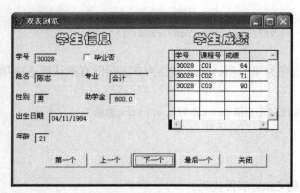

实验图 6-1　两个表的信息浏览　　　　　　实验图 6-2　课程成绩查询表单

操作提示：

（1）将 course 表和 score 表添加到数据环境中。

（2）设置组合框 Combo1 的 RowSourceType 属性为：6-字段；RowSource 属性为：course.课程号。

（3）设置表格 Grid1 的 RecordSourceType 属性为：4-SQL 说明，即设置表格的数据源为 SQL 语句。

（4）设置文本框 Text1 和 Text2 的 Value 属性为：0。

（5）设计"查找"按钮的 Click 事件。功能：根据用户选择的课程号以及输入的成绩范围，在 score 表中查找满足条件的记录并显示在表格中。代码如下：

```
select score
low=thisform.text1.value
upp=thisform.text2.value
cnum=thisform.combo1.value
if low>upp
    messagebox("成绩输入有误",1+48+0,"输入错误")
    thisform.text1.value=0
    thisform.text2.value=0
    thisform.text1.setfocus
endif
thisform.grid1.recordsource="select * from score where 成绩>low and 成绩<upp;
    and 课程号=cnum order by 成绩 into cursor temp"
thisform.refresh
```

表格控件 Grid1 的 RecordSourceType 属性被设置为"4-SQL 说明"，使得表格的数据源为某个 SQL 语句的执行结果，在"查找"按钮的 Click 事件中使用 Select 语句查询满足条件的记录，并将查询结果设置为 Grid1 的 RecordSource，这样就可以使满足条件的记录显示在表格中。

【实验 6-3】 设计表单 form6-3.scx，计算学生的最高助学金、学生的平均年龄、男女生人数，如实验图 6-3 所示。

操作提示：

（1）将 student 表添加到数据环境中，并将数据环境中的 student 表拖曳到表单上，生成表格控件 grdStudent。

（2）在表单上添加 3 个标签，用来显示计算结果，设置标签的 Caption 属性为（无），AutoSize 属性为.T.。

实验图 6-3　学生信息统计表单

（3）设计"计算最高助学金"按钮的 Click 事件。代码如下：

```
select max(助学金) from student into array a
thisform.label1.caption="最高助学金为："+str(a(1),6,1)+"元"
```

使用 SQL 语句查询最高助学金，查询结果保存在数组元素 a(1)中。

【实验 6-4】 利用表单向导建立学生信息表单，对学生基本信息进行编辑，如实验图 6-4 所示。表单中包括 student 表中的全部字段，表单样式为"标准式"，表单中的数据按照"学号"升序排序，表单标题为"学生信息表"，将表单文件保存为"form6-4.scx"。

实验图 6-4　利用表单向导建立学生信息表

【实验 6-5】 利用一对多表单向导建立表单，对学生基本信息及成绩信息进行编辑，如实验图 6-5 所示。从父表 student 中选择学号、姓名、性别、专业字段，从子表 score 中选择课程号和成绩字段，两个表使用"学号"字段进行关联，表单样式为"阴影式"，表单中数据按照"学号"升序排序，表单标题为"学生成绩表"，将表单文件保存为"form6-5.scx"。

实验图 6-5　利用表单向导建立学生成绩表

# 实验 7  菜 单 设 计

**1. 实验目的**

（1）了解菜单的作用和类型。

（2）掌握下拉式菜单和快捷菜单的建立方法。

（3）掌握为顶层表单添加菜单的方法。

**2. 实验内容及操作提示**

【**实验 7-1**】 使用菜单设计器制作一个下拉式菜单 menu1，菜单有"浏览（<u>R</u>）"和"退出（<u>E</u>）"两个菜单项。其中"浏览（<u>R</u>）"菜单项中有"学生"、"成绩"、"课程" 3 个子菜单，它们的作用分别是使用 SELECT 命令分别查询表 student、score 和 course，其快捷键分别是 Ctrl+X、Ctrl+C、Ctrl+K。"退出（<u>E</u>）"菜单项的作用是返回系统菜单。

**操作提示：**

（1）"退出（<u>E</u>）"菜单项的过程代码为

```
set sysmenu nosave
set sysmenu to default
```

（2）"浏览（<u>R</u>）"菜单项的各子菜单如实验图 7-1 所示。其中"学生"、"成绩"、"课程" 3 个子菜单的命令代码分别为：select * from student，select * from score，select * from course。

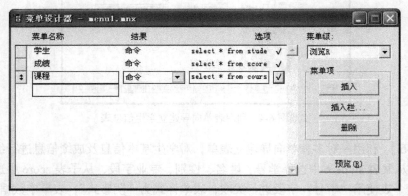

实验图 7-1  "浏览（<u>R</u>）"子菜单

（3）设置快捷键。单击子菜单"选项"列上的按钮，在"提示选项"对话框中设置快捷键。

（4）保存菜单文件 menu1.mnx 后，需执行菜单命令[菜单]\[生成]，生成菜单程序文件 menu1.mpr。如果对菜单定义进行了修改，在保存菜单后也要使用"生成"命令重新生成菜单程序文件。

（5）使用命令 DO menu1.mpr 来运行菜单，注意文件扩展名.mpr 不能省略。

【**实验 7-2**】 建立一个下拉式菜单 menu2，菜单有"文件（<u>F</u>）"、"维护（<u>M</u>）"、和"退出（<u>E</u>）" 3 个菜单项。"文件（<u>F</u>）"菜单下有"打开"和"关闭"两个子菜单，它们的作用是调用标准的系统菜单命令。"维护（<u>M</u>）"菜单下有"浏览"、"编辑"和"查询" 3 个菜单项。

其中，"浏览"菜单项对应的快捷键是 Ctrl+B，功能是调用实验 6-1 中设计的表单 form6-1.scx。"退出（<u>E</u>）"菜单的作用是恢复系统菜单。

**操作提示：**

（1）设计"文件（F）"菜单：进入"文件（F）"子菜单，单击"插入栏"按钮。在"插入系统菜单栏"对话框中选中"打开（O）..."选项并单击"插入"按钮。用同样的方法插入"关闭（C）"选项，结果如实验图 7-2 所示。

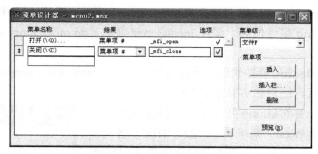

实验图 7-2　"文件（F）"子菜单

（2）"维护（M）"菜单中"浏览"菜单项的命令代码是：do form form6-1。

【**实验 7–3**】为实验 6-3 中设计的表单 form6-3.scx 建立一个下拉式菜单 menu3，如实验图 7-3 所示。其中"统计"菜单项中包含 3 个子菜单"最高助学金"、"男女生人数"和"平均年龄"，其功能与表单中相应按钮的功能相同，"关闭"菜单项的功能与表单中"关闭"按钮的功能相同。

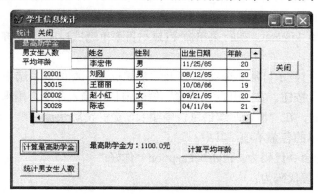

实验图 7-3　顶层表单的下拉菜单

**操作提示：**

（1）menu3 的主菜单如实验图 7-4 所示。其中"关闭"菜单项的命令为：form6-3.command4.click，command4 为表单中"关闭"按钮的 name 属性值。

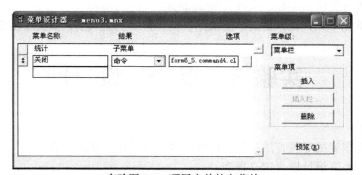

实验图 7-4　顶层表单的主菜单

（2）"统计"子菜单中"最高助学金"、"男女生人数"和"平均年龄"3 个菜单项的命令代码分别为 form6-3.command1.click、form6-3.command2.click 和 form6-3.command3.click。

（3）执行菜单命令[显示]\[常规]，在"常规选项"窗口中选中"顶层表单"复选框。

（4）保存菜单并生成菜单程序文件 menu3.mpr。

（5）打开表单 form6-3.scx，将表单的 ShowWindow 属性值设置为"2-作为顶层表单"。

（6）设置表单的 Init 事件代码，调用 menu3.mpr 菜单：do menu3.mpr with this, 'aaa'，其中"aaa"为菜单名。

（7）设置表单的 Destroy 事件代码，清除菜单：release menu aaa extended。

（8）运行表单，运行结果如实验图 7-3 所示。

【实验 7-4】 建立表单 kjform 并添加一个标签控件，为该标签建立快捷菜单 kjmenu，菜单项有问候、时间、增大、缩小，如实验图 7-5 所示。"问候"菜单项的作用是显示问候语"你好"，"时间"菜单项的作用是在标签上显示系统时间，"增大"和"缩小"菜单项的作用是将标签的字体增大或缩小。

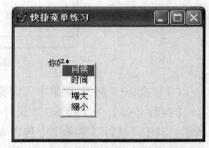

实验图 7-5　标签的快捷菜单

**操作提示：**

（1）建立表单 kjform，添加一个标签控件，设置标签的 Caption 属性为"你好！"。设置标签的 RightClick 事件代码为：do kjmenu.mpr with this。

（2）建立快捷菜单 kjmenu。执行菜单命令[显示]\[菜单选项]，在"名称"文本框中输入快捷菜单的内部名字：kjcd。

（3）执行菜单命令[显示]\[常规选项]，打开"常规选项"对话框，选中"设置"和"清理"复选框，单击"确定"按钮。在打开的"设置"编辑窗口中输入命令，用来接收所引用的标签对象：parameters mylabel，在"清理"编辑窗口中输入命令，清除快捷菜单：release popups kjcd。

（4）定义快捷菜单的各菜单项。其中：

"问候"菜单项的命令代码为：mylabel.caption="你好！"

"时间"选项的过程代码为：

```
d=dtoc(date(),1)
dc=left(d,4)+'年'+substr(d,5,2)+'月'+right(d,2)+'日'
mylabel.caption=dc
```

"增大"选项的命令为：mylabel.fontsize=mylabel.fontsize+2

"缩小"选项的命令为：mylabel.fontsize=mylabel.fontsize-2

（5）保存菜单并生成菜单程序文件 kjmenu.mpr。

（6）运行表单 kjform，在标签上单击鼠标右键，弹出快捷菜单，如实验图 7-5 所示。

# 实验 8　报 表 设 计

## 1. 实验目的

（1）掌握建立报表的 3 种方法：报表向导、报表设计器、快速报表。

（2）学会使用报表设计器自定义报表。

（3）熟悉报表控件的使用、设置报表数据源、设计报表布局的方法。

（4）掌握分组报表的设计。

2．**实验内容及操作提示**

【**实验 8–1**】 使用报表向导建立报表。要求报表中包含学生的学号、姓名、性别、专业和助学金字段，按照性别对记录进行分组，报表样式为随意式，报表布局方向为"纵向"，报表记录按助学金升序排序，报表标题为"学生情况表"，将报表保存为文件 report1.frx。打开报表 report1.frx，将报表标题改为"学生信息表"，然后将报表另存为文件 report2.frx。

**操作提示：**

使用向导建立报表后，可以使用命令 REPORT FORM <报表文件名> PREVIEW 来预览报表。

【**实验 8–2**】 使用快速报表建立学生情况报表 report3.frx。预览报表，如实验图 8-1 所示。

实验图 8-1　使用快速报表建立学生情况表

【**实验 8–3**】使用报表设计器建立学生情况一览表 report4.frx。预览报表，如实验图 8-2 所示。

实验图 8-2　学生情况一览表

【**实验 8–4**】利用报表设计器建立学生信息报表 report5.frx，要求报表按照"性别"分组，并计算每组的助学金最大值以及所有学生助学金的最大值。预览报表，如实验图 8-3 所示。

**操作提示：**

设计完毕的报表如实验图 8-4 所示。

实验图 8-3　分组报表

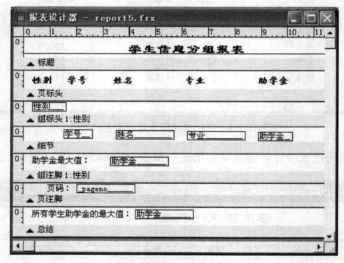

实验图 8-4　报表设计器

# 实验 9　项目管理器的使用

### 1. 实验目的

（1）掌握项目管理器的作用及建立方法，熟悉项目管理器窗口结构。

（2）学会使用项目管理器组织和管理文件，掌握项目管理器中文件的操作方法。

（3）掌握项目文件的连编方法。

### 2. 实验内容及操作提示

【实验 9-1】 建立项目文件 myproject1.pjx，并将下列文件添加到项目管理器中："成绩管理"数据库；实验 5 中建立的表单 form5-1 和 form5-2；实验 6 中建立的表单 form6-1、form6-2 和 form6-3。

**操作提示：**

"项目"是对文件、数据、文档等对象进行管理和操作的集合。在应用系统开发时，通常先要建立一个项目文件，然后在项目中建立或添加应用系统所需的数据库、表、表单、程序和菜单等对象。

【实验 9-2】　在 myproject1 的项目管理器窗口中完成如下文件操作。

（1）浏览"成绩管理"数据库中 student 表中的记录。

（2）打开"成绩管理"数据库设计器窗口，可以在这里对数据库进行必要的修改。

（3）将表单 form6-2 从项目中移去，但仍要保留在磁盘上。

（4）新建一个菜单文件 projectmenu.mnx，并生成菜单程序文件 projectmenu.mpr。菜单有"基本表单"、"数据表单"、"退出" 3 个菜单项，其中"基本表单"菜单项有"日期和时间"、"计算最大值"两个子菜单，分别用于调用表单 form5-1 和 form5-2，"数据表单"菜单项有"数据浏览"、"数据查询"两个子菜单，分别用于调用表单 form6-1 和 form6-2。

（5）给 student 表添加说明，说明内容为"记录学生的自然情况信息"。

**操作提示：**

给表 student 添加说明时，需先选中 student 表，执行菜单命令[项目]\[编辑说明]，或在 student 表上单击鼠标右键，在弹出的快捷菜单中选择"编辑说明"命令，然后在打开的"说明"对话框中输入文件的说明信息。

【实验 9-3】　在 myproject1 中设置菜单程序文件 projectmenu.mpr 为主文件，然后连编项目生成应用程序文件 myproject1.app 并运行该应用程序文件。

**操作提示：**

（1）在连编项目之前应先运行主文件，如果主文件运行正确，则可以最终连编成一个应用程序文件了。

（2）应用程序文件（.app）需要在 Visual FoxPro 环境中运行。执行菜单命令[程序]\[运行]，选择要运行的应用程序，或者在命令窗口中键入 DO<应用程序文件名>，都可以运行.app 文件。

# 实验 10　应用系统设计及开发

**1．实验目的**

（1）掌握数据库应用系统设计及开发的步骤、掌握应用系统的组织管理和应用程序发布的方法。

（2）完成学生管理系统项目，完善数据维护、数据浏览、数据查询、数据统计、报表打印等模块，发布应用程序。

**2．实验内容及操作提示**

【实验 10-1】　建立项目文件夹并建立项目文件。

**操作提示：**

（1）建立文件夹 d:\xglxt，在 Visual FoxPro 中，将其设置为项目默认文件夹。

（2）建立项目文件 xsglxt.pjx，将其保存在项目文件夹中。

【实验 10-2】　完善数据库设计并添加到项目中。

**操作提示：**

（1）将数据库文件"成绩管理.dbc"，表文件 student.dbf、score.dbf、course.dbf，相应的索引文件复制到项目文件夹中，修改和完善数据库中的数据。

（2）将数据库文件添加到项目中。

**【实验 10-3】** 完善所有表单文件并添加到项目中。

**操作提示：**

（1）表单文件如实验表 10-1 所示。

实验表 10-1　　　　　　　　　　　　学生管理系统中的表单文件

| 表 单 功 能 | 文 件 名 | 说 明 |
|---|---|---|
| 主表单 | mainform.scx | |
| 登录表单 | start.scx | |
| 数据维护表单 | edit_stu.scx | 维护学生信息表单 |
| | edit_score.scx | 维护成绩信息表单 |
| | edit_course.scx | 维护课程信息表单 |
| 数据浏览表单 | browse_stu.scx | 浏览学生信息表单 |
| | browse_score.scx | 浏览成绩信息表单 |
| | browse_course.scx | 浏览课程信息表单 |
| | browse_stu_score.scx | 浏览学生成绩表单 |
| 数据查询表单 | search_stu.scx | 查询学生信息表单 |
| | search_stu_score.scx | 查询学生成绩表单 |
| | search_course_score.scx | 查询课程信息表单 |
| 统计表单 | compute_stu.scx | 统计学生信息表单 |
| | compute_score.scx | 统计成绩信息 |

（2）将上述表单文件及相应的表单备注文件复制到项目文件夹中，修改和完善表单，添加到项目中。

**【实验 10-4】** 完善所有菜单文件和报表文件，并添加到项目中。

（1）文件如实验表 10-2 所示。

实验表 10-2　　　　　　　　　　　　学生管理系统中的菜单和报表文件

| 文 件 类 型 | 文 件 名 | 说 明 |
|---|---|---|
| 菜单文件 | main_menu.mnx | 需要生成菜单程序 main_menu.mpr |
| 报表文件 | report_student | 学生情况报表 |
| | report_score | 学生成绩报表 |

（2）将上述文件及相应的备注文件复制到项目文件夹中，修改和完善相应文件，添加到项目中。

**【实验 10-5】** 在项目中建立或向项目中添加程序文件。

（1）文件如实验表 10-3 所示。

实验表 10-3　　　　　　　　　　学生管理系统中的程序文件

| 程 序 功 能 | 文 件 名 | 说　　明 |
|---|---|---|
| 主控程序 | main.prg | 设置为主文件 |
| 初始化程序 | setup.prg | 初始化系统环境 |
| 恢复系统环境程序 | cleanup.prg | 恢复环境设置 |

（2）建立或完善上述文件，保证上述文件在项目文件夹中，并添加到项目中。

（3）连编应用程序。

【实验 10-6】 发布应用程序。

（1）在 Visual FoxPro 主窗口中，执行[工具]\[向导]\[安装]命令，启动应用程序，发布向导。

（2）根据安装向导的提示进行操作，创建发布文件包。

# 附录 A　附　表

附表 A1　　　　　　　　　　　　　student 表结构

| 字段名 | 字段类型 | 字段宽度 | 小数位数 | 字段名 | 字段类型 | 字段宽度 | 小数位数 |
|---|---|---|---|---|---|---|---|
| 学号 | 字符型 | 5 | | 专业 | 字符型 | 10 | |
| 姓名 | 字符型 | 10 | | 助学金 | 数值型 | 6 | 1 |
| 性别 | 字符型 | 2 | | 简历 | 备注型 | 4 | |
| 出生日期 | 日期型 | 8 | | 照片 | 通用型 | 4 | |
| 毕业否 | 逻辑型 | 1 | | | | | |

附表 A2　　　　　　　　　　　　　student 表记录

| 记录号 | 学号 | 姓名 | 性别 | 出生日期 | 毕业否 | 专业 | 助学金 | 简历 | 照片 |
|---|---|---|---|---|---|---|---|---|---|
| 1 | 10012 | 李宏伟 | 男 | 19901125 | F | 数学 | 500.5 | | |
| 2 | 20001 | 刘刚 | 男 | 19900812 | F | 计算机 | 500.0 | | |
| 3 | 30015 | 王丽丽 | 女 | 19911008 | F | 会计 | 1100.0 | | |
| 4 | 20002 | 赵小红 | 女 | 19900921 | F | 计算机 | 500.0 | | |
| 5 | 30028 | 陈志 | 男 | 19890411 | F | 会计 | 800.0 | | |
| 6 | 10022 | 张山 | 男 | 19900502 | T | 数学 | 200.0 | | |
| 7 | 20003 | 谭冰 | 女 | 19910101 | T | 计算机 | 100.0 | | |

附表 A3　　　　　　　　　　　　　course.dbf 表结构

| 字 段 名 | 字 段 类 型 | 字 段 宽 度 | 小 数 位 数 |
|---|---|---|---|
| 课程号 | C | 3 | |
| 课程名 | C | 20 | |
| 学分 | N | 2 | 0 |

附表 A4　　　　　　　　　　　　　course 表记录

| 记 录 号 | 课 程 号 | 课 程 名 | 学 分 |
|---|---|---|---|
| 1 | C01 | VFP 程序设计 | 3 |
| 2 | C02 | 英语 | 2 |
| 3 | C03 | 高等数学 | 3 |

附表 A5　　　　　　　　　score.dbf 结构

| 字 段 名 | 类　　型 | 宽　　度 | 小 数 位 数 |
|---|---|---|---|
| 学号 | C | 5 | |
| 课程号 | C | 3 | |
| 成绩 | N | 3 | 0 |

附表 A6　　　　　　　　　score 表记录

| 记录号 | 学号 | 课程号 | 成绩 | 记录号 | 学号 | 课程号 | 成绩 |
|---|---|---|---|---|---|---|---|
| 1 | 10012 | C01 | 89 | 10 | 20002 | C01 | 61 |
| 2 | 10012 | E01 | 70 | 11 | 20002 | C03 | 69 |
| 3 | 10012 | M01 | 88 | 12 | 20002 | C02 | 50 |
| 4 | 20001 | C01 | 90 | 13 | 30028 | C01 | 64 |
| 5 | 20001 | E01 | 55 | 14 | 30028 | C02 | 71 |
| 6 | 20001 | C03 | 90 | 15 | 30028 | C03 | 90 |
| 7 | 30015 | C01 | 88 | 16 | 10022 | C01 | 88 |
| 8 | 30015 | C02 | NULL | 17 | 10022 | C02 | 91 |
| 9 | 30015 | C03 | NULL | 18 | 20003 | C02 | 78 |

# 附录 B　Visual FoxPro 6.0 的常用命令

附表 B-1　　　　　　　　Visual FoxPro 6.0 的常用命令

| 命　　令 | 功　　能 |
|---|---|
| && | 标明命令行尾注释的开始 |
| * | 标明程序中注释行的开始 |
| ?\|?? | 计算表达式的值并输出结果 |
| ACCEPT | 交互式命令，接受字符串的值 |
| ALTER TABLE | SQL 命令，修改表结构 |
| APPEND | 在表的末尾追加一条记录 |
| APPEND FROM | 将其他表的记录追加到当前表的末尾 |
| APPEND FORM ARRAY | 将数组中的行追加到当前表中 |
| APPEND GENERAL | 从文件导入到 OLE 对象，并置入到通用字段中 |
| APPEND MEMO | 将文本文件的内容复制到备注字段中 |
| AVERAGE | 计算数值型表达式或字段的平均值 |
| BROWSE | 浏览表的内容 |
| CALCULATE | 对表中的字段或字段表达式进行统计操作 |
| CANCEL | 终止程序执行 |
| CHANGE | 编辑表中的字段 |
| CLEAR | 清除屏幕上的内容 |
| CLEAR ALL | 清除所有内存变量，并释放所有变量的内容 |

| 命　　令 | 功　　能 |
| --- | --- |
| CLOSE | 关闭各种类型文件 |
| COMPILE | 编译程序文件，并生成对应的目标文件 |
| COMPILE FORM | 编译表单对象 |
| CONTINUE | 和 LOCATE 配合使用，继续进行查找 |
| COPY FILE | 复制任意类型的文件 |
| COPY STRUCTURE | 复制表结构 |
| COPY TO | 将当前表中的数据复制到一个新文件中 |
| COPY TO ARRAY | 将当前表中的数据复制到一个数组中 |
| COUNT | 统计表中记录个数 |
| CREATE | 创建新表 |
| CREATE DATABASE | 创建数据库 |
| CREATE FORM | 创建表单并打开表单设计器 |
| CREATE MENU | 创建菜单并打开菜单设计器 |
| CREATE PROJECT | 创建项目并打开项目管理器 |
| CREATE QUERY | 创建查询 |
| CREATE REPORT | 创建报表 |
| CREATE VIEW | SQL 命令，创建视图 |
| CREATE TABLE | SQL 命令，创建表 |
| DECLARE | 创建数组 |
| DELETE | 逻辑删除表中的记录 |
| DELETE FROM | SQL 命令，删除表中的记录 |
| DELETE DATABASE | 删除数据库文件 |
| DELETE FILE | 删除文件 |
| DELETE TAG | 删除复合索引文件中的索引标识 |
| DELETE VIEW | 从当前数据库中删除一个视图 |
| DIMENSION | 创建数组 |
| DISPLAY | 显示当前表中的记录 |
| DISPLAY MEMORY | 显示内存变量的内容 |
| DO | 执行程序或过程 |
| DOCASE…ENDCASE | 多重选择语句 |
| DO FORM | 执行表单文件 |
| DO WHILE…ENDDO | 循环控制命令 |
| DROP TABLE | SQL 命令，把表从数据库中移去，并物理删除 |
| DROW VIEW | 从当前数据库中删除视图 |
| EDIT | 编辑表中记录 |
| ERASE | 删除磁盘文件 |

续表

| 命　　令 | 功　　能 |
|---|---|
| EXIT | 退出 DO WHILE、FOR 或 SCAN 循环 |
| FIND | 快速查找表中记录 |
| FOR…ENDFOR | 循环控制命令 |
| FUNCTION | 定义用户自定义函数 |
| GATHER | 将当前表当前记录中的内容用数组中数据替换 |
| GO\|GOTO | 移动记录指针 |
| HELP | 打开帮助窗口 |
| IF…ENDIF | 选择判断命令 |
| INDEX | 创建一个索引文件 |
| INPUT | 交互式命令，接受从键盘上输入的任意类型数据 |
| INSERT | 向当前表插入记录 |
| INSERT INTO | SQL 命令，向表中插入记录 |
| JOIN | 连接两个表来创建新表 |
| LIST | 显示表中记录 |
| LIST MEMORY | 显示内存变量信息 |
| LOCATE | 顺序查找表中满足条件的记录 |
| MODIFY COMMAND | 创建命令文件 |
| MODIFY DATABASE | 打开数据库设计器 |
| MODIFY FORM | 打开表单设计器 |
| MODIFY MENU | 打开菜单设计器 |
| MODIFY PORJECT | 打开项目管理器 |
| MODIFY QUERY | 打开查询设计器 |
| MODIFY REPORT | 打开报表设计器 |
| MODIFY STRUCTURE | 显示"表结构"对话框，修改表结构 |
| MODIFY VIEW | 显示视图设计器 |
| OPEN DATABASE | 打开数据库 |
| PACK | 对当前表中有删除标记的记录做物理删除 |
| PARAMETERS | 定义程序参数 |
| PRIVATE | 在程序中定义私有变量，隐藏上层程序中的同名变量 |
| PROCEDURE | 定义过程 |
| PUBLIC | 定义全局变量 |
| QUIT | 退出 Visual FoxPro 环境，返回操作系统 |
| RECALL | 恢复逻辑删除的记录 |
| REINDEX | 重新建立索引文件 |
| RELEASE | 从内存中删除变量或数组 |
| RENAME | 更改文件名 |

续表

| 命　　令 | 功　　能 |
|---|---|
| REPLACE | 替换表中记录内容 |
| REPORT FORM | 预览或打印报表 |
| RETURN | 返回调用程序 |
| SAVE TO | 保存内存变量 |
| SCAN…ENDSCAN | 对表中记录循环控制命令 |
| SCATTER | 把当前记录内容复制到数组中 |
| SEEK | 快速查找命令 |
| SELECT | 选择当前工作区 |
| SELECT | SQL 命令，查询数据 |
| SET DATE | 设置日期显示格式 |
| SET DEFAULT | 设置默认文件夹 |
| SET DELETED | 设置是否处理带有删除标记的记录 |
| SET EXACT | 设置精确或模糊匹配 |
| SET INDEX | 打开索引文件 |
| SET ORDER | 设置索引顺序 |
| SET PROCEDURE | 打开或关闭过程文件 |
| SET TALK | 打开或关闭命令对话 |
| SKIP | 记录指针相对移动命令 |
| SORT | 对当前表排序，并将排序记录输出到一个新表中 |
| STORE | 内存变量赋值命令 |
| SUM | 数值型字段纵向求和命令 |
| TOTAL | 数值型字段分类汇总命令 |
| UPDATE | SQL 命令，更新表中的数据 |
| USE | 打开或关闭表 |
| WAIT | 交互式命令，显示信息等待用户输入单个字符型数据 |
| ZAP | 物理删除表中全部记录 |

# 附录 C　Visual FoxPro 6.0 的文件类型

附表 C-1　　　　　　　　　Visual FoxPro 6.0 的文件类型

| 扩展名 | 文件类型说明 | 扩展名 | 文件类型说明 |
|---|---|---|---|
| .act | 向导操作图文档 | .idx | 索引文件 |
| .app | 连编生成的应用程序 | .log | 单代码范围日志 |
| .cdx | 复合索引文件 | .lst | 向导列表的文档 |
| .chm | 编译的 HTML Help | .mem | 内存变量文件 |

| 扩　展　名 | 文件类型说明 | 扩　展　名 | 文件类型说明 |
|---|---|---|---|
| .dbc | 数据库文件 | .mnt | 菜单备注文件 |
| .dct | 数据库备注文件 | .mnx | 菜单文件 |
| .dcx | 数据库索引文件 | .mpr | 生成的菜单程序 |
| .dbf | 表文件 | .mpx | 编译后的菜单程序 |
| .dep | 由安装向导创建的相关文件 | .ocx | ActiveX 控件 |
| .dll | Windows 动态链接库 | .pjt | 项目备注文件 |
| .err | 编译错误文件 | .pjx | 项目文件 |
| .esl | Visual FoxPro 支持库 | .prg | 程序文件 |
| .exe | 可执行程序 | .qpr | 查询文件 |
| .fky | 宏 | .qpx | 编译后的查询文件 |
| .fmt | 格式文件 | .sct | 表单备注文件 |
| .fpt | 备注文件 | .scx | 表单文件 |
| .frx | 报表文件 | .spr | FoxPro 生成的屏幕程序 |
| .fxp | 编译后程序 | .spx | FoxPro 编译后的屏幕程序 |
| .h | 头文件 | .tbk | 备注备份文件 |
| .hlp | WinHelp 文件 | .txt | 文本文件 |
| .htm | HTML 文件 | .vct | 可视类库备注文件 |
| .lbt | 标签备注文件 | .vcx | 可视类库 |
| .lbx | 标签文件 | .win | 窗口文件 |

［1］萨师煊，王珊. 数据库系统概论（第三版）. 北京：高等教育出版社，2000.

［2］王利，崔巍等. 全国计算机等级考试二级教程——Visual FoxPro 程序设计. 北京：高等教育出版社，2001.

［3］李雁翎. Visual FoxPro 应用与面向对象程序设计教程（第二版）. 北京：高等教育出版社，2002.

［4］卢湘鸿. Visual FoxPro6.0 数据库与程序设计（第 2 版）. 北京：电子工业出版社，2007.

［5］刘卫国. Visual FoxPro 程序设计教程. 北京：北京邮电大学出版社，2003.

［6］郭瑾，孙美乔. 计算机基础实验教程. 大连：大连理工大学出版社，2004.

［7］张爱国. Visual FoxPro 6.0 数据库与程序设计. 北京：中国水利水电出版社，2005.

［8］杨兴凯. Visual FoxPro 数据库与程序设计教程. 大连：大连理工大学出版社，2006.